AF874600

ABRISS

DER

URGERMANISCHEN LAUTLEHRE.

ABRISS

DER

URGERMANISCHEN LAUTLEHRE

MIT BESONDERER RÜCKSICHT AUF DIE
NORDISCHEN SPRACHEN

ZUM

GEBRAUCH BEI AKADEMISCHEN VORLESUNGEN.

VON

ADOLF NOREEN.

VOM VERFASSER SELBST BESORGTE BEARBEITUNG NACH DEM SCHWEDISCHEN
ORIGINAL.

STRASSBURG.
VERLAG VON KARL J. TRÜBNER.
1894.

G. Otto's Hof-Buchdruckerei in Darmstadt.

VORWORT.

Wiewohl ich weiss, dass diese meine bescheidene Arbeit den deutschen Fachgenossen nicht eben viel Neues bringen kann und auch zum Leitfaden für den deutschen Universitätsunterricht vielleicht nicht besonders geeignet sein dürfte, habe ich jedoch den vielfachen mir schmeichelnden Aufforderungen mein Schriftchen auch in deutschem Gewand auftreten zu lassen nachgegeben in der Hoffnung, dass wenigstens eine Darlegung der Art und Weise, wie wir Schweden die betreffenden Fragen in Angriff nehmen, den deutschen Gelehrten, denen wir so überaus viel verdanken, von Interesse sein möchte.

Von meiner schwedischen Originalausgabe erschien die erste Hälfte schon im Jahre 1888, die zweite in 1890. Die seither reich anschwellende sprachwissenschaftliche Literatur gleichmässig und erschöpfend auszubeuten hat mir meine amtliche Stellung nicht die nötige Zeit gestattet. Jedoch hoffe ich keine wirklich lebenskräftige und für meine Aufgabe belangreiche Theorie der letzteren Jahre ganz ausser Acht gelassen zu haben. Wie viel ich im Einzelnen den Mitforschern (besonders meinen schwedischen Kollegen Danielsson, Johansson und Persson, sowie den bekannten Handbüchern Brugmann's und Kluge's) verdanke, ist dem Sachverständigen leicht aus meinem Buche ersichtlich. Alles und Alle zu zitieren war durch den Plan des

Ganzen vollständig ausgeschlossen. Jedoch, wo ich befürchten konnte, dass eine Ansicht, die von einem Mitforscher in einer vielleicht nicht allen zugänglichen Arbeit publiziert worden war, möglicherweise als mein Eigentum angesehen werden möchte, sowie auch sonst hie und da habe ich (besonders aus Abhandlungen der allerletzten Jahre) den Urheber einer einzelnen Zusammenstellung angegeben. In den allgemeinen Literaturangaben hoffe ich dagegen genug, manchem vielleicht mehr als genug, geleistet zu haben.

Besonderen Dank schulde ich meinem trefflichen Fachgenossen an der hiesigen Universität, Herrn Cand. phil. E. Lidén, der nicht nur auf meinen Wunsch die Zusammenstellung des Registers übernommen, sondern mir auch einen Teil der mühsamen Korrektur abgenommen hat.

Uppsala, 15. Januar 1894.

Adolf Noreen.

INHALT.

---

*

VERZEICHNIS EINIGER ABKÜRZUNGEN.

adän. = altdänisch.
AfdA. = Anzeiger für deutsches Alterthum.
afr. = altfriesisch.
afranz. = altfranzösisch.
afränk. = altfränkisch.
ags. = angelsächsisch.
agutn. = altgutnisch.
aind. = altindisch.
air. = altirisch.
aisl. = altisländisch.
alat. = altlateinisch.
anorw. = altnorwegisch.
apreuss. = altpreussisch.
Arkiv = Arkiv for (för) nordisk filologi.
as. = altsächsisch.
asl. = altslavisch.
aschwed. = altschwedisch.
av. = avestisch.
Bechtel, Hauptprobl. = Die Hauptprobleme der indogermanischen Lautlehre von Fr. Bechtel.
Beitr. = Beiträge zur Geschichte der deutschen Sprache und Literatur.
Bezz. B. = Beiträge zur Kunde der indogermanischen Sprachen, hrsg. von Bezzenberger.
bœot. = bœotisch.
Brugmann, Grundr. = Grundriss der vergleichenden Grammatik von K. Brugmann.
burg. = burgundisch.
d. = deutsch.
dial. = dialektisch.
dor. = dorisch.
engl. = neuenglisch.
finn. = finnisch.
gall. = gallisch.
germ. = germanisch.
got. = gotisch.
gr. = altgriechisch.
Hübschmann, Voc. = Das indogermanische Vocalsystem von H. Hübschmann.
ieur. = indoeuropäisch.
IF. = Indogermanische Forschungen, hrsg. von K. Brugmann und W. Streitberg.
IFAnz. = Anzeiger für indogermanische Sprach- und Altertumskunde, hrsg. von W. Streitberg.
ital. = altitalisch.
kelt. = altkeltisch.
Kluge, Germ. Conj. = Beiträge zur Geschichte der germanischen Conjugation von Fr. Kluge.
Kluge, Wtb. = Etymologisches Wörterbuch der deutschen Sprache, 4. und 5. Auflage.
K. Z. = Zeitschrift für vergleichende Sprachforschung.
langob. = langobardisch.

lapp. = lappisch.
lat. = lateinisch.
lett. = lettisch.
lit. = litauisch.
Mahlow, AEO. = Die langen Vocale A E O von G. Mahlow.
mengl. = mittelenglisch.
mfränk. = mittelfränkisch.
mhd. = mittelhochdeutsch.
mndd. = mittelniederdeutsch.
mndl. = mittelniederländisch.
M. U. = Morphologische Untersuchungen, hrsg. von H. Osthoff und K. Brugmann.
ndl. = neuniederländisch.
ndän. = neudänisch.
nfr. = neufriesisch.
ngutn. = neugutnisch.
nhd. = neuhochdeutsch.
nisl. = neuisländisch.
nndd. = neuniederdeutsch.
nnorw. = neunorwegisch.
nord. = nordisch.
Noreen, Aisl. Gr.² = Altisländische und altnorwegische Grammatik von A. Noreen, 2. Auflage.
north. = northumbrisch.
nschwed. = neuschwedisch.
Osthoff, Perf. = Zur Geschichte des Perfects im Indogermanischen von H. Osthoff.
Persson, Wz. = Studien zur Lehre von der Wurzelerweiterung und Wurzelvariation von P. Persson.
P. Grundr. = Grundriss der germanischen Philologie, hrsg. von H. Paul.
run. = runisch.
Saussure, Mém. = Mémoire sur le système primitif des voyelles par F. de Saussure.
Schmidt, Plur. = Die Pluralbildungen der indogermanischen Neutra von J. Schmidt.
schwed. = schwedisch.
Sv. Landsm. = Nyare bidrag till kännedom om de svenska landsmålen, utg. af J. A. Lundell.
Uppsalastudier = Uppsalastudier tillegnade Sophus Bugge på hans 60-åra födelsedag den 5 januari 1893 (Uppsala 1892).
urgerm. = urgermanisch.
urnord. = urnordisch.
wgerm. = westgermanisch.
ZfdPh. = Zeitschrift für deutsche Philologie.
ZfdöG. = Zeitschrift für die österreichischen Gymnasien.

TEIL I.

DIE SONANTEN.

KAP. 1.

DAS INDOEUROPÄISCHE SONANTENSYSTEM.

---

§ 1. PHONETISCHE ÜBERSICHT.

Die indoeuropäische (ieur.) Ursprache hatte folgende Sonanten:

1. Vokale: lange: *ī ē ā ō ū*; kurze: *i e a o u*; reduzierten: *ə*.

2. 'Liquidæ': $\underset{\circ}{l}_1$ $\underset{\circ}{l}_2$ $\underset{\circ}{r}$.

3. Nasale: $\underset{\circ}{m}$ $\underset{\circ}{n}_1$ (dentales) $\underset{\circ}{n}_2$ (palatales) $\underset{\circ}{n}_3$ (gutturales).

Anm. 1. *e ē* und *o ō* vertreten hier am ehesten offene Laute (*ä* und *å*). Es ist jedoch mehr als wahrscheinlich, dass sowohl diese Zeichen wie auch *i ī*, *a ā* und *u ū* jedes mehrere verschiedene Laute repräsentieren. Vor dem Jahre 1876 schrieb man der ieur. Ursprache nur drei qualitativ verschiedene Vokale zu, die sog. Urvokale *a i u* (*ā ī ū*). Die Existenz eines *e* und eines *o* wurde zwar schon von Bopp 1816 und von Benfey 1837 angedeutet, aber dieser Gedanke wurde dann verlassen um im Jahre 1874 von Humperdinck (Die Vocale, S. 43) und Amelung, K. Z. XXII, 369) im Vorbeigehen wieder aufgenommen zu werden, doch nur in Betreff des *e*. Erst im Jahre 1876 und in Folge der Entdeckung des 'Verner'schen Gesetzes' gelang es Brugmann (Curtii Studien IX, 367 ff.) das Vorhandensein eines ieur. *e* und *o* (von ihm anfangs als resp. a_1 und a_2 bezeichnet) zu erweisen. Vgl. hierüber Brugmann, M. U. III, 94 f., Collitz, Bezz. B. XI, 222 ff. und besonders Bechtel, Hauptprobl., S. 10 ff. Sonstige Literatur über diese Frage bei Brugmann, Grundr. I, 32 Note.

Anm. 2. *ə* ist ein Vokal von unbestimmter Klangfarbe, wahrscheinlich etwas verschieden je nach verschiedener Stellung und Herkunft (vgl. nhd. *e* in *resultat*, *ressort*, *gabe*, *mutter*, *vogel* u. a.) Er wurde erst im Jahre 1879 von Fick (Bezz. B. III, 157 ff.; vgl. ib. IV, 167 ff.) erwiesen und zwar als 'schwa indogermanicum' gekennzeichnet. Er wird von einigen Gelehrten durch *ă* oder *v* (statt *ə*) wiedergegeben.

Anm. 3. l̥_1 und l̥_2 werden im Folgenden nicht verschieden bezeichnet, weil diese Laute durch ein und dasselbe Zeichen wiedergegeben werden in allen ieur. Sprachen ausser den arischen, von welchen das Altindische *ḷ* neben *ṛ* als Vertreter sowohl von l̥_1, als l̥_2, scheinbar ohne feste Regel, auftreten lässt, während im Altiranischen die beiden *l̥*-Laute überall mit *r̥* zusammengefallen sind. Worin die lautliche Verschiedenheit zwischen l̥_2 und dem, wie es scheint, selteneren l̥_1 steckte, ist noch nicht ausgemacht. Wahrscheinlich hängt der Unterschied mit dem im Alt- und Neunordischen vorhandenen Gegensatze zwischen kakuminalem und dentalem *l* zusammen.

Anm. 4. ŋ̥_1, ŋ̥_2 und ŋ̥_3 werden im Folgenden nicht verschieden bezeichnet, weil ŋ̥_2 nur vor palatalen, ŋ̥_3 wiederum nur vor gutturalen Konsonanten vorkommt, während ŋ̥_1 weder in jener noch in dieser Stellung auftritt. Übrigens zeigen sie in allen ieur. Sprachen eine analoge Entwicklung, und ihre Vertreter werden in allen durch ein und dasselbe Zeichen wiedergegeben.

Anm. 5. Die Existenz von ieur. 'liquida sonans' und 'nasalis sonans' wurde 1874 von Humperdinck (a. a. O.) und 1876 von Osthoff (Beiträge III, 1 ff.) angedeutet, aber ausführlich dargelegt erst durch Brugmann (Curtii Studien IX, 287 ff.) im Jahre 1876. Vgl. Collitz, Bezz. B. XI, 203 ff. und Bechtel, Hauptprobl., S. 119 ff. Hierher gehörige Literatur bei Brugmann, Grundr. I, 192 Note.

Anm. 6. Saussure (Mém., S. 239 ff.) stellte im Jahre 1879 die Annahme vor, dass in der ieur. Ursprache auch lange *l̥ r̥ m̥ n̥* vorhanden gewesen seien, eine Ansicht, die später von Osthoff, Kluge, v. Fierlinger, Hübschmann, Brugmann u. a. acceptiert worden ist, aber nichtsdestoweniger unrichtig sein dürfte; s. u. a. Torp, Beiträge zur Lehre von den geschlechtlosen Pronomen (in Christiania Videnskabs-Selskabs Forhandlinger 1888 Nr. 11), S. 42 ff. Note, Kretschmer, K. Z. XXXI, 400 ff., Bechtel, Hauptprobl., S. 216 ff. Jedenfalls ist sie bis jetzt ganz unzureichend motiviert worden. Die betreffende Literatur bei Hübschmann, Voc., S. 130 ff.; Brugmann, Grundr. I, 208 f., 243 ff.

Anm. 7. Ein sonantisches *z̥* (tönendes *s*) wird von Bremer (Beitr. XI, 3 Note), welcher daraus germ. *uz* entstanden sein lässt, angenommen. Denselben Laut wird von Thurneysen (K. Z. XXX, 351 ff.), dem Plaistowe (Classical Review V, 253 ff.), Hirt (I. F. I, 472) und gewissermassen Fick (AfdA. XVIII, 177 Note) beistimmen, als Grundlage gewisser griech. *ι* (nach Labialen *υ*), lat. *ī* in Anspruch genommen. Im Anschluss hieran nehmen Bugge und Johansson (Beitr. XV, 238)

an, dass dies *i̯* im Germ. als *i* auftrete. Diese ganze Theorie dürfte kaum stichhaltig sein. Wenigstens sind die bisher vorgebrachten Beispiele der betreffenden Vertretung nicht überzeugend. Vgl. die Einwände von Michels (Zum Wechsel des Nominalgeschlechts im Deutschen I, 14 f.) und Bechtel, Hauptprobl., S. 108 f. Note.

§ 2. DIE REGELMÄSSIGE VERTRETUNG DER INDOEUROPÄISCHEN SONANTEN IM ALTINDISCHEN, IM GRIECHISCHEN UND IM LATEIN.[1]

1. *ī* = aind., gr., lat. *ī*, z. B. aind. *sīmán-* 'Scheitel': gr. *ἱμάς* 'Riemen' (aisl. *síme*); gr. *ϝῖς*: lat. *vīs* 'Kraft'; aind. *jīvás*: lat. *vīvus* 'lebendig'.

2. *i* = aind., gr. *i*, lat. *e* im Auslaut und vor einem aus *s* entstandenen *r*, sonst *i*, z. B. aind. *cid*, gr. *τί*, lat. *quid* 'was'; aind. *áviš*: gr. *ὄϝις*: lat. *ovis* 'Schaf'; aind. *ánti* 'gegenüber': gr. *ἀντί* 'gegen': lat. *ante* 'vor'; gr. *ἵημι* (**sisēmi*) 'werfe': lat. *sero* (**sisō*) 'säe'.

3. *ē* = aind. *ā*, gr., lat. *ē*, z. B. aind. *sāmí-*: gr. *ἡμι-*: lat. *sēmi-* 'halb-'; aind. *mās*: gr. *μήν*: lat. *mēns-is* 'Monat'; aind. *syās*: gr. *εἴης* (**e-si̯ēs*): lat. *siēs* 'seist'.

4. *e* = aind. *a*, gr. *ε*, lat. *i* gewöhnlich vor tautosyllabischem Nasal sowie in ursprünglich unbetonter Silbe vor einfacher Konsonanz (ausser *r*), sonst *e* (heterosyllabisches *eu̯* > *ov*, woraus in unbetonter Stellung *u*; postkonsonantisches *u̯e* oft > *o*), z. B. aind. *bhárā-mi*: gr. *φέρω*: lat. *fero* 'trage' (aisl. *ber*); aind. *náva*: gr. *ἐν-νέϝα*: lat. *novem* 'neun'; gr. *νέϝος*: lat. *novus* 'neu', *de-nuo* (aus *de novo*) 'von neuem'; aind. *çvaçrū́š*: gr. *ἑκυρά* (**su̯ecurā*): lat. *socrus* 'Schwiegermutter'; aind. *páñca*: gr. *πέντε*: lat. (mit *ī* nach *quīnctus*) *quīnque* 'fünf'; gr. *ἐν*: lat. *in* 'in'; gr. *ἄγετε*: lat. *agite* 'führet'.

Diphthongisches (d. h. tautosyllabisches) *ei̯* = aind. *ē*, gr. *ει*, lat. *ī* (alat. *ei*), z. B. aind. *émi*: gr. *εἶμι* '(werde) gehe(n)': lat. *ī-re* 'gehen'; aind. *dēvás* 'Gott': lat. *dīvus* 'göttlich'; gr. *πείθω* (**bhei̯dhō*) 'überrede': lat. *fīdo* 'vertraue'.

---

[1] **Auf die übrigen ieur. Sprachfamilien nehmen wir im Folgenden Rücksicht, nur wenn besondere Umstände es nötig machen.**

Diphth. *eu̯* = aind. *ō*, gr. *eu*, lat. *ū* (alat. *ou*), z. B. aind. *óšā-mi*: gr. εὕω: lat. *ūro* 'brenne'; aind. *bódhāmi* 'wache': gr. πεύθομαι 'merke'; gr. λευκός 'weiss': lat. *Lūc-ius*.

5. *ā* = aind. *ā*, gr. ionisch-attisch *ē*, sonst *ā*, lat. *ā*, z. B. aind. *mātár-*: gr. μήτηρ, μάτηρ: lat. *māter* 'Mutter'; aind. *svādúš*: gr. ἡδύς, ἁδύς: lat. *suāvis* (**suādu̯is*) 'süss'; aind. *bhrā́tar-*: gr. φρά́τωρ: lat. *frāter* 'Bruder'.

6. *a* = aind., gr. *a*, lat. *a* ausser in ursprünglich unbetonter Silbe, wo nach speziellen Regeln (siehe Brugmann, Grundr. I, 91 f.) *e*, *i* oder *u* steht, z. B. aind. *ájā-mi*: gr. ἄγω: lat. *ago* 'treibe' (aisl. *aka* 'fahren'); aind. *ápa*: gr. ἀπό: lat. *ab* 'von' (aisl. *af*); aind. *ákšas*: gr. ἄξων: lat. *axis* 'Achse'; gr. πεδά 'mit': lat. *pede* 'mit dem Fusse'; lat. *ac-cipio, -ceptus, oc-cupo* neben *capio* 'nehme'.

Diphth. *ai* = aind. *ē*, gr. *ai*, lat. *æ* (*ae*, spät *ē* gesprochen; alat. *ai*) ausser in urspr. unbetonter Silbe, wo *ī* steht, z. B. aind. *édhas* 'Brennholz': gr. αἴθω 'brenne': lat. *ædes* 'Feuerstätte, Tempel'; gr. αἰϝών: lat. *ævum* 'Zeit' (got. *aiws*); lat. *in-quīro* neben *quæro* 'suche'.

Diphth. *au* = aind. *ō*, gr. *au*, lat. *au*, in urspr. unbetonter Silbe *ū*, z. B. aind. *ōjmán-* 'Stärke': lat. *augmen* 'Wachstum'; gr. καυλός: lat. *caulis* 'Stengel'; lat. *in-clūdo* neben *claudo* 'schliesse'.

7. *ō* = aind. *ā*, gr., lat. *ō*, z. B. aind. *dā́-nam*: gr. δῶ-ρον: lat. *dō-num* 'Gabe'; aind. *āçúš*: gr. ὠκύς 'schnell': lat. *ōc-ior* 'schneller'; aind. *bháratād*: gr. φερέτω: lat. *fertō* (er) trage'.

8. *o* = aind. *a*, gr. *o*, lat. *u* in unbetonter Silbe (ausser vor einem aus *s* entstandenen *r*), oft auch in betonter Silbe (besonders vor Nasal), sonst *o*, z. B. aind. *áviš*: ὄϝις: lat. *ovis* 'Schaf'; aind. *dámas*: gr. δόμος: lat. *domus* 'Haus'; aind. *pátiš* 'Herr': gr. πόσις 'Gatte': lat. *potis* 'mächtig'; gr. ὄγκος: lat. *uncus* 'Haken'; aind. *tad*: gr. τό: lat. *is-tud* 'das'; aind. *bháranti*: gr. dor. φέροντι: lat. *ferunt* '(sie) tragen'.

Anm. 1. Brugmann, Osthoff, Hübschmann u. a. nehmen — wahrscheinlich mit Unrecht — an, dass ieur. *o* im aind. inlautend in offener Silbe als *ā* auftritt. S. hierüber vorzugsweise Brugmann, M. U. III,

102 ff., Grundr. I, 70 f., II, 1205 f., Osthoff, M. U. I, 207 ff.; dagegen Collitz, Bezz. B. II, 291 ff., Schmidt, K. Z. XXV, 2 ff. und besonders Bechtel, Hauptprobl., S. 47 ff.

Diphth. *oi* = aind. *ē*, gr. *οι*, lat. *ū* (älter *oi*, *œ*), in Endungen *ī*, z. B. aind. *véda*: gr. *ϝοῖδα* '(ich) weiss'; aind. *ēna-* 'der': gr. *οἴνη* 'Eins': lat. *ūnus* 'einer'; aind. *tē*: gr. *τοί*: lat. *is-tī* 'sie, jene'.

Diphth. *ou* = aind. *ō*, gr. *ου* (später *ū* gesprochen), lat. *ū* (bisweilen *ō*), z. B. aind. *bu-bṓdha* 'hat gewacht' (got. *bauþ* 'bot'); gr. *οὖς* 'Ohr' (got. *ausō*); lat. *fūdit* '(er) goss' (got. *gaut*); gen. sg. der *u*-Stämme aind. *sūn-ṓs* 'des Sohnes' (got. *sun-aus*): lat. *fruct-ūs* 'der Frucht'.

9. *ū* = aind., gr., lat. *ū*, z. B. aind. *dhūmás* 'Wallung, Rauch': gr. *θῡμός* 'Leidenschaft': lat. *fūmus* 'Rauch'; aind. *mūš-ikā-*: gr. *μῦς*: lat. *mūs* 'Maus'; aind. *sū-karás*: gr. *ὗς*: lat. *sūs* 'Schwein'.

10. *u* = aind., gr. *u*, lat. *u*, bisweilen (besonders in unbetonter Silbe) *i*, z. B. aind. *yugám*: gr. *ζυγόν*: lat. *jugum* 'Joch' (got. *juk*); aind. *çrutás*: gr. *κλυτός*: lat. *in-clutus* 'berühmt'; gr. *δάκρυ*: lat. *lacri-ma* (älter *dacru-ma*) 'Zähre'.

11. *ə* = aind. *a* (selten *i*) vor *n* und *m* (*ənə* > *ān*, *əmə* > *ām*), *u* (selten *i*) vor *u̯* (*əu̯ə* > *ū*) sowie oft (besonders nach labialem oder labialisiertem Kons.) vor *l* und *r* (*ələ*, *ərə* in diesem Fall > *ūl*, *ūr*), sonst *i* (*ələ*, *ərə* dann > *īl*, *īr*); gr. *u* vor *u̯*, *i* vor *i̯*, sonst *a* (*ənə*, *əmə*, *ələ*, *ərə* bleiben als resp. *ana*, *ama*, *ala*, *ara*); lat. *e* vor *n* und *m*, *o* (oder *u*) vor *l* und *r*, *u* vor *u̯*, *i* vor *i̯*, in unbetonter Silbe auch sonst *i* oder *u* (vgl. oben 6), in übrigen Fällen *a*; z. B. aind. *pitár-*: gr. *πατήρ*: lat. *pater* 'Vater'; aind. *sthitás*: gr. *στατός* 'stehend': lat. *status* 'gestellt'; aind. *tasthimá*: gr. *ἕσταμεν*: lat. *stetimus* 'wir haben gestanden'; aind. *samas*: gr. *ἁμός* 'irgend ein' (got. *sums*); aind. *tanúš*: gr. *ταvύ-*: lat. *tenu-is* 'dünn'; aind. *tūṇa-* (**tūlna-* < **tələna-*) 'Köcher', *tulā́-*: gr. *τάλα-ντον* 'wage': lat. *tuli* '(ich) trug' (got. *þulan* 'dulden'); aind. *gurúš*: gr. *βαρύς* 'schwer' (got. *kaúrus*); aind. *duvā́*: gr. *δύϝω*: lat. *duo* (**duvo*) 'zwei'; aind. *çāntás* (**çāmtás*) 'beruhigt': gr. *κάματος* 'Ermattung'.

Anm. 2. Statt ieur. *əm*, *ən*, *əl*, *ər*, *əi̯*, *əu̯* nehmen Brugmann, Osthoff, Hübschmann u. a. nach dem Vorgang de Saussure's resp. *m̥m*, *n̥n*, *l̥l*, *r̥r*, *i̯i*, *u̯u* an, weil *ə* dem folgenden Laute assimiliert worden sei (vgl. dagegen Kretschmer, K. Z. XXXI, 394 ff., Bechtel, Hauptprobl., S. 131 ff., 230). Statt *əmə* u. s. w. steht bei denselben Gelehrten *m̥̄* u. s. v. (s. § 1 Anm. 6 oben), das ihnen jedoch nicht mit gr. *ama* u. s. w. gleichwertig ist; wiederum nimmt Bechtel (a. O., S. 229) statt *əmə* u. s. w. resp. *əm̄* u. s. w. an.

12. *l̥* = aind. *r̥* oder *l̥* (s. § 1 Anm. 3 oben), gr. *al*, inlautend (ausser vor *i̯*) auch *la* (vgl. § 3 Anm. 2), lat. *ul* (*ol* vor *l*), z. B. aind. *pipr̥más*: gr. *ἐμ-πίπλαμεν* 'wir haben gefüllt'; gr. *παλτός* 'geschleudert': lat. *pulsus* 'getrieben'; aind. *mr̥dúš*: lat. *mollis* (**ml̥du̯is*) 'weich'.

13. *r̥* = aind. *r̥*, gr. *ar*, inlautend (ausser vor *i̯*) auch *ra* (vgl. § 3 Anm. 2), lat. *or* oder *ur* (nach unbekannter Regel), z. B. aind. *ŕ̥kšas*: gr. *ἄρκτος*: lat. *ursus* 'Bär'; aind. *pitŕ̥šu*: gr. *πατράσι* 'den Vätern'; aind. *mr̥tíš*: lat. *mors* (gen. *mortis*) 'Tod'; (aind. *hr̥d*?:) gr. *καρδία*: lat. *cor* (gen. *cordis*) 'Herz'.

14. *m̥* = aind. *am* vor *i̯*, sonst *a*, gr. *an* vor *i̯*, sonst *a*, lat. *en* vor *i̯*, sonst *im* oder *em* (vgl. 4 oben), z. B. aind. *sa-kr̥t*: gr. *ἅ-παξ* 'ein Mal': lat. *sim-plex* 'einfach'; aind. *gamyā́t* '(er) gehe': gr. *βαίνω* (**βαν̥i̯ω*) '(ich) gehe': lat. *venio* (**gu̯em̥i̯ō*) '(ich) komme'; aind. *dáça*: gr. *δέκα*: lat. *decem* 'zehn', *un-decim* 'elf'; gr. *πόδα*: lat. *pedem* 'den Fuss'.

15. *n̥* = aind. und gr. *an* vor *i̯*, sonst *a*, lat. *in* oder *en* (vgl. 4 und 14 oben), z. B. aind. *viṅçatí*: gr. dor. *ϝίκατι*: lat. *vīginti* 'zwanzig'; aind. *nā́ma*: gr. *ὄνομα*: lat. *nōmen* 'Name'; aind. *tatás*: gr. *τατός*: lat. *tentus* 'gespannt'; aind. *asíš*: gr. *ἄορ* (**n̥sor*): lat. *ēnsis* (mit sekundärer Dehnung des *e* vor *ns*) 'Schwert'.

KAP. 2.

DIE URGERMANISCHEN[1] LAUTGESETZE.

A. QUALITATIVE ERSCHEINUNGEN.

§ 3. SVARABHAKTI.

Aus dem Stimmtone eines sonantischen *l̥*, *m̥*, *n̥*, *r̥* entwickelt sich auf germanischem Boden der Vokal *u* (später oft — jedoch nicht vor *m*, *n* — in *o* übergegangen, siehe § 6, 3), welcher gewöhnlich v o r, seltener n a c h dem dann konsonantisch fungierenden *l*, *m*, *n*, *r* auftritt. Vgl. Paul, Beitr. VI, 108 ff.; Kluge, Germ. Conj., S. 18 ff.; Brugmann, Grundr. I, 204 f., 240 f. Die Fälle sind demnach:

1. a) ieur. *l̥* > germ. *ul* (*ol*), z. B.:

Ieur. **u̯l̥̄qos*, aind. *vŕ̥kas*, asl. *vlŭkŭ*, lit. *vìlkas*: got. *wulfs*, ahd. *wolf*, aisl. *ulfr* 'Wolf'.

Aind. *mr̥jánti*, lat. *mulgent*: aisl. *molka* '(sie) melken', vgl. ags. *molcen* 'Molke'.

Ieur. **pl̥nós*, asl. *plŭnŭ*, lit. *pìlnas*: got. *fulls*, ahd. *fol(lēr)*, aisl. *fullr* 'voll'.

b) Ieur. *l̥* > germ. *lu* (*lo*), z. B.

Ieur. part. prät. **pl̥ktonós*: ahd. *ga-flohtan* zu *flehtan* 'flechten'.

2. a) ieur. *m̥* > germ. *um*, z. B.

Ieur. **gm̥tís*, aind. *gatíš*, gr. *βάσις* 'Gang', lat. *conventi-o*: got. *ga-qumþs*, aisl. *sam-kund* (*-*kumđ*-) 'Zusammenkunft', ahd. *kumft*, mndd. *kumpst* 'Ankunft'.

---

[1] Die im eigentlichen Sinne des Wortes 'urgermanischen' Lautgesetze, d. h. diejenigen welche v o r der Auflösung der urgerm. Sprache in verschiedene Sprachen wirkten, können wenigstens zur Zeit oft nicht von den 'gemeingermanischen' unterschieden werden, d. h. denjenigen, welche zwar erst n a c h der Zersplitterung der einheitlichen urgerm. Sprache (aber gewöhnlich noch in vorhistorischer Zeit) ins Leben getreten sind, aber deren Wirkungen sich über a l l e germ. Sprachen erstreckt haben. Unter 'urgermanisch' verstehen wir daher im Folgenden: gemeingermanisch aus vorhistorischer Zeit (d. h. aus der Zeit vor Christi Geburt).

Ieur. **cm̥tóm*, aind. *çatám*, gr. *ἑ-κατόν*, lat. *centum* (**cemtom*), lit. *szimtas*: got. *hund* (**humđ-*), ahd. *hunt*, aisl. *hund-rađ* 'Hundert'.

Ieur. **décm̥tos*, gr. *δέκατος*, lit. *deszim̃tas*: got. *taihunda*, aisl. *tiunde* 'der zehnte'.

Gr. *ὀδόντα*, lat. *dentem*: got. *tunþu* (**-um*), aisl. *tǫnn* (**tanþum*) 'den Zahn'.

b) Ieur. *m̥* > *mu* (*mo*). Beispiele scheinen (zufällig) zu fehlen.

3. a) Ieur. *n̥* > germ. *un*, z. B.

Ieur. **mn̥tós*, aind. *matás* 'gedacht', gr. *αὐτό-ματος* 'freiwillig', lat. *com-mentus* 'ausgesonnen': got. *munds* 'gemeint', vgl. *ga-munds* 'Andenken'.

Aind. *yuvaçás*, lat. *iuvencus*: got. *juggs* (**i̯uu̯ungaz*), ahd. *jung*, aisl. *ungr* 'jung'.

Ieur. **(e)ln̥ghrós*, gr. *ἐλαφρός*: ahd. *lungar*, ags. *lunȝor* 'schnell'.

Aind. *raghúš*, gr. *ἐλαχύς* 'leicht': ahd. *lungun*, ags. *lunȝen*, aisl. *lunga* 'Lunge'.

Ieur. **cn̥i̯ós*, lat. *in-genium* 'das Angeborene', *genius* 'angeborener Schutzgeist': got. *sama-kunjis* 'von demselben Geschlecht', *kuni*, ahd. *kunni*, aisl. *kyn* (**kuni̯a-*) 'Geschlecht'.

b) Ieur. *n̥* > germ. *nu* (*no*), z. B.

Ieur. **sn̥drós*, gr. *ἁδρός* 'vollständig entwickelt, reif': got. *snutrs*, aisl. *snotr* 'klug'.

Anm. 1. Die Ansicht Bugges (Beitr. XIII, 328), dass *n̥* vor einem Konsonanten + *i̯* zu germ. *in* werde, ist hinfällig. Dies zeigen Beispiele wie ieur. **sn̥ti̯ós*, aind. *satyás* 'wirklich': got. *sunjis* 'wahr'; lat. *prae-sentia* 'Anwesenheit': got. *sunja* 'Wahrheit', *bi-sunjanē* 'rings herum'; ags. *synn* 'Sünde' aus **sun(d)jō-*; u. a.

4. a) Ieur. *r̥* > germ. *ur* (*or*), z. B.

Aind. *bhr̥tíš* 'das Tragen', lat. *fors* (gen. *fortis*) 'was sich zuträgt': got. *ga-baúrþs*, ahd. *gi-burt*, aisl. *burđr* 'Geburt', *at-burđr* 'was sich zuträgt'.

Aind. *mr̥tám* 'Tod': ahd. *mord*, aisl., ags. *morđ* 'Mord', vgl. got. *maúrþ-r*.

Gr. *κάρνος* 'Hornvieh', aind. *çr̥̄ñ-gam*, lat. *cornu*: got. *haúrn*, ahd., aisl. *horn* 'Horn'.

Ieur. **mr̥ghús*, gr. *βραχύς* 'kurz': got. *ga-maúrg-jan* 'verkürzen', ags. *myrȝe* (**murȝia-*) 'kurzweilig'.

Aind. *tr̥ṇam* 'Stroh', asl. *trĭnŭ*: got. *þaúrnus*, ahd. *dorn*, aisl. *þyrn-er* 'Dorn'.

b) Ieur. *r̥* > germ. *ru* (*ro*), z. B.

Part. prät. got. *brukans* zu *brikan* 'brechen', ahd. *droskan* zu *dreskan* 'dreschen', aisl. *brostenn* zu *bresta* 'bersten'.

Anm. 2. Die Regel, nach welcher bald *ul*, bald *lu* u. s. w. auftreten, ist nicht endgültig festgestellt. Unzureichend sind die Erklärungsversuche bei Brugmann, K. Z. XXIV, 258 f. Note (Grundr. I, 241), Kluge, K. Z. XXVI, 90 Note, Osthoff, M. U. II, 49 Note, 145. Gegen die Annahme, dass für die jeweilige Form die Stellung des Konsonanten in verwandten Wörtern massgebend gewesen sei, sprechen Fälle wie einerseits ahd. *forscōn* 'forschen' neben *frāhēn* 'fragen'; mhd. *korp* neben *krebe* 'Korb'; ags. *cornuc* neben ahd. *kranuh* 'Kranich'; aisl. *skorpenn* 'eingeschrumpft' neben *skreppa* 'gleiten'; aisl. *horskr* 'hurtig' neben *hraðr* 'geschwind'; as., ags. *bord*, aisl. *borð* neben ags. *bred*, ahd. *bret* 'Brett'; aisl. *dorg* 'Angelschnur' neben *draga*, ahd., as. *dragan* 'ziehen'; ags., aisl. *þorp*, ahd. *dorf* neben ags. *þrep*, *þróp* 'Dorf'; andererseits aisl. part. prät. *stroðenn* (**sroð-*) zu *serða* 'Unzucht treiben'. Das ursprüngliche, später durch Analogiebildungen vielfach gestörte, Verhältnis dürfte sein, dass betonter Sonant ein *ul* u. s. w. ergab (vgl. z. B. aind. *vr̥kas*: got. *wulfs*, aind. *tr̥ṇam*: got. *þaúrnus*, aind. *çr̥ñgam*: got. *haúrn*), während aus unbetontem Son. ein *lu* u. s. w. wurde (vgl. z. B. gr. *ἁδρός*: got. *snutrs* und besonders part. prät. wie aisl. *stroðenn* u. dgl.); so jetzt auch, wenigstens der Hauptsache nach, Bugge, Beitr. XIII, 322 f., und eine erwünschte Bestätigung erhält diese Ansicht durch das Verhältnis im Griechischen (s. § 2, 12 und 13 oben) zwischen (urspr. betontem) *αλ*, *αρ* und (urspr. unbetontem) *λα*, *ρα*, worüber s. Kretschmer, K. Z. XXXI, 391 ff. Aus Accentwechsel innerhalb der Flexion und Einfluss verwandter Wörter erklärt sich dann das nicht seltene Vorkommen von Doppelformen wie z. B. got. *fruma*, aisl. *frum-*: as. *formo*, ags. *forma* 'der erste'; as., aisl. *hross*: ags., aisl. *hors* 'Pferd'; ags. *scruf* : *scurf*, ahd. *scorf* 'Schorf'; got. *and-hruskan* 'erforschen': aisl. *horskr* 'klug'; schwed. dial. *trosk*: aisl. *þorskr* 'Dorsch'; ags. *wrums* : *wurms* (*worms*, älter *wursm*, *worsm*) 'Eiter' u. a., wo jedoch zum Teil einzelsprachliche Metatesen mit im Spiele sein dürften.

Anm. 3. Bugge (Norges Indskrifter med de ældre Runer, S. 103 f.) nimmt an, dass der aus *l̥*, *r̥* entwickelte Vokal, wenigstens im Nordischen, *o* sei, welches in urnordischer Zeit zu *u* geworden wäre, so bald die folgende Silbe *e*, *i* oder *i̯* enthielt. Was für diese Ansicht zu sprechen scheint, wird aber besser anders erklärt, s. Brate, Äldre Vestmannalagens ljudlära, S. 37, Kock, Arkiv IX, 80 f. und § 6, 3 unten.

Anm. 4. Die von mehreren Gelehrten angenommenen langen *l̥*, *r̥* (s. § 1 Anm. 6) sollen nach de Saussure, Mém., S. 262, Kluge, Beitr. IX, 193, X, 444, P. Grundr. I, 350, 352, v. Fierlinger, K. Z. XXVII, 436 ff., Wheeler, Der griechische Nominalaccent, S. 82, Brugmann, Grundr. I, 243 ff. als germ. *al*, resp. *ar* auftreten; dagegen nach Osthoff, Perf., S. 178, 417 f. als *lō*, resp. *rō*. Diejenigen Beispiele, durch welche dies erwiesen sein soll, lassen sich jedoch sämtlich anders erklären. — Betreffs der germanischen Vertretung der vermeintlichen langen *m̥*, *n̥* (s. § 1 Anm. 6) gehen die Ansichten noch sehr weit aus einander.

§ 4. LABIALISIERUNG.

1. Ieur. *ə* wird germ. *u* (später oft in *o* übergegangen, s. § 6, 3) unmittelbar vor *l*, *m*, *n*, *r*, *u̯*, z. B.

Aind. *tulā́*, gr. *τάλ-αντον* 'Wage', *τάλ-ας* 'geduldig', lat. *tulo* 'ich trage': got. *þulan*, aisl. *þola* 'dulden'.

gr. *καλιά* 'Scheune': got. *hul-undi*, ahd. *holī*, aisl. *hola* 'Höhle'.

Aind. *samas*, gr. *ἁμός*: got. *sums*, aisl. *sumr* 'irgend ein'.

gr. *κάμ(μ)αρος* 'Krebs': aisl. *humarr* 'Hummer'.

Alat. *hemo*: got. *guma*, ahd. *gumo*, aisl. *gume* 'Mann'.

Aind. *tanúš*, gr. *τανύ-*, lat. *tenu-is*: aisl. *þunnr*, ahd. *dunni* 'dünn'.

Ieur. **gənā́*, gr. bœot. *βανά*: aisl. *kona*, aschwed. *kuna* 'Weib'.

Aind. *vanā́mi* 'ich liebe': got. *wunan*, aisl. *una* 'zufrieden sein'.

Aind. *gurúš*, gr. *βαρύς*: got. *kaúrus* 'schwer'.

Gr. *φαράω* 'pflüge', lat. *foro*: ahd. *borōm*, aisl. *bora* 'bohre'.

Aind. *purā́*, gr. *παρά*: got. *faúra*, ahd., as. *fora* 'vor'.

Ieur. **u̯idhəu̯ā*, lat. *vidua*: got. *widuwō*, ahd. *wituwa*, as. *widowa* 'Wittwe'.

Anm. 1. Sievers, Beitr. XVI, 235 ff. nimmt an, dass *ə* im Germ. überall zu *u* geworden sei, was ohne Zweifel unstatthaft ist (vgl. § 6, 1). Streitberg, I. F. Anz. II, 47 f. will diesen Übergang nur für alle nicht haupttonigen Silben statuiert wissen. Die hauptsächliche Stütze dieser Ansicht ist das bis jetzt unaufgeklärte ahd. *zwein-zug*, *-zog*, aisl. *tu-ttugu*, *to-ttogo* 'zwanzig' neben got. *tigus*, aisl. *tigr*, *teyr*

'Anzahl von zehn'. Dagegen sind Fälle wie ahd. *acchus* neben got. *aqiz-i* 'Axt' u. dgl. wohl mit dem Suffixwechsel in aind. *tapus : tapas*, *cakšuš : çakšas* u. a. zu vergleichen (s. Noreen, Arkiv III, 14 Note); ebenso Fälle wie germ. **haluþ- : haliþ-* 'Held' u. dgl. mit lat. *caput : capitis* u. a. (vgl. § 21 unten).

2. Ieur. *ā* wird germ. *ō*, wenigstens in betonter Silbe, z. B. (vgl. Mahlow, AEO, S. 27 ff.).

Aind. *mātár-*, gr. *μάτηρ, μήτηρ*, lat. *māter*: ahd. *muoter* (**mōđer*), aisl. *móđer*, ags. *módor* 'Mutter'.

Aind. *bhrấtar-*, gr. *φρά̄τωρ*, lat. *frāter*: got. *brōþar*, ahd. *bruoder*, aisl. *bróđer*, ags. *bróđor* 'Bruder'.

Aind. *bāhúš* 'Arm', gr. *πᾶχυς, πῆχυς*: ahd. *buog*, aisl. *bógr*, ags. *bóʒ* 'Bug'.

Aind. *svādúš*, gr. *ἀδύς, ἡδύς*, lat. *suāvis*: as. *swōti*, ahd. *suozi* (**su̯ōti-*), aisl. *sǿtr* 'süss'.

Aind. *sā*, gr. *ἁ, ἡ*: got. *sō* 'die' (nom. sg. f.).

Lat. *scābi*: aisl. *skóf* 'schabte'.

Gr. *ἁγέομαι, ἡγέομαι* 'weise den Weg', lat. *sāgio* 'spüre': got. *sōkjan*, as. *sōkian*, aisl. *sǿkia* suchen'.

Gr. *φāγός, φηγός* 'Eiche', lat. *fāgus*: ahd. *buohha*, aisl. *bók*, ags. *bóc* 'Buche'.

Lat. *nāsus* 'Nase', *nāres* 'Nüstern': afr. *nōsi*, nschwed. *nōs* 'Schnauze'.

Dass derselbe Übergang auch in unbetonter Silbe eintrat, ist nicht ganz sicher, wenn auch sehr wahrscheinlich; jedenfalls ist er im Got. und Nord. auch in dieser Stellung durchgeführt worden. S. über diese vielumstrittene Frage besonders Paul, Beitr. IV, 347 ff., 356 f., VI, 184 f.; Sievers, Beitr. V, 133, M. U. I, 142; Osthoff, M. U. I, 240 ff.; Mahlow, AEO, pass.; Möller, Beitr. VII, 483 ff.; Kluge, P. Grundr. I, 366; Brugmann, Grundr. II, 548, 572, 663; Jellinek, Beiträge zur Erklärung der germ. Flexion, S. 1 ff.; Hirt, I. F. I, 195 ff.; v. Helten, Beitr. XVII, 272 ff.

Anm. 2. Der Übergang scheint erst am Ende der urgerm. Zeit vollzogen zu sein, denn auch Lehnwörter, die zu dieser Zeit aus dem Lateinischen und Keltischen ins Germanische übernommen sind, machen, wenn sie ein *ā* enthalten, den Prozess mit. So wird z. B. lat. *Rōmāni* > got. *Rūmōneis* 'Römer'; kelt. (latinisiert) *Dānuvius* > ahd. *Tuonouwa* 'Donau'. Ebenso zeigt das *ū* in got., as., ahd. *Rūma* gegenüber lat.

Rōma, dass zur Zeit der Entlehnung dieses Wortes wenigstens kein dem lat. ō genau entsprechender Laut im Germanischen da war. Vgl. Möller, K. Z. XXIV, 508, Beitr. VII, 482, Kluge, Beitr. VIII, 334; dagegen Kluge, P. Grundr. I, 316 f.

3. Ein urgermanischer *u*-Umlaut von *a* scheint in unbetonter Silbe vorzukommen, indem ieur. *a* zu *o* wird, wenn die folgende Silbe ein *ŭ* oder *ŏ* enthält; s. Paul, Beitr. VI, 191 ff., wo jedoch — sicherlich mit Unrecht — angenommen wird, dass j e d e s unbetonte *a* zu *o* geworden sei, also ohne Rücksicht auf den Vokal der folgenden Silbe. Von den wenigen Beispielen dürften verhältnismässig sicher sein:

gr. *ἀπό* oder *ἀπύ*: afr. *of* (**abo*, **abu*), ags. Präposition und Verbalpräfix *of*, as. selten *of*, ahd. selten *ob*; vgl. mit haupttonigem *a* gr. *ἄπο*: got., as., aisl. *af*, ahd. *ab*, ags. Nominalpräfix *æf-* (**af*) 'von, ab'.

Ieur. **adō* (vgl. mit Aphäresis lat. *dō-nec* 'bis': as. *tō*, ahd. *zuo* 'zu'): ags. Präfix *ot-* (**ato*) 'bei'; vgl. mit haupttonigem *a* lat. *ad*: ags. *æt*, aisl. *at*, ahd. *az* 'bei'.

§ 5. PALATALISIERUNG.

1. Ieur. *ə* wird germ. *i* unmittelbar vor *i̯*, z. B.

Ieur. **səi̯ēt*, aind. *siyát*, alat. *siēt*: got. *sijai* '(er) sei'.

Ieur. part. prät. **gəi̯onos*: got. *us-kijans* 'hervorgekeimt'.

2. Ieur. *e* wird germ. *i* in folgenden drei Fällen (s. Brate, Bezz. B. XI, 186, Bremer, ZfdPh. XXII, 250 ff., Kluge, P. Grundr. I, 317, 357):

a) Vor Nasal + Kons. (s. Paul, Beitr. VI, 76 ff.), z. B.

Lat. *seme(l)*: got. *simlē*, ags. *simlon* 'einmal, einst'.

Lat. *ventus*: got. *winds*, aisl. *vindr*, ahd. *wint*, ags. *wind* 'Wind'.

Gr. *πενθ-ερός* 'durch Heirat verbunden', lat. *of-fendimentum* 'Kinnband': got. *bindan*, aisl. *binda*, ahd. *bintan* 'binden'.

Gr. *πέμπτος*: got. *fimfta*, ahd. *fimfto*, aisl. *fimte* 'fünfte'.

Apreuss. *mensa*, asl. *męso*: got. *mimz* 'Fleisch'.

Lit. *tenkù* 'habe genug': got. *ga-þeihu* (**-þinha*) 'gedeihe'.

Gr. ἔγχος 'Lanze': ags. *Inȝ*, aisl. *Ingi-aldr*, aschwed. *Inge* Personennamen.

Anm. 1. Vor *n* + Palatal oder Guttural ist die Entwicklung schon vorhistorisch abgeschlossen, wie aus dem konstanten *i* der klassischen Schriftsteller hervorgeht, z. B. Taciti *Ingævones* oder *Inguæones*, Ptolemæi Σιλίγγαι u. dgl. (vgl. das früher aus dem Germ. entlehnte finnische *rengas* 'Ring'). Dagegen in andern Stellungen war das *e* wenigstens noch im Anfang des ersten Jahrhs. n. Chr. erhalten, z. B. Tac. *Semnones*, *Fenni*; vgl. aus dem 2. Jahrh. Ptol. Φίννοι. Daher können auch die ältesten germ. Lehnwörter aus dem Lateinischen den Übergang mitmachen, z. B. lat. *mentha* > ahd. *minza*, ags. *minte* 'Minze', lat. *gemma* > ahd. *gimma* 'Edelstein' (s. Möller, Englische Studien III, 164). Auffallenderweise zeigen sich in ostgotischen Namen noch im 6. Jahrh. bisweilen Schreibungen mit *e*, z. B. *Amalasuentha* neben *-suintha* (s. Wrede, Über die Sprache der Ostgoten, S. 66, 134, 155, 163). Die scheinbaren Ausnahmen aisl. *renna* 'laufen', *brenna* 'brennen' neben den seltenen *rinna*, *brinna* (so immer im Aschwed.) erklären sich aus einer ieur. Flexion **(bh)reneuti*, pl. **(bh)renuonti*, durch Ausgleichung urgerm. **(b)renan* (vgl. aisl. *brune* 'Brunst', *rune* 'Rinnen') und **(b)rinnan*, durch Kontamination **(b)rennan* (nach Ljungstedt); über aisl. *snemma*, *snimma* 'früh', *kuenna*, *kuinna* 'der Weiber' s. Noreen, Aisl. Gr.[2], § 139, 2.

b) In ursprünglich (d. h. ieur.) unbetonter Silbe, siehe Paul, Beitr. IV, 418 ff., VI, 84 f. (wo jedoch mit Unrecht angenommen wird, dass der Übergang nur vor urgerm. *z* stattfinde); Noreen, Arkiv I, 150 ff.; Kögel, Beitr. VIII, 135; Sievers, Beitr. V, 157 Note; Osthoff, Beitr. VIII, 555 Note, Perf., S. 419; Brate, Bezz. B. XI, 182; Kluge, P.Grundr. I, 354 (wo, wahrscheinlich mit Unrecht, angenommen wird, dass *e* vor urgerm. *r* geblieben sei); Bremer, ZfdPh. XXII, 249 f. Beispiele sind u. a.:

Lat. *ede*: urgerm. **eti* > **iti* (s. unten c), ahd. *iz* 'iss'.

Gr. ἐμέγε: urgerm. **meki* > **miki*, aisl. *mik*, ahd. *mih*.

Ieur. **eȝom* (vgl. gr. ἐγών, lat. *ego*), aisl. (betontes) *ek*: ahd. (unbetontes) *ih* 'ich'.

Gr. πόδ-ες, lat. *ped-es*: urgerm. **fōt-iz*, aisl. *fót-r* 'Füsse'.

Gr. θυγατέρες: urnord. *đohtriʀ* 'Töchter'.

Lat. *noctes*: aisl. *nǽtr* (**nahtiz*) 'Nächte'.

Lat. *Venus*, gen. *-eris*: as. *wini*, aisl. *vinr* (**winiR* < **u̯eniz*) 'Freund' (vgl. aschwed. *væn* < **u̯enaR*).

Gr. gen. sg. (*τέρ*)*ενος*: got. (*han*)*ins*, ahd. (*hen*)*in* 'des Hahns'.

Gr. nom. pl. (*γλυκ*)*έϝες*: aisl. (*syn*)*er* (**suniR* < **suniu̯iz*) 'Söhne'.

Gr. *θύρες*: urgerm. **đuriz*, ahd. *turi* 'Thür'.

Anm. 2. Nach dem schwankendem Schreibgebrauch der klassischen Schriftsteller zu urteilen scheint der Übergang erst im 1. Jahrh. n. Chr. durchgeführt worden zu sein. So hat Plinius noch *Venedi* (aisl. *Vinđr* aus **WiniđiR*), *Cannenefates*, aber Tac. *Canninefates*; neben *Segestes* steht bei Tac. *Segimerus* u. s. w.

c) Durch urgerm. *i*-Umlaut, wenn ein (tautosyllabisches oder erst in der nächsten Silbe stehendes) *i̯* oder *i* (altererbtes oder neugeschaffenes, s. oben b) folgt, s. Leffler, Tidskrift for Filologi og Pædagogik, Ny Række II, 1 ff.; Paul, Beitr. VI, 78 ff.; Noreen, Aisl. Gr.², § 139, 1; Much, Beitr. XVII, 168. Das in dieser Weise aus ieur. *ei̯* entstandene *ii̯* wird zu *ī* kontrahiert. Beispiele:

Gr. *στείχω*: got. *steiga* (d. h. *stīga*), aisl. *stíg*, ahd. *stīgu* 'steige'.

Gr. *δείκ-νυμι* 'zeige', lat. *dīco* (**dei̯co*) 'sage': got. *ga-teiha*, aisl. *té* (**tīhu*) 'zeige', ahd. *zīhu* 'zeihe'.

Gr. *λείπω* (**leiqō*) 'lasse übrig': got. *leiƕa*, aisl. *lé*, ahd. *līhu* 'überlasse'.

Aind. *mádhyos*, gr. *μέσσος* (**μέθjος*), lat. *medius*: got. *midjis*, aisl. *miđr* (ack. *miđian*), ahd. *mitti* 'mittlerer' (vgl. aisl. *međal-* 'mittel-').

Gr. *ἕζομαι* (**sedjo-*) 'setze mich', vgl. lat. *sedēre*: aisl. *sitia*, ahd. *sizzen* (**sitjan*) 'sitzen'.

Aind. *ásti*, gr. *ἔστι*, lat. *est*: got., ahd. *ist* (**isti*) 'ist'.

Gr. *νεφέλη* 'Wolke': aisl. *nifl* (**nibil-* < **neƀil-*) 'Nebel' (vgl. lat. *nebula*, ahd. *nebul* 'Nebel', aisl. *niól* aus **neƀul-* 'Finsternis').

Gr. *λέχεσθαι* (Hesych.): aisl. *liggia*, ags. *licȝan* 'liegen'.

Gr. *μέγας, -άλη*: got. *mikils*, aisl. *mikell* 'gross' (vgl. aisl. *miok* aus **meku* 'viel', gr. *μέγα*).

Lat. *errāre*: vgl. as. *irrjan* 'irren'.

Lat. *velim*: got. *wiljau*, ahd. *wille*, aisl. *vilia* 'will, wolle'.

Aisl. *sefe* 'Verwandter' (vgl. aind. *sabhā* 'Sippe') neben *sifiar* (pl.), got. *sibja*, as. *sibbea* 'Verwandtschaft'.

Ahd. *scelp* 'Wölbung', ags. *scylf* 'Bank', aisl. *skiǫlf* (**skelbō*) 'Hochsitz' neben aisl. *skilfingr* 'einer der im Hochsitz sitzt'.

As. *heban*, ags. *heofon* neben got. *himins*, aisl. *himenn* 'Himmel'.

Gr. *μετά*, aisl. *með* neben ahd. *miti*, agutn. *miþ* 'mit'.

Ahd., as., ags. *snell* 'tatkräftig' neben aisl. *snille* (**snellīn-*) 'Begabung'.

Ahd. *segal*, as., ags. *segel*, aisl. *segl* 'Segel' neben aisl. *sigla* (**sizlian*) 'segeln'.

Got. *fairhvus* 'Welt', ags. *feorh*, aisl. *fiǫr* 'Leben' neben pl. *firar* (**firhiōz*), as. gen. pl. *firiho* 'Männer'.

Aschwed. *læsper* (**wlespaR*), aber ags. *wlisp*, ahd. *lisp* 'stammelnd' nach *(w)lispen* (**wlespian*) 'stammeln'.

Anm. 3. Nach dem oben Entwickelten muss dieser Übergang später als der unter b) behandelte sein. In Übereinstimmung hiemit zeigen sich Spuren von dem bezüglichen *i* erst nach Chr., z. B. bei Vellejus *Sigimerus* gegen Tac. *Segimerus*, *Segimundus* (Ammianus *Sigismundus*), *Erminones* (vgl. ahd. *Irmin-sūl*), *Gepides* (ags. *Gifeðas*, langobard. *Gibidi*, vgl. ahd. *Gibihho*). Auch der ieur. Diphthong *ei* ist aus der Römerzeit belegt durch den inschriftlichen Namen *Alateivia*. — Nach Bugge, Arkiv VIII, 9 f., 22, Norges Indskrifter med de ældre Runer, S. 101, wäre im Nordischen der Übergang, ausser vor tautosyllabischem *i̯*, *u̯* und vor Palatalen, noch im 9. Jahrh. nicht eingetreten, eine Ansicht, die kaum haltbar sein dürfte, da ja schon urnord. *zibu* 'Gabe' (aschwed. *gif*) neben **zebu* (aisl. *giǫf*) durch Einfluss von **ziban* (aschwed. *giva*) neben **zeban* (aisl. *gefa*, *giafa*), 2. sg. präs. **zibiR* 'giebst' vorkommt; vgl. auch urnord. *ala-win* zu lat. *Venus*? *wiliR* zu lat. *velle*?

Anm. 4. Kaum darf man mit Bugge, Bezz. B. III, 106 annehmen, dass in entsprechender Weise ieur. *ē* vor *i* zu *ī* geworden sei, da ja gegen die für diesen Übergang angeführten Beispiele: lat. (*nihilo*) *sētius*: aisl. (*ekke*) *síðr* '(nichtsdesto)weniger', lat. *rēgius*: aisl. *ríkr* 'mächtig', lat. *rēx* (gen. *rēgis*): got. *reiks*, aisl. *-rikr* 'Fürst', eine ganze Reihe von Beispielen stehen, in denen der betreffende Übergang nicht stattgefunden hat (vgl. § 6, 5). Fick (Wörterbuch⁴ I, 94), dem Bechtel (Hauptprobl., S. 162 Note) beizustimmen scheint, knüpft den Übergang *ē* > *ī* an die Stellung unmittelbar vor den ieur. Palatalen *c*, *ʒ*, *ʒh*. Diese Annahme, die sich auf Beispiele wie lat. *rēx*: got. *reiks*, aind. *bhrā́jatē*: ahd. *pi-plīhhit* 'glänzt', aind. *dā́çati* 'verehrt': aisl. *tígenn* 'vornehm' stützt, scheint zwar möglich zu sein, darf aber keineswegs als erwiesen gelten.

§ 6. SONSTIGE VERSCHIEBUNGEN.

1. Ieur. *ə* wird germ. *a* ausser vor *l*, *m*, *n*, *r*, *u̯* (s. § 4, 1) und *i̯* (s. § 5, 1), z. B.:

Aind. *pitár-*, gr. *πατήρ*, lat. *pater*: got. *fadar*, ahd. *fater*, aisl. *fađer* 'Vater'.

Aind. *sthitás*, gr. *στατός* 'stehend', lat. *status* 'gestellt': aisl. *stađr* 'stätig'.

Aind. *sthítiš*, gr. *στάσις*, lat. *stati-o* 'Stellung': got. *staþs*, ahd. *stat*, aisl. *stađr* 'Stätte'.

2. Ieur. *o* wird germ. *a*:

a) In betonter Silbe überall, z. B.:

Ieur. **octō(u̯)*, aind. *aṣṭā́u*, gr. *ὀκτώ*, lat. *octō*: got. *ahtau*, ahd. *ahto*, aisl. *átta* (**ahtau̯*) 'acht'.

Lat. *hostis* 'Feind, Fremdling', asl. *gostĭ*: got. *gasts*, ahd. *gast*, urnord. *-ʒastiʀ* (aisl. *gestr*) 'Gast'.

Aind. *náktiš*, lat. *nox* (gen. *noctis*): got. *nahts*, ahd., as. *naht* 'Nacht'.

Aind. *pátiš* 'Herr', gr. *πόσις* 'Gatte', lat. *potis* 'im Stande': got. *hunda-faþs* 'Centurion'.

Lat. *quod*: got. *ƕa*, aisl. *huat* 'was, welches'.

Gr. *οἴνη* 'Eins', lat. *ūnus* (alat. *oinos*): got. *ains*, aisl. *einn* (**ai̯naʀ*) 'einer'.

Aind. *vḗda*, gr. *ϝοῖδα*: got. *wait*, aisl. *veit* 'weiss'.

Gr. *λέ-λοιπα* 'habe verlassen': got. *laiƕ* 'überliess'.

Gallischer Name *Roudus*, lat. (umbrisch) *rūfus*: got. *rauþs*, aisl. *rauđr* 'rot'.

Ieur. **ozdoz*, gr. *ὄζος*: got. *asts*, ahd. *ast* 'Ast'.

Gr. *κέ-κλοφα*: got. *hlaf* '(ich) stahl'.

Aind. *bu-bṓdha* 'habe gewacht': got. *bauþ* 'bot'.

Anm. 1. Der Übergang ist ziemlich spät, jedoch vor Chr. vollzogen worden; denn während aus dem Lateinischen um Chr. Geburt entlehnte Wörter mit *ŏ* die betreffende Entwicklung nicht mitmachen, findet das umgekehrte Verhältnis statt in den etwas älteren keltischen Lehnwörtern, z. B. (latinisiert) *Moguntiacum*: ahd. *Maginza* 'Mainz', *Moenus*: ahd. *Main*, *Vosegus*: ahd. *Wascono walt* 'Wasgenwald', *Volcæ*: ahd. *Walhā*, *Mosa*: ahd. *Masa* (ags. *Masu*) 'Maas', **olēwon* (aus alat. **oleivom*): got. *alēw* 'Öl'. Vgl. Paul, Beitr. VI, 195, Kluge; P. Grundr. I, 357, Much, Beitr. XVII, 34, 320.

b) In unbetonter Silbe, ausser vor (erhaltenem) *m* und wenn die nächste Silbe *ŭ*, *ŏ* enthält, z. B.:

Ieur. nom. sg. m. *-os*, aind. *áçv-as*, gr. *ἵππ-ος*, lat. *equ-us* 'Pferd': urnord. *stain-aʀ* 'Stein'.

Ieur. nom. ack. sg. n. *-om*, aind. *yug-ám*, gr. *ζυγ-όν*, lat. *jug-um* 'Joch': urnord. *horn-a* 'Horn'.

Ieur. gen. sg. m. *-onos*, *-ones*, gr. *ἡγεμ-όνος* 'Anführers', alat. *Apol-ones*: urnord. *þrawin-an* nom. propr.

Ieur. lokat. sg. m. *-oni*, gr. *ἡγεμ-όνι*: urnord. *witađa-halaib-an* 'dem Genossen, Gatten'.

Gr. *φέροις*: got. *bairais* 'tragest'.

Ieur. gen. sg. m. *-ou̯s*, lat. *fruct-ūs* 'der Frucht', aind. *sūn-ōš*: got. *sun-aus* 'Sohnes'.

Aind. *bháranti*, gr. dor. *φέροντι*, lat. *ferunt*: got. *bairand*, aisl. *bera* '(sie) tragen'.

Vgl. dagegen ieur. 1. pl. präs. ind. *-omem*, gr. *φέρομεν* (vgl. asl. *nes-omŭ*): aisl. *ber-om* 'wir tragen'.

Aind. *ántarā* (vgl. asl. *vŭ-torā*): urgerm. **anþorō*, aisl. *ǫnnor*, anorw. *annur* 'eine andere'.

Anm. 2. Der Übergang *o* > *a* ist in dieser Stellung später als im vorigen Falle eingetreten, also einzelsprachlich und wie es scheint zu ziemlich verschiedener Zeit in den verschiedenen Sprachzweigen; vgl. Paul, Beitr. IV, 358 ff., VI, 186 ff.; Sievers, Beitr. IX, 199, Angelsächsische Grammatik², § 45 Anm. 2; Kluge, P. Grundr. I, 316 f, 354 f.; Wrede, Sprache der Ostgoten, S. 48; Much, ZfdA. XXXV, 322. Im Norden tritt *a* schon vor 300 v. Chr. auf, wie aus den oben angeführten urnord. Beispielen hervorgeht, gleichwie aus den zum Teil noch älteren nordischen Lehnwörtern im Finnischen, z. B. *armas* 'Elend', *raippa* 'Strick' u. dgl. Dagegen zeigen got. und d. Namen bei den klassischen Schriftstellern dieser Zeit noch *o*, z. B. *Chariowaldus* 'Herold', *Inguiomērus* 'Ingemar', *Langobardi* (vgl. lat. *longus*). Um 300 haben die got. nur *a*, z. B. *Alaricus*, während die deutschen noch eine kurze Zeit schwanken, z. B. bei Ammianus *Hariobaudus*, *Vadomarius* u. a. neben *Alamanni*.

Anm. 3. Ob, wie Möller (K. Z. XXIV, 508) und Kluge (Beitr. VIII, 334 f.) wollen, auch ieur. *ō* zunächst urgerm. *ā* geworden ist um dann später gleichwie ieur. *ā* (s. § 4, 2) in *ō* verwandelt zu werden, bleibt unsicher; s. Bremer, Beitr. XI, 6 Note.

3. *u*, sowohl ieur. als urgerm. nach § 3 und § 4, 1 entstandenes, wird germ. *o* vor einem *ă*, *ŏ* oder *ǣ* (s. 5 unten) in der folgenden Silbe, jedoch nur sofern nicht zwischen den beiden Vokalen entweder Nasal + Kons. oder auch *i̯* steht. Beispiele dieses urgerm. *a*-Umlautes sind u. a.:

Ieur. **dhuktḗr*, lit. *duktė̃* (vgl. aind. *duhitár-*, gr. *θυγάτηρ*): as. *dohtar*, ahd. *tohtar* 'Tochter'.

Aind. *budhnás*, gr. *πυθμήν*: ahd. *bodam*, ags. *botm*, aisl. *botn* 'Boden'.

Aind. *yugám*, gr. *ζυγόν*, lat. *jugum*: ahd. *joh* (**i̯oka-*), aisl. *ok* 'Joch'.

Aind. *mr̥tám* 'Tod': urgerm. **morđa*, ahd. *mord*, aisl., ags. *morđ* 'Mord'.

Ieur. **pr̥cscō-*, aind. *pr̥chā́mi* 'frage', lat. *posco* 'fordere': ahd. *forscōm* 'forsche'.

Urnord. *worahto* (aus **worhtō*) 'ich machte' neben *wurte* (aus **wurhtē*) 'er machte'.

Aisl. gen. sg. *sonar*, pl. *sona* zu *sunr* (**sunuʀ*) 'Sohn', dat. pl. *sunom* (**-um*), ack. sg. *sun* (**-u*), s. Gering, Islendzk æventyri I, XVI.

Aschwed. *kona* 'Weib', *hola* 'Höhle' neben gen., dat., ack. resp. *kunu*, *hulu*, s. Kock, Nordisk Tidskrift for Filologi, Ny Række VIII, 295 ff.

Aschwed. *lof* (**loƀa-*) 'Erlaubnis' neben dat. *luvi*.

Aschwed. *koma* 'kommen' neben präs. konj. *kumi* und part.-prät. *kumin*.

Nschwed. dial. *kol* (**kola-*) 'Kohle' neben *kulu* (**kuluʒ-*) 'russig' u. dgl., s. Vendell, Pedersöre-Purmo-målet, S. 25.

Ahd., ags., as. *gold* (**ʒolþa-*) 'Gold' neben mh. *guldīn* 'golden'.

Ahd. *scolta* 'ich sollte', *mohta* 'ich möchte' neben resp. *sculun* 'sie sollen', *mugun* 'sie mögen'.

Ahd. *ziohan* 'ziehen', part. prät. *gizogan* neben 1. sg.

präs. ind. *ziuhu*, 3. pl. prät. ind. *zugun* u. a. m., s. Braune, Ahd. Gr.², § 32, § 47.

Vgl. dagegen ieur. **cm̥tóm*, lat. *centum*, lit. *szim̃tas*: ahd. *hunt*, aisl. *hund-rađ* 'hundert'.

Ahd. *furihten* 'fürchten' aus **furhtian*, aber prät. *forahta* nach der Hauptregel.

Sehr oft ist die Wirkung des Lautgesetzes durch Analogiebildung nach Formen mit *u* aufgehoben worden, und umgekehrt ist oft *o* da eingedrungen, wo es lautgesetzlich nicht berechtigt ist (z. B. urnord. 3. sg. prät. ind. *orte*, statt des älteren *wurte*, nach 1. sg. *orta*, älter *worahto* 'machte' s. oben). Besonders häufig ist auch der Fall, dass, wo innerhalb eines Paradigmas oder einer Gruppe von nahe verwandten Wörtern *o* und *u* neben einander in lautgesetzlichem Wechsel standen, durch Ausgleichung Doppelformen mit durchgehendem *o* oder *u* entstanden sind, z. B.:

Ahd. *wolf*, urnord. *Hari-wolafʀ*, aisl. *Heri-olfr*: ags. *wulf*, urnord. *Hari-wulǫfʀ*, aisl. *ulfr* 'Wolf'.

Ahd. *fogal*, aisl. *fogl*: as., ahd. *fugal*, ags. *fuȝol*, aisl. *fugl* 'Vogel'.

Ahd. *boc*, aisl. *bokkr*: ags. *bucc-a*, aisl. *bukkr* 'Bock'.

Ahd. *gomo*: ags. *ȝuma*, aisl. *gume* 'Mann'.

Aisl. *stođ*, aschwed. *stoþ*: aisl. *stuđ*, ags. *studu*, aschw. *stuþ* 'Stütze'.

Aisl. *borg*: ahd., as. *burg*, ags. *burh* 'Burg'.

Ahd. *sporo*, aisl. *spore*: ags. *spura* 'Sporn'.

Aisl. *morna*, ahd. *mornēn*: ags. *murnan* 'trauern'.

Aisl. *borr* (schon urnord. dat. pl. *borumʀ* statt lautges. **burumʀ*): *burr* 'Sohn'.

Ahd. *obana*, as. *oban*, aisl. *ofan*, aschwed. *ovan*: ags., agutn. *ufan* 'oben'.

Aisl. *hogr* 'Sinn', *goll* 'Gold', *gođ* 'Gott', *monr* 'Unterschied', *oxe* 'Ochs', *stofa* 'Stube' u. a. neben resp. *hugr*, *gull*, *guđ*, *munr*, *uxe*, *stufa* u. s. w., s. Noreen, Aisl. Gr.², § 141.

Aisl. *lokenn* 'geschlossen', *bođenn* 'geboten', anorw. *nomenn* 'genommen', *brogđenn* 'entblösst' neben resp. *lukenn*, *buđenn* (anorw.), *numenn*, *brugđenn*.

Aschwed. *boghi* 'Bogen', *odder* 'Spitze', *loter* 'Loos', *dropi* 'Tropfen', *somar* 'Sommer', *borin* 'geboren' u. a. neben resp. *bughi*, *udder*, *luter*, *drupi*, *sumar*, *burin*.

Besonders zahlreich sind solche Doppelformen im Altschwedischen, wo fast jede Wurzelsilbe, die ein *o* enthält, daneben auch *u* zeigt, s. Rydqvist, Svenska språkets lagar IV, 59 ff., 69 ff.

Anm. 4. Das Gotische bietet keine hierhergehörigen Beispiele, weil in Folge eines einzelsprachlichen Lautgesetzes jedes *o* in *u* übergegangen ist ausser vor *h*, *ƕ* und *r* (in welcher Stellung dagegen jedes *u* zu *aú*, d. h. *ŏ*, geworden ist). Anders, aber mir nicht annehmbar, Wrede, Sprache der Ostgoten, S. 164. — Nach Bugge (Arkiv VIII, 23; vgl. auch oben § 3 Anm. 3) wäre, nach urnord. *-leuƀaʀ* 'lieb', *-leuȝaʀ* 'lügenhaft' zu urteilen, im Nordischen der Übergang noch um 500 n. Chr. nicht eingetreten, eine Ansicht, die zwar möglich, aber nicht hinlänglich begründet sein dürfte, da ja die angeführten Formen durch Einfluss anderer Formen, wie z. B. nom. sg. f. **leuƀu*, *liuƀu*, entstanden sein können.

4. Ieur. *i* (aber das nach § 5 entstandene urgerm. *i* nur in dem § 5, 2, b erwähnten Falle) wird germ. *e* vor einem *ă*, *ŏ* oder *æ* (s. 5 unten) in der folgenden Silbe. Im Vergleich mit dem vorigen Falle ist dieser urgerm. *a*-Umlaut verhältnismässig spärlich belegt (s. Paul, Beitr. VI, 82 ff., Mittelhochdeutsche Grammatik², § 43; Braune, Ahd. Gr.², § 31 Anm. 1—3; Osthoff, Beitr. XIII, 417 f.; Noreen, Aisl. Gr.², § 140; Lindgren, Sv. Landsm. XII, 1, S. 84, 88, 163), was auf überwiegender Ausgleichung zu Gunsten des *i* beruhen dürfte (z. B. urnord. *erilaʀ* statt **irilaʀ* — Kompromissschreibung *eirilaʀ* — nach dem in gewissen Kasus vorliegenden Stamm **erla-*, aisl. *iarl*, ags. *eorl* 'Häuptling'). Hier mögen angeführt werden z. B.:

Ieur. **u̯iros* (und *u̯īros*, aind. *vīrás*, vgl. § 25), lat. *vir*: ahd., as., ags. *wer*, aisl. *verr* 'Mann'.

Ieur. **nizdos*, aind. *nīḍás*, lat. *nīdus*: ahd., ags., ndl. *nest* 'Nest'.

Aind. *kikiś*, gr. κίσσα (**kik-i̯ā*) 'Häher', lat. *cic-ōnia* 'Storch', ags. *hiȝora* (vgl. ahd. *heigir* 'Reiher'): ahd. *hehara*, mndd. *heger* 'Häher', aisl. *hegre*, *hére* (**hehr-*) 'Reiher'.

Gr. ὀ-λιβρός: ahd. *sleffar* 'schlüpfrig' (vgl. *slīfan* 'gleiten').

Gr. *φέρετον*: urgerm. **ƀeređa* aus **ƀeriđa* (nach § 5, 2, b), ahd. *beret* 'ihr (zwei) traget'.

Ahd. *swebēn* 'schweben' zu *sweibōn* 'schweben' und aisl. *suífa* 'sich bewegen'.

Mhd. *lebe-kuoche* 'Lebkuchen' zu *leip*, got. *hlaifs*, aisl. *hleifr* 'Brot'.

As. *tweho*, ahd. *zweho* neben *zwīvo* 'Zweifel' (vgl. got. *tweifls*).

Ahd. *flec*, aisl. *flekkr* 'Stückchen' zu *flík* 'Kleidstück'.

Aisl. *keppr* (**keppaz*) 'Stock' zu *keipr* (**kaįppaz*) 'Ruderdulle' (Lidén, Uppsalastudier, S. 89).

Aisl. *hé-rađ* (**heųa-*), aschw. *hǣ-raþ* 'Bezirk', *hǣ-skaper* 'Familie' zu got. *heiwa-frauja* 'Hausherr', ahd. *hī-rāt* 'Vermählung', ags. *hí-réd*, agutn. *hī-skepr* 'Familie', aisl. *hí-býle* 'Wohnstätte', lat. *cīvis* 'Mitbürger', aind. *çḗvas* (und *çivás*, urgerm. **heųaz*) 'lieb'.

Aisl. *gleđa* 'Weih' zu as. *glīdan*, ahd. *glītan* 'gleiten'.

Auch hier sind wie im vorigen Falle durch Ausgleichung entstandene Doppelformen mit *e* und *i* häufig, z. B.:

As., ahd. *leccōn*: as. *liccōn*, ags. *liccian* 'lecken', gr. *λιχνεύω* 'belecke'.

Aisl. *vega*: anorw. *viga*, aschwed. *vigha* 'streiten' (vgl. aisl. *víg* 'Streit', got. *weihan* 'kämpfen', lat. *vīci* 'ich siegte').

Aschwed. *bæva* (**beƀōn*), nhd. *beben*: ahd. *bibēn*, as. *biƀōn* 'beben', aind. *bibhḗmi* 'zittere'.

Ahd. *lebara*: ags. *lifer*, aisl. *lifr* 'Leber' (vgl. lat. *jĕcur* aus **lįēqr̥*).

Ahd. *stega*, aisl. *stege*: *stige* 'Leiter' zu *stíga* 'steigen'.

Aisl. *sleđe*, aschw. *slæþi*: *sliþi*, aisl. *sliđe*, ahd. *slito* 'Schlitten' zu ags. *slīdan* 'gleiten'.

Aisl. *neđan*, aschwed. *næþan* 'von unten', aisl. *neđ(ar)re* 'niedere', mengl. *neđer*, ndl. *neder* 'nieder': aschwed. *niþan* 'von unten', aisl. *niđre* 'niedere', aind. *nitarā́m*.

Aisl. *beđenn* 'gebeten, erwartet', as. *bedu*, ndl. *bede*, ahd. *beta*: *bita* 'Bitte' zu *beitan* 'fordern', aisl. *beiđask*, *biđia* 'bitten', *bíđa* 'warten', gr. *πείθω* 'überrede'.

Ahd. *klebēn*: as. *clibōn* 'kleben', aisl. *klífa* 'zanken' zu ahd. *klīban* 'anheften', aisl. *klífa* 'klettern'.

Aisl. *kuekua* 'anzünden', ahd. *chec, quec*: ags. *cwicu*, aisl. *kuikr* 'lebendig' zu *kueikua* 'anzünden' (vgl. lat. [*g*]*vī*[*g*]*ous*).

Ahd. *wesan* 'gedorrt': aisl. *visenn* 'welk' zu aind. *višám*, gr. *ϝιός* (**u̯isós*) und lat. *vīrus* 'Gift'.

Ahd. *wehha*: ags. *wicu*, as. *wika*, aisl. *vika* 'Woche' zu ags. *wíce* 'Wechseldienst', aind. *vij-* 'weichen'.

Aisl. *hlé* (**hleu̯a-*): *hlý* (**hlīu̯a-*) 'Schutz', vgl. got. *hlija* 'Hütte'.

Ahd. *gewōn*: *giwōn* neben *gīēn*, lat. *hiāre* 'gähnen'.

Ahd. *lebēn*, as. *leƀōn*: *liƀōn*, aisl. *lifa* 'leben' zu got. *bi-leiban* 'bleiben', wozu auch

Nschw. *lämna* (**leƀanōn*): *lemna*, aisl. *lifna* 'übrig lassen'; ebenso

Nschw. *rämna*: *remna*, aisl. *rifna* 'zerrissen werden' zu *rífa* 'reiben, reissen'.

Aisl. *sele*: *sile* 'Siele' zu ahd. *seil* 'Strick'.

Aschw. *slæpa* (**slepan*): *slipa* 'schleifen' zu ahd. *slīfan* (vgl. *ὀλιβρός*: *sleffar* oben S. 20).

Ahd. *wehsalōn*: aisl. *vixla* 'wechseln' zu gr. *ϝείκω* 'weiche', lat. pl. *vices* 'Abwechslung'.

Nschwed. *häpen*: schwed. dial. *hippen* 'erstaunt' zu *hīpa* 'keichen'.

Ndän. *flæbe* (**flepōn*): nnorw. dial. *flipa* 'weinen' zu *fleipa* 'schwatzen', nisl. *flipi* 'Lippe'.

As. *lepur*, aschwed. *læpi*: ags., aschw. *lippa* 'Lippe' zu nschwed. *līpa* 'die Lippe hängen lassen'.

Aschwed. *blæk*, ahd. *bleh*, mndd. *bleck*: *blick* 'Blech', aisl. *blik* 'Glanz' zu *blíkia* 'blinken', *bleikr* 'bleich'.

As., ahd. *spec*, aschwed. *spæk*: ags. *spic*, aschwed. *spik* 'Speck' zu aind. *pī́van-*, gr. *πίϝων* 'fett'.

Aisl. pl. *neđar*, aschwed. *næþar*: *niþar*, aisl. *niđar* 'abnehmender Mond'.

Aisl. *Hall-fređr* u. dgl.: *friđr* 'Friede' zur ieur. Wz. **prei̯-* 'lieben, schonen'.

Aisl. *lé-rept* 'Leinwand', ahd. *reft*: ags. *rift* 'Pallium', aisl. *lí-ript* 'Leinwand' zu *rífa* 'reissen'.

Aschwed. *þrævin: þrivin*, aisl. *þrifenn* 'zufrieden' zu *þrífask* 'gedeihen'.

Aisl. *tuenner* 'je zwei', *þrenner* 'je drei': *tuinner, þrinner* zu *tueir* 'zwei', *þrír* 'drei'.

Nschwed. *näpen* (**hnepanaz*) 'nett, zart' (eig. 'schmal'): aisl. *hnipenn* 'beklommen' (eig. 'zusammengedrückt') zu *hnípa* 'beklommen sein'.

Aschwed. *þwæna: þwina* 'sich abzehren' zu ags. *þwínan* 'weich werden'.

Ahd. *gi-wesso* 'gewiss', *wessa* 'wusste': *gi-wisso, wissa* zu *weiz* 'weiss', lat. *vidēre* 'sehen'.

Ahd. *skena: skina* 'Schienbein'.

Anm. 5. Im Gotischen fehlen Beispiele ganz, weil durch ein einzelsprachliches Lautgesetz jedes *e* in *i* übergegangen ist ausser vor *h*, *ƕ* und *r* (in welcher Stellung dagegen jedes *i* zu *ai*, d. h. *ĕ*, geworden ist). Im Ags. scheinen nur wenige Beispiele vorzukommen. Um so häufiger sind sie im Nordischen und im Deutschen. Jedenfalls zeigt die obige Sammlung, die keineswegs vollständig ist, wie sehr Paul (Beitr. VI, 82 ff.), dem Brugmann (Grundr. I, 36 f.) und der Hauptsache nach Braune (Ahd. Gr.[2], § 31 Anm. 1—3) beistimmen, im Unrecht ist, wenn er das Gesetz als ein speziell deutsches ansieht.

5. Ieur. *ē* wird urgerm. *ǣ*, das dann in historischer Zeit in betonter Silbe (vgl. Anm. 6 unten) zu ahd., as., langob., burg. und nord. *ā*, got. und afr. *ē* wird, dagegen im Ags. gewöhnlich als *ǣ*, selten als *ā* auftritt; s. Bremer, Beitr. XI, 2 ff., Mahlow, AEO, s. 11 f. Dieser Übergang von *ē* in *ǣ* ist aber vielleicht nur scheinbar, weil möglicherweise schon das ieur. *ē* den Lautwert *ǣ*, d. h. offenes *ē*, hatte. Beispiele sind u. a.:

Aind. *āda*, gr. *ἔδ-ηδα* 'habe gegessen', asl. *ĕdŭ* 'esse', lat. *ēdi*: got. *fr-ēt*, ahd. *āz*, ags. *ǽt*, aisl. *át* 'ass'.

Gr. *ἧσται*, lit. *sĕst* 'sitzt', *sĕdu* 'setze mich', lat. *sēdimus*: got. *sētum*, ahd. *sāzum*, ags. *sǽton*, aisl. *sǫ́tom* (**sātum*) 'wir sassen'.

Asl. *vĕra* 'Glaube', lat. *vērus*: ahd., as. *wār* 'wahr', got. *tuz-wēr-jan* 'bezweifeln', aisl. *vǫ́r* (**wāru*) 'Treue'.

Lat. *sēmen*, asl. *sĕmę*: ahd. *sāmo* 'Same'; dazu lat. *sēvi* 'säte': ahd. *sāen* 'säen', got. *(mana)sēþs*, aisl. *sáð*, ahd. *sāt* 'Saat'.

Gr. ἡμι-, lat. *sēmi-*: ahd. *sāmi-*, ags. *sóm-* (**sām-*) 'halb-'.

Gr. dor. μής (gen. μηνός), lat. *mēn-sis*, lit. *ménů*: got. *mēna*, ahd. *māno*, aisl. *máne* 'Mond', resp. *mēnōþs*, *mānod*, *mǫnodr* 'Monat'.

Gr. ἔ-θη-κα 'ich setzte', lat. *fē-ci* 'ich machte': ahd. *gi-tān* 'gethan', *tāt*, got. *dēds* 'That'.

Gr. ἄϝημι 'wehe': ahd. *wāen* 'wehen'.

Lat. *nēvi* 'ich spann', gr. νῆμα 'Faden': ahd. *nāen* 'nähen', got. *nēþla*, aisl. *nǫ́l* 'Nadel'.

Anm. 6. Betreffs der Vertretung des urgerm. *ǣ* in unbetonter Silbe gehen die Ansichten noch weit auseinander. Das neueste — keineswegs abschliessende — hierüber bieten Hirt, I. F. I, 195 ff. und Streitberg, Zur germanischen Sprachgeschichte, S. 73 ff., wo auch die frühere einschlägige Literatur ziemlich vollständig angeführt wird.

Anm. 7. Der von Brugmann (Curtii Studien IX, 374 ff.) und Burg (Die ältesten nordischen Runeninschriften, S. 83, 102 f.) behauptete Übergang *e* > *a* in unbetonter Silbe vor *r* ist unerwiesen und wahrscheinlich nicht einmal für das Gotische anzunehmen; s. Bremer, Beitr. XI, 39 (vgl. Hanssen, K. Z. XXVII, 615; Möller, Beitr. VII, 530 Note).

B. QUANTITATIVE ERSCHEINUNGEN.

§ 7. DEHNUNG.

Sog. Ersatzdehnung tritt bei den (ieur. oder nach resp. § 6, 2, a, § 5, 2, a, § 3, 3, a entstandenen urgerm.) Vokalen *a*, *i*, *u* ein, wo unmittelbar nach denselben ein (palatales oder gutturales) *n* in der Verbindung *nh* schwindet. Die in dieser Weise entstandenen *ā*, *ī*, *ū* sind nasaliert (s. Noreen, Arkiv III, 1 ff., 40 f.), wahrscheinlich weil schon die ungedehnten *a*, *i*. *u* durch das folgende tautosyllabische *n* nasaliert worden waren. In der folgenden Sammlung von Beispielen scheiden wir die drei betreffenden Fälle:

1. *a* > *ā*, z. B.:

Prät. got. *þāhta*, ahd. *dāhta*, ags. *þóhte* (**þāht-*), aisl. *þátta* zu resp. *þagkjan*, *denken*, *þencean*, *þekkia* 'denken, merken'.

Prät. got., ahd. *brāhta*, ags. *bróhte* zu resp. *briggan*, *bringan*, *brinȝan* 'bringen'.

Got. *inn-at-gāhts* 'Eingang', aisl. *gǫ́tt* (gen. *gáttar*): got. *gaggan*, aisl. *ganga* 'gehen'.

Got. *faúra-hāh* 'Vorhang', *hāhan*, ags. *hón*: *hanȝian*, ahd. *hangēn*, aisl. *hanga* 'hangen'.

Got., ahd. *fāhan*, ags. *fón*, aisl. *fá* 'empfangen': ahd., aisl. *fang*, ags. *fanȝ* 'Fang', aisl. prät. *fekk* (**fing*) 'fing'.

Aisl. *há* (**hāhan*) 'plagen': lit. *kankà* 'Qual'.

Aisl. *hǽtta* (**hāhtian*) 'riskieren': lat. *cunctari* 'in Ungewissheit sein'.

Ahd. *hāhila* 'Kesselhaken': ndl. *hengel* 'Fischangel', nisl. *hengill* 'Pendulum'.

Aisl. *hár* (**hāhaʀ*) 'Ruderdulle, Hai', *hǽ(i)ngr* 'Lachs', *hǽll* (**hāhilaʀ*) 'Pfahl': lappisch (aus dem Urnordischen entlehnt) *haggñu-* (< urnord. **hangu-*) 'Ruderdulle', aind. *çankúš* 'Holznagel' (Lidén, Uppsalastudier, S. 89 f.).

Aisl. *óll* (**āhul-*), *áll*: aind. *ankurá-* 'Keim'.

Aisl. *ól*, *ál*: gr. *ἀγκύλη* 'Riemen' (Falk, Arkiv VI, 115).

Aisl. *tó*, *tǫ́*, *tá*, aschwed. *tā*, *tǣ* (als finnisches Lehnwort *tanhua* 'Hürde') 'Hofplatz, fest zugestampfer Boden', ahd. *zāhi*, ags. *tóh* 'zähe': as. *bi-tengi* 'drückend', ags. *ȝi-tenȝe* 'in der Nähe befindlich', aisl. *tengia* 'zusammenbinden'.

Aisl. *hęstr*, aschwed. dial. *heister* (**hāhistaʀ*): ahd. *hengist* 'Pferd'.

Aisl. *ró*, *rǫ́*, *rá* (**wrāhu*) 'Ecke, Winkel': *rǫng* 'Spant, Querband des Schiffes'.

Aisl. *sáttr* 'versöhnt': lat. *sanctus* 'heilig' (Lidén).

Got. *þāhō*, ahd. *dāha*, ags. *þóhæ*, *þó* 'Thon, Lehmboden'.

Ahd. *āhta*, ags. *óht* 'Verfolgung', *O'ht-here*, as. *āhtian* 'verfolgen', aisl. *g-ǫ́t*, *g-át* 'Aufmerksamkeit', *g-á* (**-āhan*), *g-ǽta* 'mit Aufmerksamkeit verfolgen', *O'tt-arr*, *Q'tt-arr*.

Ags. *hóh*, aisl. *hǽll* (**hāhilaʀ*) 'Ferse', nisl. *há-band* 'vinculum nervos poplitis adstringens',

Ahd. *dāht*, aisl. *þǫ́ttr*, *þáttr*, aschwed. *þōtter* 'Docht, Faden, Abteilung' zu *þang* 'Meertang'?

Got. *un-wāhs* 'untadelhaft', ags. *wóh* 'tadelhaft'.

Aisl. *kátr* (*_ʒa-hāhtaʀ_, s. Noreen, Arkiv III, 17 ff.), 'munter, geil'.

Aschwed. runisch *Hą-isl*, urnord. *Hāha-islaʀ* (vgl. die burgundische Schreibung *Hanhu-valdus*) ein Personenname.

2. *i* > *ī*, z. B.:

Got. *weihan* 'kämpfen': lat. *vincere* 'siegen'.

Got. *þeihan*, ahd. *gi-dīhan*, ags. *ʒe-þéon* 'gedeihen': lit. *tenkù* 'habe genug', vgl. ags. *ʒe-þunʒen*, as. *gi-thungan* 'vollkommen', *thengian* 'vollenden', aisl. *þungr* 'gediegen, massig, schwer'.

Got. *þreihan* 'drängen', *þreihsl* 'Drangsal', mhd. *drīhe* 'Sticknadel': lit. *trenkti* 'stossen', ahd. *dringan*, as. *thringan*, ags. *þrinʒan*, aisl. *þryngua* 'drängen'.

Got. *þeihvō* 'Donner', ieur. **tenqōn-*, vgl. asl. *tąča* 'Regen'.

Got. *þeihs* 'Zeit': ahd. *ding*, aisl. *þing*, langobardisch *thinx* 'Gerichtstag, Volksversammlung, Ding' (lat. *tempus*?).

Mhd. *sīhte* 'seicht' zu got. *sigqan*, ahd. *sinkan*, as., ags. *sincan* 'sinken'.

Ahd. *sīhan*, ags. *séon*, aisl. *sía* 'seihen': aind. *sincāmi* 'giesse aus'.

Ahd. *dīhsala*, ags. *þíxl, þísl*, aisl. *þísl*: apreuss. *teansis* (**tenca*) 'Deichsel'.

Aisl. *þél* (**þīhlō*) 'Feile' (s. Hellquist, Arkiv VII, 160 f.).

Ahd. *fīhala*, ags. *féol*, aschwed. *fæl* 'Feile': vgl. lat. *pingere* 'ritzen u. dgl.'

3. *u* > *ū*, z. B.:

Got. *hūhrus*: as., ahd. *hungar*, aisl. *hungr* 'Hunger'.

Prät. got. *þūhta*, ahd. *dūhta*, ags. *þúhte*, aisl. *þótta* zu resp. *þugkjan*, *dunken*, *þyncean*, *þykkia* 'dünken'.

Kompar. got. *jūhiza*, aisl. *øre* (**i̯ōhiʀe* < **i̯ūhizēn*) zu resp. *juggs*, *ungr*, lat. *juvencus*, aind. *yuvaçás* 'jung'.

Ahd. *ur-trūht* 'nüchtern': *trinkan* 'trinken'.

Got. *bi-ūhts*: lit. *j-ùnktas* 'gewohnt'.

Ahd. *dūhen* 'drücken', aisl. *þúat* 'gedrückt': ahd. *dwingan*, aisl. *þuinga* 'zwingen'.

Ahd. *ōheim* (**au̯ūhai̯maz*), ags. *éam*: lat. *avuncu-lus* 'Oheim'?

Got. dat. pl. *þaim-ūh*, aisl. *þeim-a* 'diesen': ieur. **-nqe*, vgl. lat. *de-nique* (Lidén, Arkiv IV, 99 ff., I. F. II, 213 Note).

Anm. 1. Die Dehnung ist später eingetreten als der (in § 5, 2, a mit Anm. 1 behandelte) Übergang eines *e* in *i* vor *n* + Palatal oder Guttural, denn auch ein solches *i* wird wie das alte gedehnt, s. Beispiele wie got. *þeihan*, *þreihan*, *þeihō* u. a. oben unter 2. Jedoch ist der Nasal geschwunden und somit die Dehnung eingetreten wenigstens schon im 1. Jahrh. n. Chr., wie aus der römischen Schreibung *Actu-merus* (vgl. ags. *Óht-here*, aisl. *O'tt-arr* < **Āhtu-*, s. 1 oben) hervorgeht, s. Bremer, ZfdPh. XXII, 251.

Anm. 2. Unsicher bleibt, inwiefern oder ob überhaupt, wie Noreen, Språkvetenskapliga sällskapets förhandlingar 1882—85 (in Upsala Univ:s årsskrift 1886), S. 125 f. und Brate, Antiqvarisk tidskrift för Sverige, X, 92 f. Note wollen (vgl. andererseits Möller, Beitr. VII, 476 Note und besonders Johansson, Bezz. B. XVI, 166 ff.), in einsilbigen Wörtern ein kurzer Vokal im Auslaut oder vor nur einem auslautenden Konsonanten unter dem Drucke des Haupttones schon in urgerm. Zeit gedehnt worden ist. Von Beispielen, die am ehesten dafür zu sprechen scheinen, mögen hier erwähnt werden: as., ags. *wēl*: *wel*, aisl. *vel*, ahd. *wela* 'wohl'; ags. *ic*, ahd. **īh* (nhd. dial. *eich*), aisl. *ék*: *ek*, ags. *ic*, ahd. *ih*, lat. *ego*, gr. ἐγώ 'ich'; afr. *hwā*: aisl. *huat*, lat. *quod* 'was'; ahd. *īn*, nhd. *ein*: ahd., nhd. *in*, lat. *in*, gr. ἐν 'in, ein'; afr. **thēt* (aus dem nfr. zu erschliessen): aschw. *þæt* (**þet*) 'das'; ahd. *mīh*, nhd. dial. *meich*: ahd. *mih*, aisl. *mik*, gr. ἐ-μέγε 'mich'.

§ 8. KÜRZUNG.

In betonter Silbe scheint Kürzung eines langen Vokals vor *l*, *m*, *n*, *r* + Kons. sowie vor tautosyllabischem *i̯* oder *u̯* einzutreten. Jedoch bleibt in den meisten Fällen unsicher, ob nicht die Kürze aus ieur. Zeit stammt, also eine Art von „Ablaut" vorhanden ist, indem schon ieur. Kürze und Länge neben einander standen. Siehe u. a. Osthoff, Philologische Rundschau 1881, Sp. 1595, M. U. II, 129 ff., Perf. S. 84 ff.; Bremer, Berliner philolog. Wochenschrift 1887, Sp. 502 Note; Kluge, P. Grundr. I, 351; Meringer, ZfdöG. XXXIX, 772 f.; Streitberg, Zur germ. Sprachgeschichte, S. 63 ff., 71 ff., 93 ff. Verhältnismässig (oder ganz) sichere Beispiele sind:

Aind. *mą̄sá-*: got. *mimz*, *mammō* 'Fleisch' (vgl. § 5, 2, a und § 13, 3).

Gr. ὦμος (**ōmsos*): got. *ams* (vgl. jedoch aind. *ą́sa-*) 'Schulter'.

Aind. *vánt-*: got. *winds*, ahd. *wint*, aisl. *vindr* 'Wind'.

Urgerm. **i̯ūngaz* > **i̯uu̯unʒoz* (lat. *juvencus*, aind. *yuvaçás*), **i̯ūndō* > **i̯uu̯undō* (lat. *juventa*): got. *juggs* 'jung', *junda* 'Jugend'.

Aind. *pā́rṣ̌niṣ̌*: got. *fairzna*, ahd. *fersana*, ags. *fyrsn* Ferse'.

Gr. *κῆρ* (**cērd*): got. *hairtō*, ahd. *herza* 'Herz'.

Gr. *ἀστήρ*: ahd. *sterro*, ags. *steorra* 'Stern'.

Aind. *prāyas*, lat. *plūs*, *plūres* (**plōi̯s-*): aisl. *fleire* (**flai̯z-*) 'mehr(ere)'.

Lat. *māior*: got. *maiza*, aisl. *meire* 'grösser'.

Aind. *āyúṣ̌-*: got. *aiws* 'Leben'.

Aind. *nā́uṣ̌*, gr. *νηῦς*, lat. *nāvis*, aisl. *nór* 'Schiff', nnorw. dial. *nō*, *nū* 'ausgehöhlter Baumstamm': aisl. *naust* 'Schuppen für Schiffe'?

Aind. *dyā́uṣ̌* 'Himmel', gr. *Ζής*, lat. *di̯ēs* 'Tag': ahd. *Zio*, aisl. *Týr* (**Ti̯eu̯z*).

Aind. m. *dvā́u*, air. *dāu*: aisl. ntr. *tuau*, ahd. f. *zwō*, nfr. m. f. ntr. *tau* 'zwei'.

Aind. m. dual. *tā́u*: aisl. ntr. dual. und pl. *þau*, aschwed. *þō* 'die'.

Anm. In unbetonten Endsilben ist Kürzung ursprünglicher, nicht nasalierter Längen zwar gemeingermanisch, aber aller Wahrscheinlichkeit nach erst einzelsprachlich — ausser vielleicht vor auslautendem *i̯*, *u̯* — und in historischer Zeit (etwa seit dem 3. Jahrh.) vollzogen worden. Betreffs der jeweiligen Vertretung dieser Längen in den verschiedenen germ. Sprachen gehen die Ansichten noch ziemlich weit auseinander. Aus der besonders in jüngster Zeit reichlich fliessenden Literatur über hierhergehörige Fragen mögen hier nur erwähnt werden: Kluge, P. Grundr. I, 358 ff.; Schmidt, K. Z. XXVII, 302 ff.; Hanssen, ib. 612 ff.; Osthoff, Beitr. XIII, 444 ff.; Wiedemann, K. Z. XXXI, 479 ff.; Hirt, I. F. I, 1 ff., 195 ff.; Bremer, Beitr. XI, 36, 40 ff., 50; Streitberg, Zur germ. Sprachgeschichte, S. 83 ff., 108 ff.; Mahlow, AEO, passim; Brugmann, Grundr. I, 514 ff., II, 617.

§ 9 SCHWUND.

1. Aphæresis eines anlautenden unbetonten Vokals wird von Kluge (K. Z. XXVI, 69 ff., P. Grundr. I, 340)

für gewisse Präfixe angenommen. Jedoch dürfte in den meisten Fällen entweder eine schon ieur. Aphæresis oder eine späte, einzelsprachliche und zwar westgermanische vorliegen. Beispiele:

As. *tōgian*, ahd. *zougen*, vgl. mndl. *tōnen*, mengl. *taunen*, mfränk. *zōnen*: got. *at-augjan*, ags. *æt-ýwan* 'zeigen'.

Ahd. *zagēn* 'zagen': vgl. got. *at*, ahd. *az* 'zu' und got. *agan* 'fürchten'.

As. *ge-tōkōn* aus **ʒe-at-aukōn* 'vermehren'.

Ags. *rǽfnan*: *ar-ǽfnan* 'ausführen'.

Ahd. *neben*: *in-eben* 'neben'.

Ahd. *spulgen* aus **us-pulgian*? 'pflegen'.

Ahd. *spreiten*: got. *us-braidjan* 'ausbreiten'.

2. Synkope findet ebenso unter noch nicht näher ermittelten Umständen in gewissen Präfixen statt, wiewohl auch hier (vgl. oben 1) der Vorgang in den meisten Fällen entweder vor- oder nach-urgermanisch sein dürfte. Z. B.:

Got. *bnauan* 'zerreiben', wozu aisl. 3. sg. prät. ind. *bnere*: vgl. got. *bi-* 'be-' und ahd. *nūan*, aisl. *g-núa* 'kratzen'.

Ahd. *ir-barmēn*: vgl. got. *bi-* und *arman* 'erbarmen'?

Mhd. *bange*: vgl. ahd. *bi-* und *ango* 'bange'.

Ags. *binnan* 'innerhalb', mhd. *binnen* 'binnen' aus **bi-innan*.

Ahd. *grob*: *gerob* 'grob'?

Ahd., as. *gnagan*, ags. *ʒnaʒan*, aisl. *gnaga*: vgl. got. *ga-*, ahd. *gi-* 'ge-' und *nagan* 'nagen'?

Aschwed. *knækker*, nnorw. dial. *knekk* (**g-hnakja-*) 'Stoss': aisl. *hnekkia* 'stossen'.

Nschwed. *knycka* (**g-hnukjan*): aisl. *hnykkia*, agutn. *nykkia* 'zücken'.

Nhd. *knapp* (**g-hnapp-*): aisl. *hneppr*, aschwed. *napper*, *næpper* 'knapp'.

Nhd. *kneifen*, nndd. *knīpen* (**g-hnīpan*): mengl. *nipen* (**hnipan*, vgl. lit. *knėbti*) 'kneifen', aisl. *hnípa* 'beklommen sein', *hnipenn* 'beklommen', nschwed. *näpen* 'schmal, zart, nett'.

Prät. got. *frēt*, ahd. *frāz* zu *frezzan*: got. *fra-itan* 'fressen'.

Ahd. *fravili*, ags. *fræfele*: mhd. *ver-evel* 'verwegen, frech', vgl. ahd. *avalōn* 'arbeiten', aisl. *afl* 'Stärke'.

Ahd. *frēht* 'Verdienst', nndd. *fracht* 'Fracht': vgl. got. *fra-* 'ver-' und *aihts* 'Eigentum'.

Got. *fraisan* 'versuchen', ahd. *freisōn* 'in Gefahr sein', mhd. *vreise* 'schrecklich': vgl. got. *fra-* und aisl. *eisa* 'heftig vorwärts eilen', aind. *íšyati* 'treibt an'.

Anm. 1. Hie und da scheint eine auf Dissimilation beruhende Synkope einer ganzen Silbe vorzukommen, z. B. got. *awistr*, ahd. *awista*, *ewist* aus **awi-wist-* 'Schafstall' zu ahd. *ouwi* (lat. *ovis*) 'Schaf' und *wist* 'Aufenthalt'; got. *ga-nawistrōn* aus **-nawi-wistrōn* 'begraben' zu got. *naus* (gen. *nawis*) 'Leichnam' und dem genannten *wist*.

Anm. 2. Die von Möller (Beitr. VII, 475, vgl. auch Sievers, ib. VIII, 90 ff. und Kögel, ib. IX, 517 ff.) angenommene Synkope eines *a*, *o* in offener Pænultima zwischen kurzer Antepænultima und haupttoniger Ultima ist nicht erwiesen, s. Kluge, Beitr. IX, 153 und Bremer, ib. XI, 47 ff.

Anm. 3. Apokope kurzer unbetonter auslautender Vokale ist zwar gemeingermanisch, aber wahrscheinlich ist dieser Vorgang ebensowenig wie die Kürzung unbetonter Längen (s. § 8 Anm.) der urgerm., d. h. vorhistorischen, Zeit zuzuschreiben. Vgl. Paul, Beitr. IV, 468 ff., VI, 124 ff.; Sievers, ib. V, 121 ff.; Möller, ib. VII, 475 Note; Schmidt, K. Z. XXVI, 20 ff.; Kock, Om några atona, S. 19 ff.; Brugmann, Grundr. I, 514 ff.; Kluge, P. Grundr. I, 358 ff.

§ 10. KONTRAKTION.

1. Neben dem aus ieur. *ē* entstandenen *ǣ* (s. § 6, 5) besass das Urgermanische ein verhältnismässig seltenes geschlossenes *ē*, das in historischer Zeit als got., aisl., ags., as. *ē*, ahd. *ē* (später *ea* > *ia* > *ie*) auftritt. Seine Genesis ist noch nicht ganz klar, s. u. a. Hoffory, K. Z. XXVII, 600 ff., Holthausen, ib. 618 ff., Singer, Beitr. XI, 302 ff., Schrader, Bezz. B. XV, 131 ff., Jellinek, Beitr. XV, 297 ff., Holz, Urgerm. geschlossenes *ē*, passim. Wahrscheinlich ist es durch Kontraktion aus antekonsonantischem (und zirkumflektiertem?) ieur. *ēi̯* entstanden, was besonders daraus hervorgehen dürfte, dass neben dem betreffenden *ē* in verwandten Wörtern *ai*, *ī*, *i* oder deren Vertreter stehen. Die wichtigsten Beispiele sind:

Got., aisl., ags., ahd. *hēr* 'hier' zum Pronominalstamm *hi-* in got. *hita* (: *hēr* = ahd. *daz* : *dār*) 'dies', ags. *him* 'ihm', ahd. *hī-naht* 'diese Nacht', anorw. *hí-t* 'hierher'.

Prät. wie aisl. *hét* (neben *heit*, got. *haí-hait*), ags. *hét*, ahd. *hēz* 'hiess' zu resp. *heita*, *hátan*, *heizan* 'heissen'.

Ahd. *zēri* (einmal *zeir*) 'Zierat' und 'zierlich': as., ags. *tír*, aisl. *tírr* 'Ruhm, Glanz' zu aind. *dī-* 'glänzen', *dína-* 'Tag', lat. *dīvus* 'göttlich' u. a.

Ahd. *skēri* 'scharfsichtig', *skēro* 'schnell, schier', nnorw. dial. *skēr*, *skǣr*, ndän. *skære*, nschwed. dial. *stjier* 'Elster': got. *skeirs*, as., ags. *scír*, aisl. *skírr*, *skǽrr* (**skaịri-*) 'hell', nschwed. dial. *skīr* 'Elster' (vgl. aisl. *skýṛr* 'hell', *skiór* 'Elster').

Ahd. **wēga*, *wiaga* : *wiga* 'Wiege', gr. *ϝείκω* 'weiche', lat. pl. *vices* 'Abwechslung', aisl. *vixla* 'wechseln'.

Mhd. *Kriemhilt* : *Krīmhilt*, aisl. *Grímhildr*.

Ahd. **wēra*, *wiara* 'Golddraht': ags. *wír* 'gewundener Schmuck', aisl. *vírr* 'Spirale, Filigran', nschwed. *vīra* 'winden, herumwickeln', lat. (kelt.) *viriæ* 'Armspangen' zu lat. *viēre* 'flechten', lit. *vėlà* 'Draht' u. a.

Ags. *Wéland* 'Wieland, Künstler', aisl. *vél* 'Kunstgriff', *véla* 'betrügen': ags. *wíle*, lit. *vylius* 'List', *vìlti* 'betrügen'.

Ahd. **stēga*, *stiega* 'Treppe': aisl. *stige* 'Leiter', *stíga* 'steigen', gr. *στείχω* u. a.

Mhd. *schief*: aisl. *skeifr*, ags. *scáf* 'schief', vgl. aisl. *ská* (**skaịụa-*), lat. *scævus* 'schief'.

Mhd. *schieg* 'schief': aisl. *skeika* 'schief gehen'.

Ahd. *mēta*, as. *mēda*, ags. *méd*: ahd. *meida*, vgl. got. *mizdō*, ags. *meord*, gr. *μισθός* 'Miete'.

Got. *mēs*, ahd. *meas* 'Tisch': *meissa*, aisl. *meiss* 'hölzernes Gestell zum Tragen auf dem Rücken', vgl. got. *meitan*, ahd. *meizan*, aisl. *meita* 'schneiden', nnorw. dial. *meit* 'Traggerät'.

Ahd. part. *gi-mierit* 'ans Land gekommen, festen Fuss bekommen'?: lat. *mūrus* (**moịros*) 'Befestigung'?

Ahd. *kēn*, ags. *cén* 'Kien': *cínan* 'sich spalten', *cinu* 'Spalte', ? got. *keinan* 'keimen'.

Ahd. *kēla*: ags. *cian*, nndd. *kīm* 'Kieme', asl. *žīvą* ,kaue'.

Ahd. *krēg* 'Hartnäckigkeit', mhd. *kriegen : krīgen* 'streben', ndl. *krijg* 'Krieg'.

Ags. *léf* 'gebrechlich': lit. *laibas* 'schlank', asl. *libivŭ* 'zart'.

Ahd. *Frēso, Freuso* u. s. w., afr. pl. *Frēsa*, ags. *Frésan : Frísan*, aisl. *Fríser*, mhd. *vreise* 'schrecklich', got. *fraisan* 'versuchen' (s. Erdmann, Über die Heimat und den Namen der Angeln, S. 83 ff.; Much, Beitr. XVII, 150).

Aisl. *vér*, ahd. (selten) *wēr*, *wier*, ags. *wé*, as., nfr. *wē*: ahd. *wir*, as. *wī*, aschwed. *vīr*, got. *weis*, aind. *vayám* 'wir'.

Aisl. *ér*, ahd. (selten) *ēr*, *ier*, ags. *ʒē*: ahd. *ir*, as. *gī*, aschwed. *īr* 'ihr'.

Aisl. *mér* (*þér*, *sér*), ahd. (sehr selten) *mēr*, as. *mē*, ags. *mé* (*þé*): ahd. *mir* (*dir*), agutn. *mīr* (*þīr*), as. *mī* (*thī*), gr. *μοῖ* (*τοι* als Partikel), aind. *mē* (*tē*), lat. *mi-hi* (*ti-bi*) 'mir' ('dir').

Nnorw. dial. prät. *mødde* statt urspr. **mó* (wie aisl. *flóði*, *þáði* neben älterem *fló* 'flieh', *þá* 'empfing') aus **méw* (gebildet wie aisl. *hét* 'hiess', *lék* 'spielte') zu anorw. präs. *mýr* (**mīwiR* wie *spýr* = got. *speiwis* 'speist') 'drückst', aind. *mīvati* 'drängt', aisl. *mœr* (**maiu̯-*) 'zusammengedrückt, schmal'; ebenso nschwed. dial. *møl* (**mēu̯ilaz*): aisl. *mýfell*, *mýell*, *mýll* (**mīu̯ilaz*) 'Ball, etwas zusammengedrücktes', vgl. Noreen, Aisl. Gr.[2], § 72, 4 und Anm. 7.

Aisl. prät. *hlóða* < **hló* < **hléw* zu präs. *hlýr* 'schützt', vgl. *hlý* (**hlīu̯a-*), *hlé* (**hleu̯a-* < **hliu̯a-*, s. S. 22) 'Schutz', got. *hlija*, *hlei-þra* 'Hütte, Obdach'.

Aisl. prät. *sóða* < **só* < **séw* zu präs. nschwed. *sy̅r*, aind. *sīvyati* 'näht'.

2. In einigen Gruppen von nahe verwandten germ. Wörtern und Wortformen zeigt sich ein auffallender Wechsel zwischen *ō* und *ū*, welches letztere jedoch im Got. als *au* — dessen Lautwert noch nicht sicher ermittelt worden ist — auftritt.[1] Von einzelnen Ausgleichungen abgesehen ist das Verhältnis im Grossen und Ganzen das, dass *ō* antekonsonantisch, *ū* (*au*) aber antesonantisch steht, z. B. got.

---

[1] Jedoch nehmen einige an, *au* sei im Got. die antesonantische Vertretung des *ō*, nicht des *ū*.

taui, gen. *tōjis* 'Werk', aisl. *skór*, pl. *skúar* 'Schuh', nnorw. dial. (Brekken) *bū* (**būa*), prät. *bodde* (**bōđe*) 'wohnen', aisl. *búa*, part. prät. *bónde* (neben *búande*!) 'Bauer'. Über den Grund des Wechsels ist bis jetzt keine Einigung zu Stande gekommen. Einige nehmen an, dass *ō* ein ieur. *ō* oder *ā* (s. § 4, 2) vertritt, während die *ū*-Formen einer andern durch ein *ṷ* erweiterten Wurzel zugehörig sein sollen. Diese Erklärung mag für einige Fälle das Richtige treffen, ist aber für andere keineswegs statthaft — z. B. aisl. pl. *skúar* muss doch wohl derselben Wz. wie sg. *skór*, got. *skōhs* angehören — und erklärt auf keinen Fall die oben erwähnte Verteilung je nach dem folgenden Laut. Andere führen sowohl *ō* als *ū* auf ein ieur. *ōṷ* oder *āṷ* zurück, das sich schon in ieur. Zeit in der Weise differenziert haben soll, dass es vor Konsonanten zu *ō, ā* kontrahiert wurde, vor Sonanten aber unversehrt blieb, sofern es nicht in jener wie in dieser Stellung durch Akzententziehung ('Ablaut') zu *əṷ* reduziert und dann zu *ū* kontrahiert wurde. Auch diese Ansicht dürfte für einige Fälle richtig sein, kann aber ebenso wenig wie die vorige die faktische Verteilung in Fällen wie *skór : skúar*, *būa : bōđe* erklären. Endlich sind noch andere der Ansicht, das urgerm. *ōṷ* — alten oder jüngeren Datums — durch ein gemeingerm. Lautgesetz antesonantisch (ausser vor *ŭ*, in welcher Stellung *ṷ* schwindet) zu *ū* (got. *au*) kontrahiert wurde; das daneben auftretende *ō* kann teils, und zwar in den meisten Fällen, altererbt sein, also ieur. *ō* oder *ā* (altes oder in ieur. Zeit aus *ōṷ*, resp. *āṷ* kontrahiertes), teils kann es auf späte und wohl einzelsprachliche Kontraktion eines sekundär entstandenen *ōṷ* beruhen (z. B. aisl. *bónde* aus **bōunde* < **bōṷunđ-* < **bhōṷṇt-*). Der Übergang *ōṷ* > *ū* dürfte kaum älter als Chr. Geburt sein, denn das aus dem Urnord. entlehnte lappische *skuovva* 'Schuh' setzt noch **skōṷa-* (aus **skōʒṷa-* < **skōhṷa-*) voraus; dass er aber nicht viel später ist, zeigt das ebenfalls aus dem Urnord. entlehnte finnische *luuva*, dem **lūa-* (aus **lōṷa-*, gr. *ἀλωϝή*) 'Dreschtenne' zu Grunde liegt. Diese Auffassung erledigt zwar die oben hervorgehobenen Schwierigkeiten, kann aber nur durch Annahme ziemlich verwickelter Ausgleichungen erklären, warum in Fällen wie ahd. *ruowa* (**rōu̯ō-*, gr. *ἐρωϝή*) 'Ruhe', ags. *stów* (**stōu̯ō-*) 'Stätte', das *ōu̯* in antesonantischer Stellung geblieben zu sein scheint. Vgl. über diese bei weitem noch nicht ausdebattierte Frage Kirchhoff, Das gotische Runenalphabet², S. 55; L. Meyer, K. Z. VIII, 245 ff., Die gothische Sprache, S. 388, 695 f., 709; Holtzmann, Altdeutsche Grammatik I, 11 f., 14 f.; Schmidt, K. Z. XIX, 278, XXV, 17 ff., XXVI, 1 ff., Plur., S. 69; Sievers, Beitr. VI, 564 ff.; Kluge, Beiträge zur Geschichte der germ. Conjugation, S. 35, Beitr. VI, 382; Paul, ib. VII, 152 ff., VIII, 210 ff.; Möller, ib. VII, 469; Mahlow, AEO, S. 19 ff., 29 ff.; Braune, Gotische Grammatik³, § 22 und 26; Brugmann, M. U. I, 31, Grundr. I, 127 f., 157; Kögel, Beitr. IX, 509 ff.; Bremer, ib. XI, 51 ff.; Wrede, Über die Sprache der Wandalen, S. 96 ff.; Noreen, Om orddubbletter i nysvenskan (in Upsala universitets årsskrift 1886), S. 42 f.; Bechtel, Hauptprobl., S. 168, 285 Note; Wiedemann, I. F. I, 194; v. Helten, Beitr. XV, 478 Note, 485 f.; Persson, Wz., S. 201 Note, 287, 289, Uppsalastudier tillegnade Sophus Bugge, S. 184 f.; Streitberg, Zur germ. Sprachgeschichte, S. 29 ff., 50 f.; Kock, I. F. II, 332 ff. Beispiele:

Gr. dor. *ἀϝέλ-ιος*, got. *sauil* 'Sonne', aschwed. *an-sȳlis*: aisl. *and-sǿles* 'gegen die Sonne', aisl., aschwed., ags., lat. *sōl* 'Sonne'.

Aind. *gāvī*, lett. *gůws* 'Kuh', aind. pl. *gāvas* 'Vieh', ags., afr., adän. *kū*, aisl. *kýr*: aschwed., adän., as. *kō*, ahd. *kuo* (**kō*), lat. *bōs*, gr. dor. *βῶς*, aind. *gāuš* 'Kuh'.

Asl. *dāviti* 'erwürgen', lit. *dōvyti* 'plagen', got. *af-dauiþs* 'erschöpft': aisl. *dó* (**dōw*) 'starb'.

Asl. *stāviti* 'hemmen', got. *staua* 'Richter', *stauida* 'richtete', ahd. *stūa-tago* 'Gerichtstag', *stūen* 'entgelten', aschwed. *Stȳing* nom. propr.: got. *stōjan* 'richten', ahd. *stuowen* (**stōwjan*) 'anklagen', ags. *stów* 'stelle', nschwed. *lik-stōl* (volksetymologische Umbildung nach *stōl* 'Stuhl' statt *-stō*) 'Begräbnisplatz, Abgabe für einen solchen'.

Got. *taui*: gen. *tōjis* 'Werk', *ubil-tōjis* 'Missethäter', lappisch (urnord.) *tuoje* (*$t\bar{o}ji$-) 'Werk', aisl., ags. *tól* 'Werkzeug', aisl. *tøia* 'nutzen'.

Got. *af-mauþs* 'ermüdet': aisl. *móðr*, ahd. *muodi* 'müde', *muoen* (**mōjan*) 'ermüden', gr. *μῶλος*, lat. *mōles* 'Mühe'.

Lat. *rāvus* (**hrāvus*) 'graugelb': aisl. *ǫs-grúa* (statt **ǫsko-grúa* nach Bugge, Norröne skrifter af sagnhistorisk indhold, S. 359) 'das aschgraue', *grýia*, aschwed. *grȳ* 'grauen, tagen'.

Asl. *za-bāvā* 'Aufenthalt', got. *bauan*, as., ags., ahd. *būan*, aisl. *búa* 'wohnen, bereiten', *búande* 'Bauer', *búenn* 'bereit', *búe* 'Einwohner', *bú* 'Wohnsitz', *býr* 'Dorf', *búr*, ags., ahd. *būr* 'Kammer', *gi-būro* 'Bauer', adän. *būen* 'fertig', aschwed. *bū* 'Wohnsitz', *būl* 'Wohnort', aisl. *búð* 'Bude', *hý-býle* 'Wohnung', (orknöisch) *land-búle* 'Pächter': aisl. *ból* 'Wohnort', *land-bóle* 'Pächter', *bónde* 'Bauer', *bør*, *bøle* 'Dorf', mhd. *buode*, mengl. *bōþe*, aschwed. *bōþ* 'Bude', prät. *bōþe* 'wohnte', *bō* 'Wohnsitz', *bōl* 'Wohnort', gr. *φω-λεός* 'Lager der wilden Tiere'.

Got. *trauan*, ahd. *trūēn*, as. *trūōn*, aisl. *trúa* 'glauben', *trúa* 'Glaube', *trúr*: aschwed. *trō:* 'treu'.

Aind. *snávan-* 'Sehne', aisl. *snúa* 'drehen', *snúðr* 'Windung', *snúðegr* 'schnell', ags. *snúd* 'rasch': aschwed. *snōþ* 'Schnur', ags. *snód* 'Binde', ahd. *snuor*, aisl. *snøre* 'Schnur', got. *snōrjō* 'Flechtwerk', ags. *snówan* 'eilen'.

Got. *b-nauan*, ahd. *nūan*, aisl. *g-núa*: aschwed. prät. *g-nōþe*, mhd. *nüejen* (**nōjan*) 'zerreiben, kratzen, schaben'.

Lapp. (urnord.) *skuovva* (**skōu̯a-* < **skōʒu̯a-*), aisl. pl. *skúar*: sg. *skór*, aschwed. *skō*, got. *skōhs*, as. *skōh*, ahd. *scuoh* 'Schuh'.

Finn. (urnord.) *luuva* (**lūa-* < **lōu̯a-*), nschwed. dial. (Delsbo) *lugge*, gr. *ἀλωϝή*: aschwed. *lō* (über *lōe* s. Noreen, Aisl. Gr.², § 72 mit Anm. 2), gr. *ἀλώς* 'Dreschtenne'.

Aind. (instr. sg.) *nāvā́*, gr. (dat. sg.) dor. *νāϝί*, lat. *nāvis* 'Schiff', aisl. (dat. sg.) *brand-núe* (Cod. Fris. verschrieben *brandvni* statt *brandnvi*) 'Schiff mit Gallione', nnorw. dial. *nū* : *nō* 'ausgehöhlter Baumstamm', aisl. *nór*, aind. *nā́uš* 'Schiff'.

3. In derselben Weise (wie *ū* : *ō* nach 2 oben) wechseln auch in einigen germ. Wortgruppen ein antesonan-

tisches *ī* (statt dessen im Got. *ai* — von noch nicht sicher ermitteltem Lautwert — steht) und ein antekonsonantisches *ǣ* (got. *ē*, aisl. *ā* u. s. w., s. § 6, 5) mit einander. Vgl. die oben 2 zitierte Literatur. Die Beispiele sind weniger zahlreich als im vorigen Falle, und die Wahrscheinlichkeit ist hier grösser, dass in den meisten, wenn nicht allen Fällen das *ī* schon durch ieur. Ablaut entstanden ist. Sonst wäre es durch eine urgerm. Kontraktion von antesonantischem *ǣį* (ieur. *ēį*, s. § 6, 5) zu Stande gekommen. Beispiele:

Aisl. gen., dat. sg. ntr. der bestimmten Form *griá* aus **grīa* (Grottasǫngr, Str. 2 und 10): *grár*, ahd. *grāo* (gen. *grāwes*), ags. *ʒrǣʒ* 'grau'. Wäre got. **grēwus*: ack. **graiana*; vgl. lat. *rāvus*: aisl. *-grúa* (s. oben 2), was got. **grōws*: ack. **grauana* wäre.

Aschwed. *klīa*: aisl. *klǽia* 'jucken', ahd. *klāwen* 'reiben', *klāwa*, ags. *cláwu*, aisl. *kló* (**klāwu*) 'Klaue'.

Ahd. *scrīan* 'schreien': vgl. aisl. *skrǽ-kr* 'Geschrei'.

Asl. *rěją* 'stosse', aisl. *riá* 'misshandeln', agutn. *rī*, nnorw. dial. *rjå* (**rīa*): *rá* (**rā-*) 'Stange', vgl. lat. *rē-mus* 'Ruder'.

Aind. *vi-hāyas* 'Luftraum', ahd. *gīēn* 'gähnen', aisl. *giá* 'Kluft, Spalte': aind. *vi-hā-* 'sich aufthun', gr. *χή-μη* 'das Gähnen'.

Asl. *věją* 'wehe', lit. *vějas* 'Wind', got. *waian*, aschwed. *vīa*: ags. *wáwan* 'wehen', ahd. *wāta* 'wehte', *wāla* 'Fächer', aind. *vā́mi*, gr. *ἄϝημι* 'wehe'.

Aind. *dhā́yas* 'das Saugen', lett. *dēja* 'sauge', aschwed. *dīa*: ahd. *tāen*, gr. *θῆσθαι*, lat. *fē-lare* 'saugen', aind. *á-dhāt* 'sog'.

Asl. *sěją*, lit. *sěju* 'säe', got. *saian*: lappisch (urnord.) *sajet*, aisl. *sá*, as. *sāian* 'säen', ahd. *sāta*, lat. *sēvi* 'säte', gr. *ἵ-ημι* (**si-sēmi*) 'werfe'.

Got. *faian* 'mit Vorwürfen angreifen', ahd. *fīant*, as. *fīund*, aschwed. *fīande* 'Feind': lat. *pē-jor* 'schlechter', aind. *pā-pas* 'schlecht'.

Aisl. *Suíar* (wäre got. **Swaians*), bei Tacitus *Suiones* 'die Schweden' (urspr. 'die eigenen'), *Suí-þióð* 'Schweden' aus urnord. **swīu* **þeođu* 'das eigene Volk': got. *swē-sai* 'die eigenen', *swē-s* 'Eigentum'.

Aind. *stāyúš* 'Dieb', *stāyát* 'verborgen', ahd. *stīa* 'Schafstall', aisl. *stía* 'Schweine-, Hundestall', ags. *stīʒe* 'Schweinekoben', urspr. wohl 'Versteck'.

Anm. Über urgerm. **i̯ūngaz*, **i̯ūndō* aus resp. **i̯uu̯unʒoz* 'jung', **i̯uu̯undō* 'Jugend' s. § 8.

KAP. 3.

SPUREN INDOEUROPÄISCHER LAUTGESETZE.

§ 11. EINLEITENDE BEMERKUNGEN.

Sämtliche aus ieur. Zeit stammenden Fälle von Sonantenwechsel innerhalb einer Gruppe etymologisch verwandter Wörter werden mit einem gemeinsamen Namen als Ablaut gekennzeichnet. Den Ablaut als nur einige wenige oder gar ein einziges Lautgesetz aufzufassen — wie die älteren Gelehrten es gethan haben — ist völlig ungereimt und hängt im letzten Grunde von dem Vorurteile ab, dass die ieur. Grundsprache ihrer Bildung nach einfacher und durchsichtiger gewesen wäre als die Sprachen unserer Tage, z. B. das Neuhochdeutsche. Da aber die ieur. Sprache vor dem Zeitpunkt, dessen Sprachform die jetzige vergleichende Sprachforschung zu ermitteln und rekonstruieren sucht, schon zehntausend oder wohl eher hunderttausend oder noch mehr Jahre gelebt haben muss, so ist es augenscheinlich, dass fast ganz dieselben Faktoren, die unsere jetzige Sprache beeinflussen, auch für die Sprache jener Zeit massgebend gewesen sein müssen. Es dürfte daher ausser Zweifel stehen, dass die ieur. Sprache ebenso bunt und undurchsichtig war wie irgend eine jetzt lebende, dies sowohl betreffs vokalischer als sonstiger lautlichen Verhältnisse. Es muss demnach als ein entschiedener Missgriff betrachtet werden, wenn man den Versuch macht durch ein oder einige wenige Lautgesetze die ieur. Mannigfaltigkeit der Vokale auf einige wenige „Grundvokale“ (es sei dann *a*, *i*, *u* oder *a*, *e*, *o*) oder gar einen einzigen „Urvokal“ (z. B. *a*) zurückzuführen. Dies ist ja eben so ungereimt, wie wenn einer alle ieur. Konsonanten aus z. B. *k*, *p*, *t* herleiten wollte. Auf dem jetzigen Standpunkt der Wissenschaft muss man sich im Wesentlichen damit begnügen diejenigen Fälle von Vokalwechsel ('Ablaut'), welche in der ieur. Ursprache faktisch vorkamen, zu konstatieren, ohne dass man, von gewissen seltenen Fällen abgesehen, die Ursache dieses Wechsels ermitteln kann. Ein derartiger Versuch muss natürlich ebenso hoffnungslos sein wie, wenn das Neuhochdeutsche erst jetzt entdeckt worden wäre und zwar als eine betreffs ihrer Verwandtschaftsverhältnisse ganz isoliert dastehende Sprache, die Erklärung des Ablautes in *bieten : bot : geboten* und der Nachweis, dass dieser Vokalwechsel mit demjenigen, der in *beissen : biss : gebissen* und *helfen : half : geholfen* auftritt, wesentlich identisch ist.

Die ieur. Ablaute fallen ungesucht in zwei Hauptgruppen: qualitativer Ablaut, d. h. Wechsel zwischen Sonanten von verschiedener Qualität (z. B. *e : o*), und quantitativer Ablaut, d. h. Wechsel zwischen langem und kurzem Sonanten (z. B. *ā : ă*) oder zwischen einem Sonanten und dem Schwunde desselben. Mehrere Gelehrte nehmen an, dass der qualitative Ablaut durch Veränderungen der Tonhöhe, der quantitative wiederum durch Veränderungen der Tonstärke hervorgerufen sei; s. besonders G. Meyer, K. Z. XXIV, 227 ff., Mahlow, AEO, S. 161, Fick, Götting. gel. Anzeigen 1880, S. 417 ff., Möller, Beitr. VII, 482 ff., ZfdPh. XXV, 376 ff., Sievers, Encyclopædia Britannica, art. Philology, part II. Jene Theorie dürfte im Wesentlichen verfehlt sein (vgl. jetzt Kretschmer, K. Z. XXXI, 366 ff.), diese dagegen für viele Fälle das Richtige getroffen haben. Aber jedenfalls wäre es eine vorschnelle und unstatthafte Behauptung, dass in dieser oder jener Weise alle ieur. Ablaute erklärt werden können, denn offenbar sind viele anderen Ursachen eines derartigen Wechsels denkbar, wie z. B. Einfluss benachbarter Laute (vgl. aisl. *hiálpa* aus älterem *hialpa* 'helfen' auf Grund des folgenden *lp* oder dat. *qllom* zu *allr* 'all' auf Grund der Endung) oder Idéenassociationen verschiedenster Art (vgl. aisl. *halp* 'half', nicht **hálp* trotz dem folgenden *lp*, mit Anschluss an Formen wie *barg* zu *biarga* 'retten'; oder aschwed. *føþerne* neben *fæþerne* 'väterliche Seite' durch Beeinflussung von *møþerne* 'mütterliche Seite', das seinerseits eine Nebenform *mæþerne* nach *fæþerne* bekommen hat). Ja, man darf nicht vergessen, dass gewisse Ablaute vielleicht gar keinen einheitlichen Ausgangspunkt haben, sondern dadurch entstanden sein können, dass unverwandte aber ihrer Bedeutung (oder Form) nach ähnliche Wörter zu einem Paradigma zusammengefügt, d. h. als verschiedene Formen desselben Wortes aufgefasst worden sind (vgl. nhd. *bin : sei : war*, *ich : mich : wir : uns*, *gehe : ging*, *stehe : stand*, lat. *fero : tuli*, gr. ἐσθίω : ἔδομαι : ἔφαγον).

Wenn man aber auch in vielen oder den meisten Fällen von den Versuchen die Entstehung der ieur. Ablaute zu erweisen Abstand nehmen muss, so ist es nichtsdestoweniger von grösster Wichtigkeit, dass man sich wenn möglich darüber Klarheit verschafft, welche die in ieur. Zeit vorkommenden Ablaute waren. Diese Kenntnis verhindert etymologische Zusammenstellungen, bei denen Analogien für die betreffs der Sonanten angenommene Entsprechung entweder ganz fehlen oder sehr selten sind (vgl. dass im Nschwed. der Vokalwechsel *e : y*, z. B. in *se* 'sehen': *syn* 'Gesicht', so äusserst selten ist, dass schon dieser Umstand ein genügender Grund ist zu bezweifeln, dass andere Wörter, die diesen Wechsel aufweisen, wirklich verwandt seien). Andererseits ist es unstatthaft keine anderen Ablaute als die besonders zahlreich vertretenen als aus ieur. Zeit ererbt anzuerkennen und, wie z. B. Osthoff, Hübschmann u. a. es thun, höchstens 6 ieur. Ablautsreihen zu statuieren, indem man jeden Vokalwechsel, der zu diesem System nicht passt (z. B. *ē : ĕ*), als in späterer Zeit entstanden oder auch diejenigen Wörter, welche einen derartigen Wechsel zeigen, als unverwandt erklärt. Dies Verfahren ist um so mehr unzulässlich, als man bedenken muss, dass die ieur. Vokale, welche man nunmehr mit *a*, *e*, *i*, *o*, *u* zu bezeichnen pflegt, sicherlich eine bedeutend grössere Anzahl verschiedener Vokalqualitäten repräsentieren, als durch die fünf Typen, mit denen wir sie bezeichnen, angegeben wird (z. B. unter *e* kann vielleicht sowohl *e* wie *ä* zu verstehen sein, unter *u* sowohl *u* wie *ü* u. s. w.), weshalb es sehr wohl möglich ist, dass einige von diesen mit einander gewechselt haben ohne mit gewissen andern durch dieselben Typen bezeichneten Vokalen zu wechseln. Dazu kommt noch die Erwägung, dass es wohl keine jetzt lebende ieur. Sprache geben dürfte, wo nur 6 Ablautsreihen zu finden wären, und man hat gar keinen Grund sich die ieur. Muttersprache als in dieser Hinsicht ärmer vorzustellen wie die jetzigen, von denen z. B. das Neuschwedische jeden beliebigen Vokal mit jedem andern in der Sprache vorhandenen wechseln lässt. (Das Verhältnis dürfte im Neuhochdeutschen so ziemlich dasselbe sein, vgl. z. B. *gab : gäbe*, *bat : gebeten*, *band : binden*, *bar : geboren*, *kann : können*, *fahren : fuhr*, *darf : dürfen*, *zwanzig : zwei* u. s. w.)

Anm. Die ältere den Ablaut behandelnde Literatur ist bei Piper, Die Sprache und Literatur Deutschlands I, 171 ff. (1880, vgl. auch v. Bahder, Die deutsche Philologie, S. 96 [1883]) verzeichnet, die neuere bei Brugmann, Grundr. I, 32 Note (bis 1886), Hübschmann, Voc., S. 1 Note, Sievers, Encyclopædia Britannica, art. Philology, part II. Aus der nach 1886 erschienenen Literatur mögen erwähnt werden: Bartholomae, Bezz. B. XVII, 105 ff.; Kluge, P. Grundr. I, 349 ff.; Bechtel, Hauptprobl., S. 1 ff.; Kretschmer, K. Z. XXXI, 366 ff.; Noreen, Aisl. Gr.², § 142—150.

A. QUALITATIVER ABLAUT.

§ 12. ABLAUT IEUR *ē* (URGERM. *ǣ*, s. § 6, 5): *ō*.

Über diesen besonders häufig vorkommenden Ablaut vgl. u. a. Hübschmann, Voc., S. 71 ff., 138 ff., 180 ff.; Bremer, Beitr. XI, 271 ff.; Mahlow, AEO, S. 118 f., 137 f.; Leskien, Der Ablaut der Wurzelsilben im Litauischen, S. 98 ff.; G. Meyer, Griechische Grammatik², § 33 ff.; Ljungstedt,

Anmärkningar till det starka preteritum i germanska språk, S. 24 ff.

Unter den im Folgenden angeführten Beispielen germanischer Vertretung dieses Ablautes sind viele, bei denen es notwendiger Weise unsicher sein muss, ob deren *ō* wirklich altererbt ist, also ein ieur. *ō* vertritt und nicht vielmehr (nach § 4, 2) aus einem ieur. *ā* entstanden ist. In diesem Falle wären die betreffenden Beispiele dem in § 16 behandelten Ablaut *ē* : *ā* zuzuweisen. Z. B.

Aind. *dá-dhāmi*, gr. *τί-θημι* 'setze', asl. *dějq*, lit. *dėmi* 'lege', lat. *fē-ci* 'machte', got. *dēþs*, ahd. *tāt*, ags. *dǽd* 'That', aisl. *dǫ́đ* 'Tüchtigkeit', *dǽll* 'fügsam', *dánde* 'tüchtig': gr. *θωμός* 'Haufen', got. *dōms*, ahd. *tuom*, as., ags. *dóm*, aisl. *dómr* 'Urteil, Gericht, Satzung', as., ags. *dón*, ahd. *tuon* 'machen', aschwed. *døl* 'fügsam, vertraulich', *dōnde* 'tüchtig, wohlwollend, höfisch', ahd. *tuoenti* 'höfisch'.

Aind. *vā́mi*, gr. *ἄϝημι*, asl. *vějq* 'wehe', aind. *vā́tas*, lit. *vė́jas* 'Wind', ahd. *wāta* 'wehte', *wāla* 'Fächer', ags. *wáwan* 'wehen': got. *wai-wō* 'wehte', *wōds*, ahd. *wuot*, aisl. *óđr* 'wütend', *Óđenn*, ags. *Wóden*, as. *Wōdan* 'Gott des Sturmes'.

Gr. *ἵ-ημι* (**si-sēmi*) 'werfe', lat. *sēvi* 'säte', *sēmen* 'Same', asl. *sějq*, lit. *sė́ju* 'säe', got. *-sēþs*, ahd. *sāt* 'Saat', *sāmo* 'Same', *sāen*, as. *sāian*, ags. *sáwan*, aisl. *sá* 'säen', *sáđ* 'Saat': gr. *ἀφ-έ-ωκα* 'warf hinweg', got. *sai-sō* 'säte', aisl. *sóa*, *søfa* (s. Noreen, Aisl. Gr.², § 432 Anm. 4) 'opfern'.

Aind. *snā́yuš* 'Band', gr. *ἔ-ννη* (*-*snē*) 'spann', got. *snēwum* 'bewegten uns schnell', anorw. *snǽlda* 'Spindel': ags. *snód* 'Binde', ahd. *snuor*, aisl. *snøre* 'Schnur', got. *snōrjō* 'Flechtwerk', ags. *snówan* 'sich schnell bewegen'.

Aisl. *láfe* : *lófe* (vgl. jedoch Noreen, Aisl. Gr.², § 72 Anm. 2), aschwed. *lō(e)*, gr. *ἁλώς*, *ἀλωϝή* 'Dreschtenne'.

Ags. *blǽd* 'Blüte', aisl. *blǽia*, aschwed. *blēa*: aisl. *bløia*, aschwed. *bløia* 'gefärbtes Stück Zeug' (vgl. § 16), got. *blōma*, ahd. *bluomo*, ags. *blóma*, aisl. *blóme* 'Blume', ahd. *bluoen*, as. *blōian*, ags. *blówan* 'blüten', *blóstm* 'Blüte', lat. *flōs* 'Blume'.

Mhd. *vlǣjen* 'spülen', aisl. *flǫ́* 'Flösse', pl. *Flár* ein Ortsname: got. *flōdus*, aisl. *flóđ*, *fløđr*, as., ags. *flód*, ahd. *fluot*

'Flut', ags. *flówan*, aisl. *flóa* 'fliessen', gr. *πλώω* 'schiffe', lat. *plōro* 'weine'.

Gr. *πεμ-φρηδών* 'Wespe', ags. *brǽdan*, ahd. *brātan* 'braten', aschwed. *brāþa up* 'hitzig werden', aisl. *bráđr* 'hitzig', ags. *brǽđ*, mhd. *brādem* 'dampf', *brǣjen* 'riechen': *brüejen* 'brennen', ahd. *bruoten* 'brüten'.

Lat. *sprēvi* 'stiess hinweg', mhd. *sprǽwen*, *sprǣjen* 'sprudeln, sprühen, stieben': ahd. *spruodal* 'Sprudel', mengl. *sprēđe*, nhd. *spröde*, *sprühen* (**sprōjan*).

Lat. *spēs* 'Hoffnung', lit. *spěti* 'Musse haben', asl. *spěti* 'gelingen', ahd. *spāti* 'spät', got. *spēdists* 'spätest', aisl. *spǫnn*, *spónn* (**spānuʀ*) 'Span': ags. *spówan*, ahd. *spuoen* 'gelingen', *spuon* 'verlockte', *spuot*, ags. *spéd* (**spōđi-*) 'Eile', aisl. *spóe*, nschwed. *spōf* 'Wettervogel' (eigentl. 'Geher').

Got. *grētan*, aisl. *gráta* 'weinen, laut jammern', mhd. *grāzen* 'schreien': got. *gai-grōt* 'weinte', ags. *ʒrétan* (**ʒrōtian*) 'zurufen', ahd. *gruozzen* 'grüssen', aisl. *grøta* 'zum Weinen bringen'.

Ags. *on-drǽdan* 'bange werden': *on-drésn* (*-*đrōsni-*) 'Furcht'.

Ahd. *rāmēn* : *rōmōn* 'nachstreben'.

Got. *ga-fēhaba* 'passend', aisl. *fǽgia* 'putzen', *fǽgelegr* 'fügsam, angenehm': as. *fōgian*, ahd. *fuogen*, ags. *ʒe-féʒan* 'fügen', aisl. *føgelegr* 'angenehm' (oder zu § 16, vgl. lat. *pēgi* 'befestigte': *com-pāges* 'Fuge'?)

Ahd. *rāwa* : *ruowa*, ags. *rów*, aisl. *ró*, gr. *ἐρωϝή* 'Ruhe',

Lat. *cēpi* 'nahm', aisl. *háfr* 'Fischhamen': *hóf* 'hob', nschwed. *upp-hōf* 'Anfang', gr. *κώπη* 'Handhabe'.

Aisl. *suǫ́fom* 'schliefen', *kueld-suǽfr* 'am Abend schläfrig', *suǽfa*: aschwed. *søva*, lat. *sōpire* 'einschläfern', aind. *svāpayāmi* 'schläfre ein'.

Lat. *vēnimus* (**gvēn-*), got. *qēmum*, aisl. *kuǫ́mom* 'kamen', *kuáma* 'Ankunft', *ná-kuǽmr* : *-kømr* 'nahe kommend', aschwed. *kømd* 'Ankunft', gr. *βωμός* 'Fussgestell'.

Lett. *nēmu* 'ich nahm', got. *nēmum* 'wir nahmen', *anda-nēms*, aisl. *nǽmr* 'annehmbar': gr. *νωμάω* 'teile zu', lit. *nůmas* 'Zinse', ahd. *sigi-nōmi* 'victoriae munus'.

Lat. *lēx* 'Gesetz', aisl. *lágr* 'liegend, niedrig', *lǽge* 'Lage', *ná-lǽgr* 'nahe liegend', *lǽ* (**lǣʒu̯i-*?) 'Nachstellung', *lǫgom*, got. *lēgum* 'wir lagen', *lǽw* (**lǣʒu̯-*?) 'Gelegenheit': ahd. *luog* 'Lager der wilden Tiere', aisl. *lóga* 'preisgeben, liegen lassen', ags. *lóʒian* 'anordnen', afr. *lōgia* 'sich verheiraten'.

Lit. *sė́dmi* 'sitze', lat. *sēdes* 'Sitz', *sēdimus*, got. *sētum*, ahd. *sāzum*, aisl. *sǫ́tom* 'wir sassen', *sǽte* 'Sitz', nschwed. *för-såt* 'Nachstellung': lit. *sōstas* 'Sitz', asl. *sāditi* 'pflanzen, setzen', ags., aschwed. *sōt* 'Russ, d. h. was sich absetzt'.

Lat. *frēgi* 'ich brach', got. *brēkum*, ahd. *brāhhum* 'wir brachen', *brāhha* 'Pflügung': *bruoh* ntr. 'Morast, d. h. wo Wasser hervorbricht', m. 'Hose, d. h. gebrochenes Kleid', aisl. *brók* 'Hose', ags. *bróc* 'Bach, d. h. was hervorbricht', *bréc* (**brōki-*) 'Arsch, d. h. gebrochene Partei des Körpers' (oder zu § 16, vgl. lat. *frāctus* 'gebrochen'?).

Lat. *ēgi* 'führte', nschwed. *åka* (**āka*) 'fahren', anorw. *ákr* 'Acker, d. h. wo man fährt': aisl. *ók* 'fuhr', gr. *ἀγ-ωγός* 'Führer' (oder *στρατ-ᾱγός* 'Heerführer', lat. *amb-āges* 'Umschweif', also zu § 16).

Aschwed. *swārom* 'wir schwuren': got. *swōr*, aisl. *sór* 'schwur', *søre*, ahd. *eid-swuor* 'Eidschwur'.

Aisl. *skǫ́rom* 'wir schnitten', *skǽre*, ahd. pl. *scāri* 'Schere', nschwed. *skåra* (**skār-*) 'Einschnitt': mhd. *schuor* 'Schur, Schererei', aisl. *skøra* 'Streit', gr. *σκώρ* 'excrementum', asl. *kāra* 'Streit'.

Lit. *grė́bti* 'scharren', aisl. *grǽfr* : *grøfr* 'der begraben werden darf': *gróf* 'grub', *gróf*, got. *grōba* 'Grube'.

Ahd. *krāko*, aisl. *krákr* : *krókr* 'Haken'.

Ahd. *hāko*, ags. *hóc* 'Haken', aisl. *hókia* 'Krücke'.

Mhd. *snāke*, aisl. *snákr* : *snókr* 'Ringelnatter', ahd. *snuoh* 'kroch'.

Gr. *μήδομαι* 'ermesse, bedenke', air. *ro mídar* 'beurteilte', got. *mētum*, aisl. *mǫ́tom* 'wir massen', *máte*, ahd. *māz* 'Mass, Art und Weise': aschwed. *mōt* 'Mass', aisl. *mót* 'Merkmal, Beschaffenheit' (vgl. lat. *mō-s* 'Sitte, Norm'), as., ags. *mós* 'Speise, d. h. die zugeteilte Portion', ahd. *muos* 'Malzeit, Mus'.

Aind. *drāgh-* 'quälen', ahd. *trāgi*, ags. *tráʒ* 'träge', as. *trāgi* 'Verdruss': aschwed. *trøgher* (**trōʒi-*) 'träge'.

Lat. *pēs* 'Fuss', lit. *pėdà* 'Fussstapfe', aisl. *fǫ́tom* 'wir fanden Weg': *fótr*, ahd. *fuoz*, got. *fōtus*, gr. dor. πώς 'Fuss'.

Ahd. *gi-scāhen* 'geschahen', got. *skēwjan* (**skǣʒu̯-*), aisl. *skǽfa* 'geben', *skǽr* 'Pferd': *skór*, ahd. *scuoh*, as. *scōh*, got. *skōhs* 'Schuh'?

Lit. *kėliau* 'ich hob', aisl. *huáll* : *hóll* 'Hügel'?

Ags. *wǽt*, aisl. *vátr* 'nass': as. *wōsk* 'wusch'.

Gr. ῥήγνυμι 'breche', aisl. *rǽkia* 'vertreiben', *rǫ́kom*, got. *wrēkum* 'trieben': gr. ἐῤῥωγα 'bin gebrochen', aschwed. *vrōk* 'vertrieb'.

As. *hōf-slāga* 'Hufspur': got. *slōh*, ahd. *sluoh*, aisl. *sló* 'schlug', *sløgr* 'verschlagen'.

Ahd. pl. *trāga* 'Äcker': as. *drōg*, ahd. *truog*, aisl. *dró* 'trug, zog', *dróg* 'Streifen', aschwed. *drøgh* 'Schlitten'.

Got. *fērja* 'Nachsteller', ahd. *fāra*, aisl. *fár* 'Gefahr': gr. ταλαί-πωρος 'unglücklich', ahd. *fuor*, aisl. *fór* 'fuhr', *føra* 'führen', *førr* 'der gehen kann, flink'.

Got. *tēkan* 'nehmen': *tai-tōk*, aisl. *tók* 'nahm', *fá-tøkr* 'arm'.

Aisl. *lǫ́kom* 'tröpfelten': *løkr* 'Bach'.

Lat. *dē* 'von', got. *un-tē* 'bis': (lat. *dō-nec* 'bis', *quan-dō* wann'?) as. *tō*, ahd. *zuo* 'zu'.

Got. *sēls* 'gut', aisl. *sǽll* 'glücklich': ags. north. *sǽlra* (**sōlizu*) 'besser'.

Aisl. *landa-mǽre*: anorw. *landa-møre* 'Grenze', aschwed. *Møre* ein Ortsname.

Avestisch *hāma* 'gleich', aschwed. *sǣma* 'übereinstimmen': *søma*, aisl. *sóma* 'passen', *sóme* 'Ehre', as. *sōmi* 'passend', asl. *sāmŭ* 'selber'.

Aisl. *dagráð*: ahd. *tagarōd* 'Anbruch des Tages'.

Aisl. *nǽra* 'nähren': *nøra* 'stärken'.

Ahd. *g-āhi* 'jäh', *g-āhi*, mhd. *g-æhe*, *g-ǣhede*: ags. *ʒ-éhðu* (**ʒ-ōhiðō*) 'Ungestüm', gr. ὠκύς 'schnell', lat. *ōcior* 'schneller' (Erdmann, Antiqvarisk tidskrift för Sverige XI, 4, S. 30 f.).

Aisl. *suǽla* 'Dunst': ags. *swól* 'schwül'.

Lit. *žlėjà* 'Dämmerung', nschwed. *glåmig* 'blassgelb', aisl. *gláмr* 'Mond' (eigentlich 'gelb'): *glóa*, ags. *ʒlówan*, ahd. *gluoen* 'glühen', gr. χλωρός 'gelb, grün'.

Ags. *ʒrǽde* 'Gras': *ʒrówan*, aisl. *gróa* 'keimen', *gróđr* 'Wachstum', mhd. *gruose* 'Keim'.

Ahd. *ir-knāen* 'erkennen', *ur-knāt* 'Erkennung', ags. *cnáwan* 'kennen', aisl. *kná* 'kann': ahd. *ir-knuodilen* 'vernehmbar werden', lat. *i-gnōtus* 'unbekannt', gr. γνῶσις 'Erkenntnis' (vgl. jedoch § 16).

Aisl. *grápa* 'zu sich raffen': *grópa-samlega* 'brutaler Weise'.

Aisl. *hráf: hróf* 'Schirmdach'.

Aschwed. *snǣver:* aisl. *snǿfr* 'knapp'.

Aisl. *kuǽfa*: *kǿfa* 'ersticken'.

Aisl. *huǽsa* 'zischen': *hóste*, ahd. *huosto*, ags. *hwósta* 'Husten', *hwésan* 'keuchen', lit. *kōsėti* 'husten'.

Aschwed. *hǣna*: *hōna*, aisl. *hǿna* 'Henne', ahd. *huon*, as. *hōn* 'Huhn', aisl. *hǿns* 'Hühner', lat. *ci-cōnia* (prænestinisch *cōnia*) 'Storch'.

Aisl. *huáta* 'durchbohren': aschwed. *hōta* 'den Boden durchlöchern'.

Got. *swē* 'gleichwie', aisl. *suá*: aschwed. *s(w)ō*, ahd., as. *sō* 'so'.

Dazu noch verba von dem Typus got. *lētan* 'lassen' (gr. ληδεῖν 'ermatten'): *lai-lōt* (aschwed. *lōt*) 'liess'.

§ 13. ABLAUT IEUR. *e* (URGERM. *e*, *i* § 5, 2): *o* (URGERM. *a* § 6, 2).

Dieser Ablaut ist unter allen der am häufigsten vorkommende. Wir unterscheiden mehrere Fälle:

1. Vor *i̯*, wobei zu beachten ist das aus ieur. *ei̯* urgerm. *ī* wird (s. § 5, 2, c). Demnach kann in den folgenden Beispielen das *ī* zwar überall ieur. *ei̯* vertreten; es ist aber hie und da zweideutig, weil auch ein ieur. *ī* vorliegen könnte. In diesem Falle sind die betreffenden Beispiele zu § 28, 1 gehörig. Auch wäre es sowohl hier wie in den folgenden Fällen möglich, dass hinter dem *a* nicht immer ein ieur. *o*, sondern hie und da ein ieur. *a* steckte, dass also der seltnere Ablaut *e : a* (s. § 17) vorläge. Diese Möglichkeiten sind bei unserm ersten Beispiel ausgeschlossen:

Verba von dem Typus got. *steigan*, ahd. *stīgan*, aisl. *stīga* (gr. στείχειν) 'steigen' oder got. *leiƕan*, ahd. *līhan*, aisl.

liá (gr. λείπειν) 'leihen': got. *staig*, ahd., aisl. *steig* 'stieg' oder got. *laiƕ*, ahd. *lēh* (gr. λέ-λοιπα) 'lieh'.

Air. *glē* (**glei̯-u̯o-*) 'Glanz', as. *glīmo* 'Schimmer', mhd. *glīmen* 'glimmen', ahd. *glīmo : gleimo* 'Glühwürmchen', ags. *glǽm* 'Glanz'[1].

Nschwed. dial. *blaima* (**blīm-*); aschwed. *blēma* (**blaim-*), nnorw. dial. *bleime* 'Hautbläschen'[1].

Mhd. *īfer* 'Eifer', nhd. *g-eifern*, ags. *ȝ-ífre* 'gierig', aisl. *g-ífr* 'Hexe': ahd. *eivar*, *eibar* 'scharf', ags. *áfor* 'heftig'.

Aisl. *íkorne* : aschwed. *ēkorne*, ags. *ácweorna*, *ácwern*, ahd. *eihhorn* 'Eichhorn'.

Got. *skeirs*, as., ags. *scír*, aisl. *skírr : skǽrr* (**skairiʀ*) 'klar'.

Ags. pl. *Frísan*, aisl. *Fríser* 'Friesen': mhd. *vreise* 'schrecklich', got. *fraisan* 'versuchen', ahd. *freisōn* 'gefährdet sein' (vgl. § 9, 2 und 10, 1).

Ags. *bá-ȝen* (**bō-jīnō*) 'jene beiden': got. *jains* (vgl. aind. *yēna*) 'jener'.

Asl. *sī* 'sich', afr. *sīa* 'Verwandter, Genosse', urnord. *sijosteʀ* 'die am nächsten verwandten' (Läffler, Uppsala-studier, S. 1 ff.), got. *seins*, ahd., as. *sīn*, aisl. *sinn* (**sīnaʀ*) 'sein': gr. ϝοῖ (**su̯oi*) 'sich', apreuss. *swais*, asl. *svojĭ* 'eigen', ags. *swán*, ahd. *swein*, aisl. *sveinn* 'der seinige, Knecht, Sohn'.

2. Vor *u̯*. (Über die Entwicklung des *eu̯* in historischer Zeit innerhalb der germ. Sprachen s. Kluge, P. Grundr. I, 356 f.). Z. B.:

Verba von dem Typus got. *biugan*, ahd. *biogan* 'biegen' (vgl. gr. φεύγω 'fliehe') oder got. *kiusan*, aisl. *kiósa*, ags. *céosan* 'wählen' (gr. γεύεσθαι 'kosten'): got. *baug*, ahd. *boug* 'bog' oder got., aisl. *kaus*, ags. *céas* 'wählte' (vgl. gr. εἰλή-λουθα 'bin gekommen').

Gr. ἐρεύθω 'röte', got. *ga-riuds* 'ehrbar, d. h. wer errötet', ags. *réod*, aisl. *rióðr : rauðr*, ags. *réad*, got. *rauds*, ahd. *rōt* 'rot'.

Ahd. *triuwa*, as. *treuwa*, ags. *tréow* 'Treue', got. *triggwa* 'Vertrag', *triggws*, aisl. *tryggr*, ags. *tréowe*, as. *triuwi*, ahd. *gi-triuwi* 'treu': *trōst*, aisl. *traust* 'Zuversicht', *traustr* 'wozu man Vertrauen hat'.

---

[1] Dies Beispiel dürfte eher zu § 28, 1 gehören.

Aisl. *hnyggr* 'stösst', nschwed. *njugg* (**hneuw-*): aisl. *hnøggr* (**hnauwia-*), ags. *hnéaw* 'karg', aisl. *hnǫggua*, nschwed. *nagga* 'stossen'.

Aisl. *rióme:* mhd. *roum,* ags. *réam* 'Rahm'.

Got. *hiuhma* 'Haufen': *hauhs,* as., ahd. *hōh*, ags. *héah* 'hoch', aisl. *haugr* 'Hügel, Haufen'.

Got. *liufs*, ahd. *liob,* ags. *léof,* aisl. *liúfr* 'lieb': got. *ga-laubs* 'teuer'.

Got. *liugn* 'Lüge': aisl. *laun* (**lauȝuna-*) 'Heimlichkeit', got. *ana-laugns*, ahd. *lougan* 'verborgen'.

Aisl. *niótr* 'geniessend': *nautr*, as. *ge-nōt*, ags. *ȝe-néat*, ahd. *gi-nōz* 'Genosse, d. h. Mit-geniesser'.

Aisl. *miúkr* 'weich': nnorw. dial. *mauk* 'Flüssigkeit', *møykja* 'einweichen'.

Krimgotisch *miera*, ndl. *mier*, ags. *mýra*, aschwed. *mȳr* (**meuri-*), *mȳra : mør*, aisl. *maurr* 'Ameise'.

Got. *sniwan,* ags. *snéowan* 'eilen': got. *snau* 'eilte', aisl. *snǫggr* (**snauw-*), *snøggr* 'hurtig'.

Ahd. *briuwan,* ags. *bréowan*, aschwed. *bryggia* 'brauen': aisl. *brauđ*, ags. *bréad*, ahd. *brōt* 'Brot', aisl. *brøyma* 'brünstig'.

Got. *diwans* 'sterblich': aisl. *døyia* 'sterben', *dauđr* 'tot', *dauđe* 'Tod'.

3. Vor Nasal + Kons., in welcher Stellung ieur. *e* als germ. *i* auftritt (s. § 5, 2, a), z. B.:

Verba von dem Typus got. *bindan,* ahd. *bintan*, aisl. *binda* 'binden': got. *band*, ahd. *bant,* aisl. *batt* 'band' (vgl. gr. πέμπω: πέ-πομφα 'schicken').

Ahd. *skinka*: ags. *sceonca*, nschwed. *skånk* (**skankō*) 'Beinröhre, Schenkel'.

Lit. *gręžiù* 'drehe', aisl. *kringlóttr* 'rund', nschwed. *kring* 'rings herum', ags. *crinȝan* 'sich wie ein Verwundeter winden', mhd. *kring: krang* 'Kreis', aisl. *krangr* 'schwächlich'.

Got. *mimz: mammō* 'Fleisch' (vgl. jedoch § 8).

Mhd. *krimpf* 'krumm', 'Krampf': ahd. *krampf* 'krumm', 'Krampf', 'Haken', aisl. *krappr* (**krampa-*) 'eingezwängt'.

Die Völkernamen (latinisiert) *Vindili : Vandali.*

Aisl. *tindr* 'Zahn am Rade': *tǫnn* (**tanþu-*), ags. *tóđ*, ahd. *zan(d)*, aschwed. *tan(d)*, gr. *ὀδόντ-* 'Zahn'.

Asl. *blędą* 'irre', lit. *blendžiů's* 'verfinstre mich', got. *blinds*, aisl. *blindr* 'blind': *blanda*, got. *blandan*, ahd. *blantan* 'mischen'.

Got., ahd., ags. *spinnan*, aisl. *spinna* 'spinnen': ahd., ags. *spannan* 'spannen'.

Suffix germ. *-ing-* : *-ang-* (bisweilen unursprünglich), z. B. agutn. *laiþingr*: aisl. *leiđangr* 'Kriegsexpedition zur See'; aisl. *sǽing*: aschwed. *siang* 'Bett'; aschwed. *køpinger*: aisl. *kaupangr* 'Stadt'.

Suffix germ. *-ind-* : *-and-* (oft unursprünglich), z. B. as. *thūsind*, aschwed. *þūsind* : *þūsand*, ags. *þúsend*, asl. *tysąšta* 'tausend'; aschwed. *ærinde*: *ærande* 'Auftrag'; aschwed. *tīþinde* : *tīþande* 'Nachricht'; aschwed. *Iarind*: adän. *Iarand* ein Personenname, u. a. (s. Noreen, Aisl. Gr.², § 150, 2).

4. In sonstigen Stellungen, z. B.:

Verba von dem Typus got. *wairþan*, ahd. *werdan*, aisl. *verđa* 'werden' oder got. *stilan*, ahd. *stelan*, aisl. *stela* 'stehlen': got. *warþ*, ahd. *ward*, aisl. *varđ* 'wurde' (vgl. gr. *δέρκομαι*: *δέ-δορκα* 'sehen') oder got., ahd., aisl. *stal* 'stahl' (vgl. gr. *κλέπτω*: *κέ-κλοφα* 'stehlen').

Ahd. *wellan* 'wälzen', aisl. *vella*: (selten) *valla*, ahd., as. *wallan* 'wallen, sprudeln'.

Afr. *skeldu*, ahd. *sceltan* 'schelten': *scaltan* 'stossen', as. *scaldan* 'fortschieben'.

Ahd. *gellan*, aisl. *gialla* 'lauten', *giallr* (**ʒella-*): *gallr* 'hell tönend', nschwed. *gall-skrika* 'laut schreien' (vgl. aisl. *gala* 'singen, rufen').

Ahd. *elm*: aisl. *almr*, lat. *ulmus* 'Ulme'.

As. *selmo*: ags. *sealma* (**salm-*) 'Bett'.

Aisl. *bialke*: as. *balco*, ahd. *balko* 'Balken', aisl. *bǫlkr* 'Scheidewand'.

Gr. *δελφύς* 'Gebärmutter', ahd. *kilburra*, ags. *cilforlomb* 'Mutterschaf': gr. (Hesych.) *δολφός* 'Gebärmutter', got. *kalbō* 'junge Kuh', ahd. *kalb*, aisl. *kalfr* 'Kalb'.

Ahd. *hwelf* 'Junges von Tieren', ags. *hwelb*, aisl. *huelpr*, aschwed. *hwælper* : *hwalper* 'junger Hund'.

Ahd., as. *melm* 'Staub': got. *malma* 'Sand', aisl. *malmr* 'Sand, Erz'.

Gr. *στέλλω* 'stelle', aisl. *stiller* 'Ordner des Heeres', ahd. *stilli* 'stille': *stellen* (**stallian*) 'stellen', *stall*, ags. *steall*, aisl. *stallr* 'Stall, Stelle' (vgl. gr. *στόλος* 'Schlachtordnung').

Gr. *φέλλος* 'Rinde (der Korkeiche)', nschwed. *fota-bjäll* (**ƀella-*) 'Fussknöchel': ahd. *ballo*, aisl. *bǫllr* (**ƀalluʀ*) 'Ball'.

Got. *qairnus*, aisl. *kuern*: aschwed. *kwarn*, ahd. *quirn* 'Mühle'.

Aisl. *stertr*, ags. *steort*, ahd. *sterz* : *starz* 'Sterz'.

Gr. *γέρων* 'alter Mann', nndd. *kerel*, ags. *ceorl* : *cearl*, ahd. *karal* 'Kerl', aisl. *karl* '(alter) Mann', finnisch (urnord.) *karilas* 'Greis'.

Aschwed. *miærgher* (**meʀȝaʀ*): ags. *mearȝ*, as., ahd. *marg*, asl. *mozgŭ* 'Mark'.

Aschwed. *sperver*, *spirver*: got. *sparwa*, aisl. *spǫrr*, ahd. *sparo* 'Sperling'.

Aisl. *verðr* 'Mahlzeit': *dǫg-orðr* (**-warðuʀ*), aschwed. *dagh-warþer* 'Frühstück'.

Got. *and-wairþs* 'gegenwärtig', ahd. *in-wert* 'inwendig', aisl. *ǫnd-verðr* : *-orðr* 'vorwärts gerichtet', ags. *-weardes*, as. *-wardes* '-wärts'.

Mhd. *vegen* 'putzen': aisl. *fagr* 'schön', got. *fagrs* 'passend' (oder zu § 17, vgl. lat. *pax* 'Friede' u. a.?)[1].

Got. *wrikan*, aisl. *reka*, aschwed. *vræka* : *vraka* 'vertreiben', got. *wrak*, aisl. *rak* 'trieb', afr. *wrak* 'verwerflich'.

Aisl. *vefa*, ahd. *weban* 'weben', *wibil* 'Wiebel': aisl. *vaf* 'wob', nhd. *wabe*, *waffel*.

Lat. *vehere*, got. *ga-wigan*, ahd. *wegan*, aisl. *vega* 'bewegen', *vegr*, aschwed. *vægher*: *vagher* 'Weg', (latinisiert) *Nor-vagus* 'Norweger', aisl. *vagn*, ahd. *wagan* 'Wagen', vgl. gr. *ϝόχος*.

Gr. *φέρειν*, lat. *ferre*, got. *bairan*, ahd. *beran*, aisl. *bera* 'tragen, gebären', lit. *bernas* 'Knabe', ags. *beorn* 'Held', ahd. *-bern* in Namen: got., ahd., aisl. *bar* 'trug, gebar', ahd. (latinisiert) *baro*, mhd. *bar* 'Mann', aisl. *barn* 'Kind'.

Lat. *venēnum* 'giftiger Saft', aind. *vánam* 'Wasser', got.

[1] Übrigens kann möglicherweise das germ. *a* in diesem und einigen andern von den folgenden Beispielen — die dann zu § 20 gehören — ein ieur. ə vertreten (s. § 6, 1).

wintrus 'Regenzeit, Winter', ahd. pl. *Winida* (lat. *Veneti*), aisl. *Vindr* 'Wenden': *Vendell* ein Ortsname, *Vaner* 'Seegötter', lit. *vandů'* 'Wasser', ags. *wós*, aisl. *vás* (**wans-*) 'Nässe' (s. Lidén, Beitr. XV, 522, Hellquist, Etymologische Bemerkungen, s. IX).

Aschwed. *Vætur* ein Seename: ahd. *wazzar*, aisl. *vatn*, got. *watō*, asl. *vodā* 'Wasser'.

Got. *brikan*, ahd. *brehhan* 'brechen': got. *brakja* 'Streit'.

Ahd. *mein-swero* 'meineidig': got. *swaran*, aisl. *sueria*, ahd. *sweren* 'schwören'.

Asl. *grebą* 'grabe', aschwed. *græva*: got., ahd. *graban*, aisl. *grafa* 'graben'.

Gr. *μέδομαι*, lat. *meditor* 'ermesse, bedenke, überlege', *medeor* 'heile', got. *mitan*, aisl. *meta* 'messen': lat. *moderor* 'reguliere', *modius*, *modus* 'Mass', got. *mats*, aisl. *matr* 'Speise, Portion, zugeteiltes Mass'.

Lat. *pedis* 'des Fusses', aisl. *fet*, aschwed. *fiæt* 'Fussstapfe', aisl. *fit* 'Schwimmfuss': gr. *ποδός* 'des Fusses', ahd. *faz-wesca* 'Fussbad', aisl. *fata* 'den Weg finden'.

Anorw. *drega*: aisl. *draga*, ahd. *tragan* 'tragen, ziehen'.

Asl. *perą* 'fahre', lat. *periculum* 'Gefahr', gr. *πέρυσι*, aisl. *í fiorð* 'im vorigen Jahre', as. *fern* 'vergangen', got. *fairneis*, ahd. *firni* 'alt': gr. *πορεύω* 'führe', got., ahd. *faran*, aisl. *fara* 'fahren'.

Lat. *in-de* 'davon', gr. *οἴκα-δε* 'nach Hause', ahd. *ze*, *zi*: *za* 'zu', gr. *ἔν-δον* 'drinnen', lat. *en-do* 'in'.

Lat. *similis* 'gleich', aisl. *sem* 'gleich wie': *same* 'derselbe', *sama* 'passen', got. *samjan* 'ausgleichen', ahd. *sam-ft* 'fügsam', gr. *ὁμός* 'gleich'.

Aisl. *sløkkua* (**slekuan*) 'erlöschen': *slakr* 'schlaff'.

Asl. *melją*, air. *melim* 'mahle', aisl. *miǫl*, ags. *melu*, ahd. *melo*, as. *mel* 'Mehl': lat. *molo*, lit. *malù* 'mahle', got., ahd., as. *malan*, aisl. *mala* 'mahlen'.

Gr. *νέομαι* (**neso-*) 'komme', ahd., as. *gi-nesan*, ags. *ȝe-nesan* 'davon kommen, gerettet werden': gr. *νόστος* 'Heimkehr', got. *nasjan*, ahd. *nerien* 'retten'.

Gr. *ἀϝετμόν* 'Wind', aisl. *viðra*, mhd. *witeren* 'wittern': ahd. *wadal* 'Wedel'.

Gr. *ὀρέγω* 'recke', lat. *por-rigo* 'strecke', got. *rikan* 'sammeln', ahd. *rehho* 'Rechen', *rehhan* 'zusammenscharren', *rehhanōn*, ags. *reconian* 'rechnen', aisl. *reka*: ags. *racu*, nschwed. *raka* 'Harke, Rechen', got. *uf-rakjan* 'ausstrecken', *rahtōn* 'darreichen', as. *raka*, ahd. *rahha*, aisl. *rǫk* 'Rechenschaft, Sache'.

Gr. *δέρω* 'schinde', asl. *derą* 'zerreisse', got. *ga-tairan*, ahd. *fir-zeran* 'zerstören', ags. *teran* 'zerreissen': gr. *δορά* 'abgezogene Haut', ahd. *zerien* 'zerreissen', got. *tar* 'riss'.

Ahd. *grim(mi)*, aisl. *grim(m)r* 'grimm': *gramr* 'feindselig'.

Got. *gibla* 'Zinne', ahd. *gebal* 'Schädel', *gibil*: aisl. *gafl* 'Giebel'.

Mhd. *ge-nicke* 'Genick', ags. *hnecca*: aisl. *hnakke*, ahd. *hnac(k)* 'Nacken'.

Ags. *bicce*, aisl. *bikkia* (**ƀekjōn-*): *grøy-baka* 'Hündin'.

Ags. *breozo*: aisl. *bragr* 'Fürst', *Brage* 'Gott der Poesie'.

Aisl. *griđongr*: *građongr* 'Stier'.

Aisl. *hnefe*, nschwed. dial. *njäva* : *nâv* (**hnaƀan-*) 'Hand, Faust', *nåvå* (**hnaƀōn*) 'mit beiden Händen schöpfen'.

Aisl. *kiaptr*, mhd. *kiver*, *kivel*: as. *kafl*, ags. *ceafl* 'Kiefer'.

Got. *filu*, aisl. *fiǫl*, ags. *feolu*: *fealu*, gr. *πολύ* 'viel'.

Ahd. *gi-feho*: ags. *ze-féa* (**-faho-*), got. *fahēþs* 'Freude'.

Aschwed. *brædder*, ags. *breord* (**ƀrezđa-*): *breard*, ahd. *brart*, nschwed. dial. *bradd* 'Rand', air. *brot* 'Spitze'.

Aind. *tam*, av. *tem*, ahd. *den*, as. *thena*, aschwed. *þæn*: got. *þana*, ags. *þone*, aisl. *þann*, gr. *τόν* 'den'.

Me. *chitte*, nndd. *kitte*, nhd. *kietze* 'Kätzchen': ahd. *kazza*, aisl. *kǫttr* 'Katze'.

Ahd. *stehho*, aisl. *stiake* 'kleiner Stecken', as. *stekan* 'stechen': aisl. *stake* 'Stecken', ahd. *stecken* 'stecken'.

Aisl. *gista* (**zestian*) 'als Gast besuchen': *gestr*, urnord. *-zastiʀ*, got. *gasts* 'Gast', lat. *hostis* 'Feind, Fremder'.

Ahd. *pflegan* 'pflegen', as. *plegan* 'versprechen', ags. *plezian* 'spielen', *pleza*: *plaza* 'Spiel'.

Suffix germ. *-il-* : *-al-*, z. B. ahd. *gibil* 'Giebel': *gebal* 'Schädel'; ahd. *enkil*: *ankal*, agutn. *ankal* 'Fussknöchel'; aisl. *heimell*: anorw. *heimall* 'verfügbar'; ahd. *mittil*, aschwed. *midhil-*, aisl. *miđel-* : *međal-*, aschwed. *mæþal-* 'mittel-'; ahd. *uodil*, as. *ōthil*, ags. *éðel*: ahd. *uodal*, aisl. *óðal* 'Erbgut' u. a. (s. Noreen, Aisl. Gr.², § 150, 1); lat. (germ.) *Vandili : Vandali* 'Wandalen'.

Suffix germ. *-in- : -an-*, z. B. got. *maúrgins*, aisl. *myrgenn*: as. *morgan*, aschw. *morghan* 'Morgen'; aisl. *O'ðenn*: as. *Wōdan*, aschwed. (selten) *Ōþan*; ahd. *irmin-* 'gross-': got. (lat.) *Ermana-rīcus*; aisl. *openn*: ahd. *offan* 'offen'; got. *fulgins*: *fulhans* 'verborgen'; aisl. *eigenn* 'eigen', got. *aigin* 'Eigentum': *aigans* 'zugeeignet'; aisl. *bundenn*: got. *bundans*, ahd. *gibuntan* 'gebunden'; got. *þiudin-assus* 'Königreich': *þiudans*, aisl. *þióðann* 'König'; got. dat. *hanin*: ack. *hanan* 'Hahn'; 'sieben'; ahd. *zehin* 'zehn', aschwed. *tinde* (**tihinde*) 'Zehnt': ahd. *zehan* 'zehn', aisl. *ní-tián* (**tehan*) 'neunzehn' u. a. (s. Paul, Beitr. VI, 239 ff.).

Suffix germ. *-ið-, -iþ- : -að-, -aþ-*, z. B. aisl. *nøkkueðr*: got. *naqaþs* 'nackt'; ahd. *helid*, ags. *hæle(ð)*, aisl. *halr*: aschwed. *hælaþe* 'Held'.

Suffix germ. *-it- : -at-*, z. B. ags. *hyrnet*, mhd. *horniz*: ahd. *hornaz* 'Hornisse'; ahd. *emiz*: *emaz* 'fleissig, beharrlich', aisl. pl. *Iamtr* (**EmatiR*) ein Volksname.

Suffix germ. *-iȝ-, -ih- : -aȝ-, -ah-* (fast überall unursprünglich, s. Kauffmann, Beitr. XII, 201 ff., Kluge, Nominale Stammbildungslehre § 202—205), z. B. aisl. *auðegr*: got. *audags* 'reich'; ahd. *einig* (lat. *ūnicus*): *einag*, got. *ainaha* 'einzig'; ahd. *heilig*, agutn. *hailigr*: got. *hailags*, aisl. *heilagr* 'heilig'; ags. *wériȝ*: ahd. *wuorag* 'müde'; mhd. *hünic*, as. *honeg*, aschwed. *honigh : honagh*, ahd. *honag* 'Honig' (?, denn vgl. ahd. *honang*, aisl. *hunang*).

Suffix germ. *-iht- : -aht-*, z. B. ags. *stǽnehte : stánehte* 'steinicht'; ags. *þyrnehte: þornehte* 'dornicht'.

Suffix germ. *-iz-, -is- : -az-, -as-*, z. B. ags. *hrif* (**hrifiz*): ahd. *href* (**hrefaz*) 'Mutterleib', vgl. lat. *corpus, -oris* 'Leib'; ags. *lǽn* (**laiƕniz*): aisl. *lán* (**laiƕnaz*) 'Lehen', aind. *rḗknas* 'Gut'; ags. *celf*, ahd. pl. *kelbir*: aisl. *kalfr* (**kalbaz*) 'Kalb, Junges', vgl. gr. δολφός 'Gebärmutter'; aisl. *sal(r)*, ags. *sele* m.: *sæl* ntr., asl. *selo* 'Boden, Heimat, Saal'; ags. *lemb*, ahd. pl. *lembir*: aisl. *lamb*, finnisch (urnord.) *lammas* 'Lamm'; ags. *tild: teld*, aisl. *tiald*, ahd. *zelt* 'Zelt'; ags. *hilt: helt*, aisl.

hialt 'Schwertgefäss'; aisl. *hræ*, *hrøyr*, ags. *hræw*: *hráw* 'Leiche'; ags. *hláw* 'Grabhügel': got. pl. *hlaiwas-nōs* 'Grab'; got. *ubiz-wa* 'Vorhalle', aisl. *ups*, ags. *efese*, ahd. *obisa*: *obasa*, aschwed. *ops* 'Vorsprung am Dach'; got. *riqis*: aisl. *røkkr* (**rekwaʀ*), aind. *rájas* 'Finsternis'.

§ 14. ABLAUT *ē* (URGERM. *ǣ* § 6, 5): *o* (URGERM. *a* § 6, 2).

Das in den folgenden Beispielen auftretende germ. *a* ist oft zweideutig, indem es nicht nur ieur. *o*, sondern auch *a* und *ə* (s. § 6, 1) vertreten kann:

Ags. *cráwan*, ahd. *krāen* 'krähen', *krā(w)a*, ags. *cráwe*, as. *krāia* 'Krähe', ahd. *hana-krāt* 'Geschrei des Hahns', *krādam* : *kradam* 'Lärm' (vgl. lit. *grṓju*, asl. *grają* 'krächze').

Lat. *sprēvi* 'stiess weg', mhd. *sprǣwen*, *sprǣjen*: nschwed. *spra-ka* 'sprühen, stieben'.

Aisl. *hræða* 'scheuchen' (vgl. lit. *kretù* 'bewege mich'): *hraðr*, ags. *hræd* 'schnell'.

Got. *ga-fēhaba* 'passend', aisl. *fægia* 'putzen', *fægelegr* 'angenehm', ags. *fǽʒr*: *fæʒr* 'schön', got. *fagrs* 'passend' (oder zu § 18, vgl. lat. *pax* u. a.?).

Lat. *vēxillum* 'Fahne', d. h. 'was geführt wird', lit. *pravėžà* 'Wagengeleise', got. *wēgs*, aisl. *vágr*, ahd. *wāg* 'Woge, d. h. was sich bewegt': gr. *ϝόχος*, aisl. *vagn*, ahd. *wagan* 'Wagen'.

Aschwed. *Vǣnir* ein Seename: lit. *vandů'* 'Wasser', ags. *wós*, aisl. *vás* (**wans-*) 'Nässe', *Vaner* 'Götter der See'.

Gr. *ἄμητος* 'Ernte', ags. *mǽd*, as. *māthа*, *māda*, afr. *mēth*: ags. *meadu* 'Wiese, Matte', ahd. *mato-screh(h)* 'Heuschrecke'.

Ahd. *krāko*, aisl. *krákr* 'Haken': *krake* 'Baum, dessen Äste abgehauen worden sind'.

Ahd. *hāko*: aisl. *hake* 'Haken'.

Ags. *ʒlǽd*: *ʒlæd*, aisl. *glaðr* 'froh'.

Mhd. *snāke*, aisl. *snákr*: ags. *snace* 'Ringelnatter', ahd. *snahhan* 'kriechen'.

Ahd. *klāwa*, ags. *cláwu*, aisl. *kló* (**klāwu*) 'Klaue', *klǽia* 'jucken': ndän. *klø* (**klawjan*), nschwed. *klö-sa* 'kratzen'.

Got. *wēns*, ahd. *wān*, aisl. *vǫ́n, ón* 'Hoffnung, Vermutung', *vǽnta* 'warten', *vǽnn* 'schön, anmutig': *vanr* 'gewohnt', got. *wanjan* 'gewöhnen'.

Lit. *kéliau* 'hob', aisl. *hváll*: lat. *collis*, gr. κολωνός 'Hügel', lit. *kálnas*, aisl. *hallr* 'Berg'.

Aisl. *vátr*, ags. *wǽt* 'nass': got. *watō*, ahd. *wazzar* 'Wasser'.

Ahd. *zādal* : *zadal* 'Mangel'.

Ags. *ʒrǽ-de*: got., ahd., aisl. *gra-s* 'Gras'.

Mhd. *grāt* 'Grat', nschwed. dial. *grån* (**grān*) 'Fichte': ahd. *grana*, aisl. *grǫn* 'Schnurrbart, Nadel, Fichte'.

As. *hōf-slāga* 'Hufspur': got. *slahan* 'schlagen', aisl. *slagr* 'Schlag'.

Ahd. pl. *trāga* 'Äcker': got., as. *dragan*, aisl. *draga* 'ziehen, tragen'.

Aisl. *nǽra* 'ernähren': got. *nasjan*, ahd. *nerien* 'retten'.

Lat. *dē* 'von', got. *un-tē* 'bis': lat. *en-do* 'in', ahd. *za* 'zu'.

Ahd. *dār*, ags. *þǽr*: got., aisl. *þar* 'dort', ahd. *dara* 'dorthin', aind. *tar-hi* 'damals'.

Ahd. *frāga* 'Frage', aisl. *frǽgr* 'berühmt': got. *frah* 'fragte', lat. *procus* 'Freier'.

Lat. *vērus* 'wahr', asl. *věra* 'Glaube', aisl. pl. *várar* 'Treue', as., ahd. *wār* 'wahr', got. *tuz-wērjan* 'zweifeln': gr. ϝοράω 'sehe', aisl. *vara* 'ahnden', *varr* 'vorsichtig', *varna* 'verwahren', ahd. *bi-warōn* 'hüten'.

Dazu kommen Verba von dem Typus got. *tērum* 'rissen' (vgl. gr. δῆρις 'Streit'): *tar* 'riss' (vgl. gr. δορά 'abgezogene Haut') oder *hlēfum* (lat. *clēpimus*) 'stahlen': *hlaf* (gr. κέ-κλοφα) 'stahl'. Noch andere Beispiele sind durch Zusammenstellung des in § 12, § 13, § 24 und § 26 gegebenen Materials zu gewinnen.

§ 15. ABLAUT IEUR. *e* (URGERM. *e*, *i* § 5, 2): *ō*.

Das germ. *ō* der folgenden Beispiele kann bisweilen vielleicht ein ieur. *ā* vertreten (s. § 4, 2):

Aisl. *suefn* 'Schlaf': lat. *sōpire*, aschwed. *søva* 'einschläfern'.

Got. *qiman*, ahd. *queman* 'kommen': aisl. *ná-kømr* 'nahe kommend' (ahd. *kōmen* 'kamen'?), gr. *βωμός* 'Fussgestell'.

Gr. *νέμω* 'gebe', ahd. *neman*, aisl. *nema* 'nehmen': lit. *nū́mas* 'Zinse', ahd. *sigi-nōmi* 'victoriæ munus'.

Gr. (Hesych.) *λέχεται* 'liegt', got. *ligan*, aisl. *liggia* 'liegen': ahd. *luog* 'Lager der wilden Tiere' u. a. (s. S. 43).

Lat. *sedeo* 'sitze', got. *sitan*, aisl. *sitia*, ahd. *sizzen* 'sitzen': asl. *saditi* 'pflanzen', lit. *sōstas* 'Sitz', ags., nschwed. *sōt* 'Russ, d. h. was sich absetzt'.

Aisl. *skera* 'schneiden', ahd. *skeran* 'scheren': gr. *σκώρ* 'excrementum', mhd. *schuor* 'Schur', aisl. *skøra* 'Streit'.

Asl. *grebą* 'grabe', aschwed. *græva* 'graben': got. *grōb* 'grub', *grōba*, aisl. *gróf* 'Grube', *grøfr* 'der begraben werden darf'.

Gr. *μέδομαι*, lat. *meditor* 'bedenke, überlege', got. *mitan*, aisl. *meta* 'messen': *mót* 'Merkmal, Art', ahd. *muos* 'Malzeit, Speise, Mus'.

Got. *trigō* 'Traurigkeit', ags. *treȝa*, aisl. *trege* 'Schmerz', *tregr*: aschwed. *trøgher* (**trōȝi-*) 'träge'.

Lat. *pedis* 'des Fusses', aisl. *fet* 'Fusstapfe', *fit* (*fetįo-*) 'Schwimmfuss': *fótr*, got. *fōtus*, gr. dor. *πώς* 'Fuss'.

Aisl. *frekr* 'frech', ags. *freca* 'Held', ahd. *Freh-olf* u. a. Namen: *Frōhn-olf*, *frōhni* 'Kühnheit', as. *frōcni*, ags. *frécne*, aisl. *frøkn, frøkenn* 'kühn'.

Aisl. *leka* 'tröpfeln', *lekr* 'leck', ags. *leccean* 'bewässern': aisl. *løkr* 'Bach'.

Ahd. *seh(h)* 'Sech': *suohha* 'Furche, Schneide'.

Aisl. *slokkua* (**slekųan*) 'erlöschen' (vgl. gr. *λήγω* 'höre auf'): *slókr* 'vir ignavus', nschwed. *slōka* 'niedergedrückt sein'.

Lat. *rego* 'lenke, richte', got. *raihts*, ahd., as. *reht*, aisl. *réttr* (**rehtaʀ*) 'recht, richtig': *røkr* 'richtig, gesetzlich', *røkia*, as. *rōkian*, ahd. *ge-ruochen* 'besorgen', gr. *ἀρωγός* 'Helfer'.

Got. *diwans* 'sterblich': aisl. *dó* (**dōw*) 'starb', asl. *daviti* 'erwürgen'.

Ags. *þrep* : *þróp* 'Dorf'.

Ags. *swelan* 'glühen', ahd. *swilizzōn* 'schwelen': ags. *swól* 'schwül'.

Ahd. *gellan*, aisl. *gialla* 'schreien', gr. *χελιδών* 'Schwalbe': aisl. *gól* 'schrie', got. *gōljan* 'grüssen, zurufen'.

Aisl. *iaxl*, nschwed. dial. *äksel* : nschwed. *oxel-tand* 'Backenzahn'.

Suffix germ. *-in- : -ōn-*, z. B. ahd. gen. sg. *henin* (vgl. lat. *hominis*): pl. *hanōno* (vgl. lat. *latrōnum*) zu *hano* 'Hahn'.

Andere Beispiele sind aus dem § 12, § 13, § 24 und § 26 gegebenen Material zu gewinnen.

§ 16. ABLAUT IEUR. *ē* (URGERM. *ǣ* § 6, 5): *ā* (URGERM. *ō* § 4, 2).

Dieser Ablaut wird von Osthoff, Hübschmann, Stolz u. a. der ieur. Ursprache abgesprochen, wird aber besonders in der letzten Zeit von vielen andern und zwar mit grösserem Recht als ieur. anerkannt. Beispiele werden angeführt u. a. von Bremer, Beitr. XI, 267 ff. (Stolz, Lateinische Grammatik — in I. Müllers Handbuch, B. II — § 29), Persson, Wz., S. 91 Note, 292 f. und besonders von Ljungstedt (Danielsson, Noreen), Anmärkningar till det starka preteritum, S. 24 ff.

Wegen des germ. Zusammenfalls der ieur. *ā* und *ō* in *ō* ist dieser Ablaut im Germ. nur mit Schwierigkeit (oder gar nicht) von dem in § 12 behandelten Ablaut *ē : ō* zu scheiden. Hier werden daher nur solche Beispiele angeführt, bei denen das Vorhandensein eines aussergermanischen *ā* (oder *α*, vgl. jedoch S. 58 oben) die Hierhergehörigkeit besonders wahrscheinlich macht, z. B.

Ahd. *māgo*, mhd. *māhen*: gr. dor. *μάκων*, aschwed. *val-mōghe* 'Mohn'.

Aisl. *at-hǽfe* 'Verhalten', *auð-hǽfe* 'Reichtum', anorw. *háfa* 'Hab und Gut': aisl. *hóf* 'das richtige Verhältnis', *auð-hǿfe* 'Reichtum', *hǿfa* 'das Ziel erreichen' (vgl. lat. *habēre* 'haben').

Aschwed. *stā*, ahd. *stān* 'stehen', *stāti* 'stät': lat. *stātim* 'stets', *stāre* 'stehen', gr. dor. *ἵ-στᾱμι* 'stellen', *στάλᾱ* 'Säule', got. *stōls*, ahd. *stuol*, aisl. *stóll* 'Stuhl', *stǿðr* 'feststehend'.

Aisl. *rámr*: lat. *rāvis* 'heiser', aisl. *rómr* 'Stimmton'.

Aisl. *blár*, ahd. *blāo* (gen. *blāwes*) 'blau', ? aisl. *blǽía*. *bléia* 'farbiges Stück Zeug' (?, vgl. S. 41), lat. *flāvus* 'gelb'.

Lat. *pēgi* 'befestigte', got. *ga-fēhaba* 'passend', aisl. *fœgelegr* : ? *fégelegr* 'fügsam, angenehm', as. *fōgian* 'fügen' u. a. (s. S. 42), lat. *com-pāges* 'Fuge', gr. dor. *πέ-πᾱγα* 'bin fest'.

Nschwed. *åka* (**āka*) 'fahren', anorw. *ákr* 'Acker', lat. *ēgi* 'führte': ? aisl. *ók* 'fuhr' (vgl. S. 43), lat. *amb-āges* 'Umschweif', gr. dor. *στρατ-ᾱγός* 'Heerführer' (vgl. lat. *ager* 'Acker').

Lat. *frēgi* 'brach', ahd. *brāhha* 'Pflügung', *brāhhum* 'brachen': ? *bruoh* 'Morast' u. a. (s. S. 43), lat. *frāctus* 'gebrochen'.

Asl. *rěpa*, ahd. *rāba* : *ruoba*, lat. *rāpa* 'Rübe'.

Vgl. noch solche Fälle, wo das dem aussergerm. *ā* entsprechende germ. *ō* nicht belegt ist, z. B. ags. *bláwan* 'blähen': lat. *flāre* 'blasen'; got. *slēpan* 'schlafen' (aisl. *slápr* 'schlaffer Mensch'): lat. *lābi* 'hingleiten'; ahd. *grāo* (gen. *grāwes*) 'grau': lat. *rāvus* 'graugelb'; mhd. *hǣle* 'Verheimlichung': lat. *cāligo* 'Finsternis'; ags. *þáwan* 'zergehen': gr. dor. *τάκω* 'schmelze'; got. *jēr* 'Jahr': lat. *Jānus* 'Gott des Jahres'; aisl. *knár*: lat. *gnāvus* 'thätig'; ahd. *-knāen* 'kennen': lat. *gnārus* 'wissend' (vgl. jedoch S. 45); aisl. *gráðogr* (got. *grēdags*) 'begierig': lat. *grātus* 'der Begier erweckt', u. a.

§ 17. ABLAUT IEUR. *e* (URGERM. *e*, *i* § 5, 2): *a*.

Der ieur. Ursprung auch dieses Ablautes wird von Osthoff, Hübschmann, (Voc. S. 166 f.), Bechtel (Hauptprobl., S. 160 f.) u. a. bestritten, dagegen von den meisten und zwar mit gutem Grund behauptet, so z. B. von Danielsson, Bezz. B. XV, 307 Note, Bartholomae, Bezz. B. XVII, 119 f., Kretschmer, K. Z. XXXI, 378 f., Schmidt, Plur., S. 173, 199 f., Ljungstedt, a. O., S. 24 ff., Persson, Wz., S. 226 f. Note.

Wegen des germ. Zusammenfalls der ieur. *a* und *o* (sowie zum Teil *ə*) in *a* (s. § 6, 2 und 1) ist dieser Ablaut nur mit Schwierigkeit (oder gar nicht) von dem in § 13 (und dem in § 20) behandelten Ablaut *e* : *o* (resp. *e* : *ə*) zu scheiden. Daher werden hier nur solche Beispiele angeführt, bei denen das Vorhandensein eines aussergerm. *a* (oder *ā*) die Hierhergehörigkeit besonders wahrscheinlich macht. Dabei ist jedoch zu beachten, dass auch ein lat., gr. *a* zweideutig ist, weil es ja unter Umständen ieur. *ə* vertreten kann (s. § 2, 11). Beispiele:

Lat. *super-cilium* 'Augenbraue', got. *hilms*, as., ahd., ags. *helm*, aisl. *hialmr* 'Helm', ahd. *helan*: gr. *καλύπτειν* 'verbergen', *καλία* 'Hütte, Grotte' (vgl. lat. *cāligo* 'Finsternis'), got. *halja*, aisl. *hel*, ags. *hell*, as., ahd. *hella* 'Untererde, Hölle', *halla*, ags. *heall*, aisl. *hǫll* 'Saal'.

Gr. *κέλομαι* 'zurufe', aisl. *hial* 'Gespräch': lat. *calāre*, gr. *καλεῖν*, ahd. *halōn* 'rufen'.

Got. *ibuks* 'rückwärts': ahd. *abuh*, aisl. *ǫfogr* 'umgekehrt', pejoratives Präfix *au-* (**aƀu-*) 'ab-', gr. *ἀπύ* 'ab'.

Lat. *secāre* 'schneiden', ahd. *segansa* 'Sense', *sega* : *saga*, aisl. *sǫg* 'Säge', *sax* 'Waffe', lat. *sacēna* 'Axt', *saxum* 'Flinte'.

Ags. *seofa*, aisl. *sefe* 'Sinn, Gemüt': as. *af-sebbian* (prät. *-sōf*) 'wahrnehmen', lat. *sapiens* 'weise'.

Aisl. *ilstre*, *iǫlstr* 'Weide', asl. *jelĭchā*: ahd. *elira*, ags. *alor*, aisl. *ǫlr*, lat. *alnus* (**alsnos*) 'Erle'.

Gr. *χέϝεια* 'Loch', ahd. *giumo* : *goumo* 'Gaumen', gr. *χαῦνος* 'klaffend'.

Gr. *στεῦ-ται* 'macht Anstalt dazu', aind. *stháviras* 'dick', got. *stiur* 'Stier', *stiurjan* 'feststellen', ahd. *stiuri* 'stark', *stiura* 'Pfahl', aisl. *þiórr*: gr. *ταῦρος*, lat. *taurus* 'Stier', lat. *re-staurāre* 'wieder herstellen', aisl. *staurr* 'Pfahl'.

Vgl. noch Fälle, wo die germ. Vertretung des aussergerm. *a* nicht belegt ist, z. B. ahd. *ero* 'Erde': lat. *arvum* 'Acker'; got. *fidwōr*: lat. *quatuor* 'vier'; aisl. *kióll*: gr. *γαυλός* 'Schiff, Kiel'; ahd. *ebur*: lat. *aper* 'Eber'; as. *lepor* (ahd. *leffur*, *lefs*): lat. *labrum*, *labium* 'Lippe'; aisl., aschwed. *griþ* 'freies Geleit': lat. *gradus* 'Schritt'; got. *inu* 'ohne': umbr.-osk. *an-* 'un-'.

§ 18. ABLAUT IEUR. ē (URGERM. ǣ § 6, 5): a.

Über den Ursprung des germ. (bisweilen auch des aussergerm.) *a* herrscht hier oft dieselbe Unsicherheit, welche oben § 17 hervorgehoben worden ist. Es ist daher manchmal schwierig diesen Ablaut von den in § 14 und § 20 behandelten zu unterscheiden. Beispiele:

Gr. *φλῆνος* 'Geschwätz', lat. *flēre* 'schluchzen'?, ahd. *blāen*, ags. *bláwan* 'blähen', *blǽsan*, ahd. *blāsan*, aisl. *blása*, got. *blēsan* 'blasen': ahd. *ana-blast* 'Ansturm', ags. *blæst* 'Blasen' (vgl. lat. *flāre*).

Lat. *ēgi* 'führte', anorw. *ákr* 'Acker', nschwed. *åka* (**āka*) 'fahren': lat. *ago*, gr. *ἄγω* 'führe', *ἀγρός*, lat. *ager*, aisl. *akr* 'Acker', *aka* 'führen'.

Got. *lētan*, ahd. *lāzan*, aisl. *láta* 'lassen': got. *lats*, aisl. *latr* 'faul', *lǫskr* 'schlaff', *letia* 'hemmen', lat. *lassus* 'müde'.

Got. *slēpan*, ahd. *slāfan* 'schlafen', aisl. *slápr*: ahd. *slaf* 'schlaff', lat. *labo* 'wackele'.

Aisl. *grár*, ahd. *grāo* (gen. *grāwes*) 'grau', mhd. *grāwen* 'grauen': aisl. *grøy* (**grawja-*) '(grauer) Hund' (vgl. lat. *rāvus* 'graugelb').

Lat. *cēlare* 'hehlen', mhd. *hǣle* 'Verheimlichung': got. *halja* u. a. (s. § 17).

Lat. *cēpi* 'nahm', aisl. *háfr* 'Fischhamen': lat. *capere* 'nehmen', got. *hafjan*, ahd. *heffen*, aisl. *hefia* 'heben'.

(Lat. *rēri* 'glauben'?), got. *rēdan*, ahd. *rātan*, aisl. *ráđa* 'raten': got. *ga-raþjan* 'rechnen', *raþjō*, as. *rethia*, ahd. *redia* 'Rechenschaft', lat. *ratio* 'Rechnung', ? *ratus* 'geglaubt'.

Aisl. *Ǽger* (**āʒia-*) 'Gott des Meeres, Wasser': lat. *aqua*, got. *aƕa* 'Wasser', aisl. *ǫ́* 'Fluss'.

Got. *mēgs*, aisl. *mágr* 'Eidam': air. *mac*, got. *magus*, aisl. *mǫgr* 'Sohn', *mǽr* (**mawiʀ*), got. *mawi* 'Mädchen'.

Aisl. *auđ-hǽfe* 'Reichtum, eig. reichliche Habe', anorw. *háfa*: ahd. *haba* 'Hab und Gut', got. *haban*, aisl. *hafa*, ahd. *habēn*, lat. *habēre* 'haben'.

Ags. *þáwan*: ahd. *douwen* 'zergehen', aisl. *þeyia* (**þawjan*) 'tauen', gr. *ταχερός* 'flüssig' (vgl. gr. dor. *τάκω* 'schmelze').

Aisl. *kráka*, nhd. dial. *krāge* 'Krähe': ahd. *kragil* 'schwatzhaft', lat. *graculus* 'Dohle'.

Besonders unsicher ist wegen des Mangels an aussergerm. Entsprechungen die Provenienz des *a* in Fällen wie:

Aisl. *skráma*: mhd. *schramme* 'Schramme'.

Aisl. *ká-m*: mhd. *ka-del* 'Schmutz'.

Ahd. *āmarlīh* 'traurig': aisl. *ǫmorlegr* (**amur-*) 'schrecklich'.

Got. *fētjan* 'schmücken': aisl. *fat* 'Kleid', ahd. *fazzōn* 'kleiden'.

§ 19. ABLAUT IEUR. $\breve{o}$: $\breve{a}$.

Die Ablaute ieur. *ō* : *ā* und *o* : *a* sind, wenigstens jetzt, allgemein anerkannt; Beispiele u. a. bei Hübschmann, Voc., S. 91 ff., 190 f., Stolz, Lateinische Gramm. § 27, § 30 und besonders Bartholomæ, Bezz. B. XVII, 121 ff. Indessen kann keiner von diesen beiden Ablauten im Germ. zum Vorschein kommen, weil einerseits *ā* mit *ō* (s. § 4, 2), anderseits *o* mit *a* (s. § 6, 2) zusammengefallen sind. Daher wäre es an sich möglich, dass z. B. in einem germ. *a* bisweilen ein Ablaut *o* : *a* (entsprechend in *ō* ein Ablaut *ō* : *ā*) latent vorläge, dass also z. B. das *a* in aisl. *aldr* 'Leben' dem *o* in lat. *olesco* 'wachse', dagegen in *ala* 'ernähren' dem *a* in *alo* 'ernähre' entspräche; was aber nie ermittelt werden kann.

Dagegen sind die Ablaute *ō* : *a* und *o* : *ā* noch nicht allgemein angenommen (werden z. B. von Osthoff und Hübschmann bestritten). Von den keineswegs seltenen Beispielen mögen aus den aussergerm. Sprachen hier (hauptsächlich nach Danielsson) angeführt werden:

Einerseits *o* : *ā*, z. B. in gr. ὄγδοϝος: lat. *octāvus* 'der achte'; lat. *fovēre* 'wärmen, begünstigen': prät. *fāvi* 'begünstigte'; gr. κλοϝιός 'Fessel': lat. *clāvis* 'Schlüssel'; lat. *scobīna* 'Feile': lat. *scābi* 'schabte'; gr. æol. στϱοτός: lat. *strātus* 'Lager'; lat. *ocris* 'Spitze': *ācer* 'scharf'; gr. κοϝέω 'merke': lat. *cāvi* 'hütete'; gr. λοϝετϱόν 'Bad': lat. *lāvi* 'wusch'; gr. πτοϝέω 'scheuche': lat. *pāvi* 'fürchtete'; gr. ποϱεῖν 'zum Vorschein bringen': lat. *pārēre* 'erscheinen'; lat. *loqui* 'sprechen': gr. dor. *λέ-λᾱκα* 'sprach'. Andererseits *ō : a* (das jedoch oft ieur. *ə* sein dürfte), z. B. in lat. *ōvum* 'Ei': *avis* 'Vogel'; lat. *crōcīre* 'krähen': lit. *krakiu* 'brause'; lat. *dōnum* 'Geschenk': *datus* 'gegeben'; gr. *δῶρον* : *δάνος* 'Gabe'; lat. *cōs* 'scharfer Stein': *catus* 'scharf'.

Weil im Germ. ieur. *o* mit *a* und *ā* mit *ō* zusammengefallen sind, können hier die Ablaute *ō : a* und *o : ā* weder von einander unterschieden werden noch von den quantitativen Ablauten *ā : a* (§ 23) und *ō : o* (§ 26), noch endlich unter Umständen — da ieur. *ə* zu germ. *a* geworden ist (s. § 6, 1) — von den Ablauten *ā, ō : ə* (§ 20). Da es in den einzelnen Fällen fast unmöglich zu entscheiden ist, ob der germ. Ablaut *ō : a* der einen oder andern Art ist, so werden hier keine Beispiele angeführt, sondern die germ. Vertreter der ieur. Ablaute *ō : a* und *o : ā* sind — insofern sie wirklich existieren — unter den Beispielen der ieur. Ablaute *ā : a* (§ 23) und *ō : o* (§ 26) zu finden.

§ 20. ABLAUTE IEUR. *ā̆, ē, ō̆ : ə* (URGERM. § 6, 1, *i* § 5, 1, *u* § 4, 1, *o* § 6, 3).

Ieur. *ā̆, ē̆, ō̆* sind unter noch nicht sicher ermittelten Umständen (s. z. B. Bechtel, Hauptprobl., S. 106 f.) zu *ə* reduziert worden. In den germ. Sprachen ist aber dies *ə* nur mit Schwierigkeit als solches zu identifizieren, weil es ja je nach verschiedenen Stellungen mit ieur. *a, e* (urgerm. *i* § 5, 2), *i, o* (urgerm. *a* § 6, 2), *u* oder mit dem aus ieur. *l̥, m̥, n̥, r̥* auf germ. Boden hervorgegangenen Svarabhaktivokal *u* (§ 3), *o* (§ 6, 3) zusammengefallen ist. Als hierhergehörige Fälle mögen jedoch angeführt werden z. B.

Ahd. *stāti* 'stät' oder aisl. *stǿðr* (**stōði-*) 'feststehend', lat. *stātim* 'stets' (vgl. § 16): aind. *sthitás* 'stehend', gr. *στατός*, lat. *status* 'gestellt', aisl. *staðr* 'stätig', aind. *sthitiš*, gr. *στάσις*, lat. *stati-o* 'Stellung', got. *staþs*, ahd. *stat*, aisl. *staðr* 'Stätte'.

Gr. *ὤν*, gen. *ὄντος* (**so-nt-*) 'seiend', lat. *præ-sens, -ntis* 'anwesend', *sons, -tis* 'schuldig', d. h. 'wirklich', ahd. *sand*, aisl. *sadr* 'wirklich, wahr': aind. *siyát*, alat. *siēt*, got. *sijai* 'sei'.

Got. *qēns*, *qinō*, aisl. *kuén*, gen. pl. *kuinna*, asl. *žena*: gr. boeot. *βανά* (**gənā́*), aisl. *kona*, *kuna* 'Weib'.

Gr. *εἷς* (**sems*) 'ein', lat. *sim-plex* 'einfach', *similis* 'gleich', aisl. *sem* 'gleichwie', *same* 'derselbe' u. a. (s. S. 50): gr. *ἅμα* 'zugleich', aschwed. *sum* 'gleichwie', gr. *ἀμῶς* 'auf irgend einer Weise', *ἀμός*, aind. *samas*, aisl. *sumr* 'irgend ein', got. *sums* 'ein gewisser', *suman* 'einst'.

Aisl. *bera* 'tragen, gebären', *barn* 'Kind' u. a. (s. S. 49), as. *horno-bero* 'Hornisse', mhd. *ur-bar : ur-bor* 'Zinse', got. *ga-baúr* 'Sammlung, Steuer', ahd. *arunt-boro* 'flehend', as. *mund-boro* 'Vormund', got. *baúr*, aisl. *burr*, *borr* 'Sohn'.

Aisl. *gør-sime*, *-seme* 'Kleinod', *frǽnd-seme : frǽnd-syme* 'Freundschaft zwischen Verwandten', aschwed. *gør-suma*, adän. *gør-sum* 'Kleinod'.

Ahd. *himil : humil* 'Himmel'.

Lat. *vēnimus* 'kamen', ahd. *zuo-quemo* 'Gast', *queman*, got. *qiman*: ags. *cuman*, aschwed., aisl. *koma* 'kommen', ahd. *willi-komo* 'willkommener Gast'.

Lat. *veneror* 'verehre', *venus* 'Schönheit', as., ahd. *wini*, aisl. *vin(r)* 'Freund', *vǫ́n* 'Erwartung', *vǽnn* 'schön', *vanr* 'gewohnt', *vane* 'Gewohnheit': *una*, got. *wunan* 'zufrieden sein', as. *wunōn*, ahd. *wonēn* 'wohnen', *gi-won* 'gewohnt', *gi-wuno* 'Gewohnheit'.

Lat. *helvus*, ahd., as. *gelo* (gen. *gelwes*): aisl. *gulr*, aschwed. *gul*, *gol* 'gelb'.

Gr. *πολύ*, ags. *fealo* und got. *filu*, ags. *feolu*, aisl. *fiǫl-*: aind. *purú*, afr. *ful* 'viel'.

Got., aisl. *skal* 'soll': *skulum* 'wir sollen'; ebenso got. *ga-man*, aisl. *man*: pl. *ga-munum*, *munom* 'erinnern uns'.

Verba von dem Typus got. *bairan*, *bar*, *bērum : baúrans* 'tragen' oder aisl. *nema*, *nam*, *nǫ́mom : numenn* 'nehmen'.

Suffix germ. *-il-*, *-al-* (s. S. 51 f.): *-ul-*, *-ol-*, z. B. aisl. *biðell* 'Freier': ags. *bedul* 'pochend'; ags. *ʒicel*, aschwed. *ikil*: aisl. *iǫkoll* 'Eiszapfen'; aisl. *suikall*: ags. *swicol* 'falsch'; ahd. *enkil*, *ankal*, agutn. *ankal*: aschwed. *ankol* 'Fussknöchel'; anorw. *hæimall*, aisl. *heimell : heimoll* 'verfügbar'; aisl. *ferell*

: *fǫroll* 'Reisender'; der Volksname *Vandili*, *Vandali* : *Vanduli* 'Wandalen'; aschwed. runisch *Karilʀ*, *Karal*: latinisiert *Carolus*, u. a. m. (s. Noreen, Aisl. Gr.², § 150, 1; Sütterlin, Geschichte der Nomina agentis, S. 29 ff.).

Suffix germ. *-in-*, *-an-* (s. S. 52): *-un-*, *-on-*, z. B. ags. *æften*, aisl. *aptann*: aschwed. *apton* 'Abend'; aschwed. *morghan*, aisl. *myrgenn* : *morgonn* 'Morgen'; aisl. *Óđenn*, as. *Wōdan*: aschwed. (selten) *Ōþun*; ags. *eoten*, as. *etan*: aisl. *iǫtonn* 'Riese'; aisl. *fengenn*, ahd. *gi-fangan*: ags. *ʒe-fonʒun* 'empfangen'; ahd., as. *irmin-* 'gross-', got. (lat.) *Ermana-rīcus*: aisl. *Iǫrmon-rekr* ein Personenname; aschwed. *systkin*, *systkan* : *systkon* 'Geschwister'; ahd. *sibin*, *siban* : *sibun* 'sieben', u. a. m. (s. Paul, Beitr. VI, 238 ff.; Sievers, ib. VIII, 328).

Suffix germ. *-ar-* : *-ur-*, *-or-*, z. B. aisl. *iađarr* : *iǫđorr* 'Rand'.

Anm. 1. Wie im Allgemeinen betreffs der germ. Ablaute so gilt natürlicherweise besonders bei den zuletzt erwähnten Fällen von Ablaut in Suffixen, dass die einzelnen Fälle nicht als aus ieur. Zeit stammend angesehen werden dürfen, sondern im Allgemeinen Analogiebildungen sind nach einem aus ieur. Zeit ererbten Typus, von dem zufälliger Weise vielleicht kein einziges ursprüngliche Beispiel bis in die historische Zeit erhalten worden ist.

Anm. 2. Osthoff, Hübschmann, Brugmann u. a. nehmen an, dass zwar ieur. *ā*, *ē*, *ō*, nicht aber *a*, *e*, *o*, zu *ə* reduziert wurden; s. vorzugsweise Hübschmann, Voc., S. 7 ff. Es dürfte jedoch einleuchtend sein, dass für die Reduktion eines langen Vokals zu dem unbestimmten *ə* die der Länge entsprechende Kürze eine fast notwendige physiologische Voraussetzung ist. — Dieselben Gelehrten sind weiter der Ansicht, dass in Beispielen wie den oben angeführten nicht ieur. *əi̯*, *əl*, *əm*, *ən*, *ər*, *əu̯*, sondern vielmehr *i̯i̯*, *l̥l*, *m̥m*, *n̥n*, *r̥r*, *uu̯* vorliegen, was nicht annehmbar ist (s. oben § 2 Anm. 2) und besonders dadurch unstatthaft wird, weil z. B. ein ieur. *u̯n̥non-* (statt *u̯ənon-*) nicht hat das faktische got. *wunan* geben können, sondern vielmehr **wunnan* nach Ausweis von *kunnum* 'wir können' aus ieur. *ʒn̥num-* (vgl. Brugmann, Grundr. II, 920 Note, wo er seine frühere Ansicht sachlich, wenn auch nicht der Form nach, aufgegeben hat).

§ 21. ABLAUT IEUR. *e* (URGERM. *i* § 5, 2), *i*, *o* (URGERM. *a* § 6, 2): *u*.

Dieser fast nur in Ableitungssilben erscheinende Ablaut ist so gut wie ausschliesslich ein spezifisch germanischer. Seine Quellen sind mehrfach: teils der durch lat. *caput*: gen. *capitis* belegte Ablaut *i* : *u*; ferner der z. B. in aind. *tápas* : *tápus* 'Hitze', *cákšas* : *cákšuš* 'Auge', gr. *δολφός* : *δολφύς* 'Gebärmutter' auftretende Ablaut *(e,) o* : *u*; dazu noch der z. B. in gr. *αἰϝές* 'stets': aind. *áyuš* 'Leben' vorliegende Wechsel *u̯e* : *u*; endlich ist mit diesen Suffix-ablauten derjenige vermischt worden, welcher oben S. 51 ff. behandelt worden ist und z. B. in lat. *genus* (**ȝenos*), gr. *γένος*: gen. lat. *generis* (**ȝeneses*), gr. *γένεος* (**ȝenesos*) 'Geschlecht' enthalten ist. Hierhergehörige germ. Beispiele werden angeführt u. a. bei Paul, Beitr. IV, 415 ff., VI, 187 ff.; Noreen, Arkiv III, 13 ff. Note, Om orddubbletter i nysvenskan, S. 33 ff.; Kluge, Nominale Stammbildungslehre, § 29, § 61, § 84 f., § 145, § 212, § 218, Anglia V, Anzeiger S. 84 f.; v. Bahder, Die Verbalabstrakta, S. 52 ff., 111 f.; Sievers, Ags. Grammatik², S. 134 f.; v. Helten, Beitr. XV, 482 ff. (vgl. Schmidt, Plur., S. 153 f.). Wir unterscheiden hier mehrere Fälle:

1. Suffix *-iđ-*, *-iþ-* (*-ađ-*, *-aþ-*) : *-uđ-*, *-uþ-*, z. B.

Aisl. *nøkkueđr* (got. *naqaþs*): ags. *nacod*, ahd. *nackot*, aschwed. *nakuþer* 'nackt'.

Ahd. *enit* (lat. *anas*, gen. *anatis*): ahd. *anut*, vgl. aisl. *ǫnd* aus **ǫnđ* (**anuđ-*)? 'Ente'.

Ahd. *hehhit*, ags. *hæced* : *hacod*, as. *hacud* 'Hecht'.

Lat. gen. *capitis*, got. *haubiþ*, ahd. *houbit*, aschwed. *høviþ(s-man)* : *høþ* (**hau̯buđ*), *hovuþ*, aisl. *haufođ*, *hǫfođ*, ags. *héafod*, lat. *caput* 'Haupt'.

Ahd. *helid* ags. *hæle(đ)*, aisl. *halr* (aschwed. *hælaþe*): aisl. *hǫlđr*, *haulđr* 'Held, freier Grundbesitzer, Mann'.

Ahd. *werid* 'Insel', aisl. *ver*, ags. *wær* 'Meer, Platz zum Fischfang': *warođ* 'Ufer'.

Ags. *reced*: as. *racud* 'Gebäude'.

2. Suffix *-it-* (*-at-*) : *-ut-*, z. B.

Ahd. *albiz*, aisl. *elptr* und ? *Alvitr* (s. Wadstein, Uppsalastudier, S. 175 Note): *ǫlpt* (**albut-*) 'Schwan'.

Ags. *hyrnet*, mhd. *horniz* (ahd. *hornaz*): ahd. *hornuz* 'Hornisse'.

3. Suffix *-iz-*, *-is-* (*-az-*, *-as-*) : *-uz-*, *-us-*, z. B.

Lat. pl. *jugera*, ags. *ȝycer*: got. *jukuzi* 'Joch'.

Ags. *hyȝe*, aisl. *hugr* (aschwed. *hogher*): ahd. *hugu* 'Gemüt, Mut'.

Ags. *hréđ* 'Ruhm', aisl. *Hrǿ-rekr* (**hróđi-*) 'Roderich': *hróđr*, ags. *hróđor* 'Ruhm'.

Aisl. *nykr* (**nikwiʀ*) 'Flusspferd', ahd. *nihhessa : nihhussa* 'Nix', *nihhus*, ags. *nicor* 'Krokodil'.

Nschwed. *dyft* (**duftiʀ*; aschwed. *dopt* < **doftaʀ*): aisl. *dupt* (**duftuʀ*) 'Geruch'.

Asl. *jelĭcha*, ahd. *elira* 'Erle', aisl. *ilstre* (**elis-*) : *iǫlstr* (**elus-*) 'Weide', *ǫlr* (**aluz*), ags. *alor* 'Erle'.

Lat. pl. *acera* 'Spreu', ahd. *ehir*: ags. *éar* (**ahur-*) 'Ähre', lat. *acus* 'Spreu'.

Aisl. *heill*, ags. *hǽl* (**hailiz*) : *hálor* 'Glück'.

Aisl. *flǿđr* : *flóđ*, as., afr., ags. *flód*, got. *flōdus* 'Flut'.

Ahd. *quiti* 'vulva': got. *qiþus*, aisl. *kuiđr*, ags. ntr. *cwiđ* 'Bauch'.

Aisl. *sal(r)*, ags. *sele* (*sæl* ntr., vgl. asl. *selo*): ags. *salor* 'Boden, Haus, Saal'.

Ags. *lemb*, ahd. pl. *lembir* (aisl. *lamb*, finnisch-urnord. *lammas*): ags. pl. *lombor* 'Lamm, Lämmer'.

Ags. *celf*, ahd. pl. *kelbir* (aisl. *kalfr*): ags. north. pl. *calfur* 'Kalb, Kälber'.

(Gr. ἕδος, aisl. *setr*): *siǫt* (**setuz*) 'Sitz'.

Ags. *orleȝe*: aisl. pl. *orlǫg* 'Schicksal'.

Got. *aqizi*, aisl. *øx*, *ex* : *ǫx*, *ax*, ahd. *ackus* 'Axt'.

Aisl. *dǿgr*, ags. north. *dǽȝ*: ags. *dóȝor* 'Nacht und Tag'.

Ags. *lyft* (aisl. *loptr* m., *lopt* ntr. < **loftaʀ*): got. *luftus*, aschwęd. *lupt* ntr. 'Luft'.

Got. *sigis*, as. *sigi*, aisl. *sig(r)*, aind. *sáhas*: ahd. *sigu*, ags. *siȝor* 'Sieg', aisl. *Siug-urđr* (**seȝu-warduʀ*) 'Siegwart'.

Ags. *lyst*: got. *lustus*, ags., afr., as., ahd. *lust* 'Lust'.

Anorw. *ær(r)*, aisl. *ør(r)* aus **arwiz*: aschwed. *ar(r)*, aisl. *ǫr(r)*, aind. *áruš* 'Wunde'.

Ahd. *hazzissa*, *hag-zissa*, mndl. *hag-hetisse*: ahd. *hazzussa*, *hag-azussa* 'Hexe' (zu got. *hatjan* u. a. 'feindlich sein').

4. Suffix *-ik-* (*-ak-*) : *-uk-*, z. B.

Ahd. *kranih* : *kranuh* 'Kranich'.

Mhd. *lēwerech*, aschwed. *lǣrikia* (ahd. *lērahhe*): ? schottisch *laverock* 'Lerche'.

Mhd. *Gibecha*, ags. *Gifeca*: aisl. *Giúke* (**Gebuk-*) ein Mannsname.

Ags. *éce* (**ejek-*) 'ewig': got. *ajuk-dūþs* 'Ewigkeit'.

Mhd. *habich*, *hebech*: ahd. *habuh*, ags. *heafoc*, aisl. *haukr*, finnisch (urnord.) *havukka* 'Habicht'.

5. Suffix *-iht-* (*-aht-*) : *-uht-*, z. B.

Ags. *hǽrehte*: aisl. *háróttr* 'behaart'.

Ags. *stǽnehte* (*stánehte*): ahd. *steinohti* 'steinicht'.

Ags. *þyrnehte* (*þornehte*): ahd. *dornohti* 'dornicht'.

6. Suffix *-iʒ-*, *-ih-* und *-īʒ-!* (*-aʒ-*, *-ah-* und *-ōh-!*) : *-uʒ-*, *-uh-* (vgl. über die Entstehung dieses, zweifelsohne unursprünglichen, Ablautes Kauffmann, Beitr. XII, 201 ff.; Kluge, Nominale Stammbildungslehre, § 202—205), z. B.

Aisl. *auđegr* (got. *audags*): aisl. *auđogr* 'glücklich, reich'.

Aisl. *gǫfegr*, got. *gabigs*, *gabeigs*: aisl. *gǫfogr* 'edel'.

(Got. *mōdags*): aisl. *móđogr* 'zornig'.

(Ahd. *ledag*): aisl. *liđogr* 'ledig'.

Lat. *ūnicus*, ahd. *einig* (*einag*, got. *ainaha*, f. *ainōhō*): aschwed. *ēnoghe* 'einzig, einfach'.

Ahd. *hebīg*, ags. *hefiʒ* : *hefuʒ*, aisl. *hǫfogr* 'schwer'.

Aisl. *ǫfegr*, aschwed. *avigher* : *āvogher*, aisl. *ǫfogr* (vgl. got. *ibuks*, ahd. *abuh*) 'umgekehrt'.

Ahd. *hantag*: got. *handugs* 'gescheidt'.

Got. *hrōþeigs* 'siegreich': aisl. *hróđogr* 'stolz'.

7. In Wurzelsilben ist der betreffende Ablaut sehr selten und vielleicht überall unursprünglich, z. B.

Got. *tigus*, aisl. *tigr*, *tegr*, *tøgr* 'Anzahl von zehn', aschwed. *tiughu*, as. *twēn-tig*, ags. *twen-tiʒ*: ahd. *zwein-zug*, *-zog*, aisl. *to-ttogo*, *tu-ttugu* 'zwanzig', *tugr*, *togr* 'Anzahl von zehn' (vgl. § 4 Anm. 1).

Anorw. *ællifu*, aisl. *ellefo*, got. *ainlif*, ags. *endleofan* : *endlufan*, afr. *andlova*, ahd. *einluph*, aschwed. *ællovo*, anorw. *ællugu* 'elf', *øllyfti*, *øllykti* 'elfte'.

Got. *iba*, *ibai*, aisl. *ef*, ahd. *ibu* : *oba*, *ube*, adän. *of* 'ob, wenn'.

Aisl. *des* (**đasịa-*) 'Heuhaufen': *dys* (**đusịa-*) 'Steinhaufen'.

Aisl. *epter*, urnord. *after*: aschwed., anorw. runisch *uftiʀ*, anorw. *øptir* 'nach'.

In einigen von diesen Beispielen — vielleicht in allen — dürfte der Vokalwechsel auf Wurzelvariation (vgl. § 22, S. 68 f.) beruhen.

§ 22. WURZELVARIATION *ăį, ĕį, ŏį : ău, ĕu, ŏu*.

In nächster Beziehung zu dem eben behandelten Ablaut *i : u* (z. B. in lat. *caput : capitis*) steht ein Fall von sogenannter Wurzelvariation und zwar derjenige, dass eine Wurzel schon in ieur. Zeit durch ein Suffix (oder vielleicht eher zwei verschiedene Suffixe), das bald *i, į*, bald an dessen Stelle *u, ų* zeigt, weitergebildet worden ist; vgl. z. B. as. *sāian* gegen ags. *sáwan* 'säen' durch Ausgleichung eines ursprünglichen Wechsels präs. **sē-įo-* (asl. *sěją*), prät. **sē-ųo-* (lat. *sēvi*), wie im lat. *neo* (**nēįō*) : *nēvi* u. dgl. Vgl. u. a. Fick, Vergleichendes Wörterbuch[3], IV, 1 ff. und besonders Persson, Wz. (wo S. 2 f. die sonstige Literatur verzeichnet ist). Von den zahlreichen germ. Beispielen dieser Erscheinung seien hier angeführt:

Got. *skeirs*, as., ags. *scír*, aisl. *skírr* (**skeįris*), *skǽrr* (**skoįris*) 'klar', ahd. *skēro* 'schier', nnorw. dial. *skēr*, nschwed. dial. *skīr* 'Elster' u. a. (s. § 10, 1): aisl. *skýrr* (**skeųris*) 'hell', *skiór* 'Elster', aschwed. *skȳr-skuta* 'ans Licht ziehen'.

Asl. *strīgą* 'schere', ags. *strícan*, ahd. *strīhhan* 'streichen' (vgl. lat. *striga* 'Strich'?), aschwed. *hūþ-strīka* 'prügeln', aisl. *strýkua* (**strīkųan*) : *striúka* (vgl. ahd. *strūhhēn*) 'streichen', asl. *strūgātī* 'scheren', gr. *στϱεύγεσϑαι* 'aufgerieben werden'.

Ags. *tó-slípan* 'zergehen', ahd. *slīfan* 'gleiten', aisl. *Sleipner* 'wer rasch geht', Pferdename: got. *sliupan*, ahd. *sliofan* 'schleichen, schlüpfen' (vgl. ags. *slúpan* 'gleiten', lat. *lūbricus* 'schlüpfrig').

Aisl. *rísta* 'schneiden': ahd. *riostar* 'Pflugschar'.

Aisl. *bríme* 'Feuer': *brøyma* 'brünstig'.

Ahd. *sprīzen* 'splittern': mhd. *spriezen* (vgl. ags. *sprútan*) 'spriessen', ags. *spréot* 'Stange'.

Got. *leitils,* aisl. *lítell*: ahd. *liuzil*, ags. *lýtel* 'klein, erbärmlich'; *lýt*, aisl. *liótr* 'hässlich'.

Aisl. *hreimr*: ags. *hréam* 'Geschrei'.

Ahd. *zeigōn* 'zeigen': *ga-ziugōn* (vgl. mndd. *tūgen*) 'bezeugen' (s. Tamm, Etymologisk svensk ordbok, S. 34).

Aschwed. *snēpa* (**snai̯p-*) : *snøpa*, aisl. *snøypa* (**snau̯p-*) 'kastrieren'.

Lit. *raibas* 'graubunt', schwed. *rīpa*: aisl. *riúpa* 'Schneehuhn' (vgl. lett. *rubenis* 'Birkhuhn').

Aisl. *kreista*: got. *kriustan*, aschwed. *krȳsta* 'quetschen'.

Aisl. *gnípa* 'steiler Abhang': *gnøypr* 'vorüberliegend' (vgl. *gnúpr* 'steiler Abhang').

Aisl. *rífa* : *riúfa* 'zerreissen' (vgl. aschwed. *rift* : *ruft* 'Stück Zeug').

Nndd. *knīpen* (**ʒ-hnīpan*), mengl. *nipen*, lit. *knėbti* 'kneifen', aisl. *hnípa* 'beklommen sein': got. *dis-hniupan* 'zerreissen', aschwed. *niupa* 'kneifen', ags. *á-hnéapan* 'abpflücken'.

Aisl. *grípa* 'greifen', *greip* 'Klaue', aschwed. *grēpa* : *grøpa* 'aushöhlen', aisl. *grøypa* 'in einander hineingreifen lassen'.

Ahd. *skeida,* as. *scēthia,* as. *scǽđ,* aisl. pl. *skeiđer* : *skauđer* 'Scheide', mhd. *schōte* 'Schote', got. *skauda-raip* 'Schuhriemen'.

As. *sīmo,* ags., aisl. *síma* 'Strick', gr. *ἱμάς* 'Riemen': ahd. *soum,* ags. *séam,* aisl. *saumr* 'Saumnaht'.

Aisl. *streitask* 'sich sträuben', aschwed. *þrēsker* : *þrȳzker*, aisl. *þriózkr* 'widerspenstig', *þriótr* 'Widerspenstigkeit', got. *us-þriutan* 'verdriessen'.

Aisl. prät. *grét*, *greit*, aschwed. *grǣt*, *grēt* (vgl. pl. *gritu*) 'weinte': ags. *ʒréotan* 'weinen'.

Da nach § 28, § 25 und § 27 *ăi̯*, *ĕi̯*, *ŏi̯* mit *ī* und *ău̯*, *ĕu̯*, *ŏu̯* mit *ū* wechseln, so sind Fälle wie die folgenden (vgl. auch § 21, 7) wesentlich derselben Art:

Ahd. *slīhhan* 'schleichen': mhd. *slūchen* 'schlucken'.

Ahd. *spiz* 'Bratspiess', *spizzi* 'spitz': *spioz*, aisl. *spiót* 'Wurfspiess'.

Gr. *κρίζειν*, aisl. *hríka* 'knirschen': gr. *κραυγή* 'Geschrei', got. *hrūkjan* 'krähen'.

Mhd. *veim* : *vūm* 'Feim (Faum)'.

Got. *af-hrisjan* 'abschütteln', aisl. *hrista*: aschwed. *rȳsta* 'schütteln', aisl. *hriósa* 'schaudern', ags. *hréosan* 'fallen', u. a. m.

B. QUANTITATIVER ABLAUT.

§ 23. ABLAUT *ā* (URGERM. *ō* § 4, 2) : *a*.

Dieser Ablaut ist von Alters her als solcher anerkannt worden, wenn auch neuerdings Osthoff (bei Hübschmann, Voc., S. 191) — sicherlich mit Unrecht — denselben als sekundär und zwar durch Analogie entstanden wissen will. Beispiele werden z. B. von Hübschmann, a. O., S. 144 ff. angeführt. Betreffs der im Folgenden erwähnten Fälle ist zu merken, dass diejenigen, bei denen entscheidende aussergermanische Entsprechungen fehlen, insofern zweifelhaft sind, dass ein germ. *ō* bisweilen ein altererbtes ieur. *ō* sein kann, gleichwie auch ein germ. *a* hie und da ein ieur. *o* oder *ə* vertreten dürften; vgl. § 6, 2 und 1 oben. Also z. B.

Präterita von dem Typus lat. *scābi*, got. *skōf*, aisl. *skóf*, ags. *scóf*, ahd. *scuob* zu lat. *scabere*, got. *skaban*, aisl. *skafa*, ags. *scafan*, ahd. *scaban* 'schaben'; oder aisl. *óð*, ags. *wód*, ahd. *wuot* (vgl. lat. *vāsi*) zu aisl. *vaða*, ags. *wadan*, ahd. *watan* (lat. *vadere*) 'gehen'.

Lat. *nāres* 'Nüstern' (vgl. *nāsus* 'Nase'), afr. *nōsi*, aschwed. *nōs* 'Maul': asl. *nosŭ* (**nas-*), aisl. *nǫs* (**nasu*), ahd. *nasa* 'Nase'.

Lat. *nāvis*, gr. dor. gen. *νᾱϝός*, aisl. *nór* 'Schiff', nnorw., nschwed. dial. *nō* 'ausgehöhlter Baumstamm': aisl. *naust* 'Schuppen für Schiffe'.

As., ags. *mór*, ahd. *muor* 'Morast, Sumpf': lat. *mare*, aisl. *marr*, aschwed. *mar*, *mær*, ahd. *meri*, got. *mari-saiws* 'See'.

Got. *ga-sōþjan* (vgl. gr. dor. *ἆμεναι*) 'sättigen': lat. *sat(is)* 'genug', *satur*, got. *saþs*, aisl. *saðr*, as. *sad*, ags. *sæd*, ahd. *sat* 'satt'.

Ags. *flóc* 'Flunder': lat. *plaga*, gr. *πλάγος* 'Fläche, Seite', ahd. *flah* 'flach', aisl. *flake* 'Fläche, Brett'.

Mhd. *vluoder* 'Flunder': gr. *πλάϑανον* 'Platte', ahd. *flado* 'Kuchen'.

Ags. *óxn*, *ócusla*, ahd. *uohsana*: lat. *axilla* 'Achselhöhle', ahd. *ahsala*, ags. *eaxl*, aisl. *ǫxl* 'Achsel'.

Got. *lōfa*, aisl. *lófe*: ahd. *laffa* 'die flache Hand'.

Ags. *hód* 'Haube', ahd. *huot*: ags. *hætt*, aisl. *hǫttr* 'Hut'.

Mhd. *gruose* (vgl. lat. *grāmen*): got., ahd., as., aisl. *gras* 'Gras'.

Aisl. *hrǿra*, ags. *hréran* (**hrōzian*) 'rühren': aisl. *hrǫnn*, ags. *hærn* (**hraznu*) 'Ebbe und Flut' (vgl. gr. *κεράννυμι* 'mische'?).

Aisl. *hóf* 'das richtige Verhältnis', *hǿfa* 'das Ziel erreichen', *auð-(h)ǿfe* 'Reichtum': lat. *habēre*, aisl. *hafa* 'haben'.

Aisl. *kǿfa* : *k(u)efia* 'ersticken', *k(u)afna* 'erstickt werden'.

Gr. dor. *ἁγέομαι* 'führe', lat. *sāgio* 'aufspüre', got. *sōkjan*, as. *sōkian* 'suchen', aisl. *sǿkia* 'suchen, gerichtlich belangen', *sǿkn dagr* 'Tag auf dem man gerichtlich belangen darf', *sókn* 'Angriff, Prozess, Gemeinde': *sǫk*, as. *saka* 'Streit, Prozess, Sache', aisl. *sekr* 'schuldig'.

Ahd. *luomi* 'schlaff': *lam*, aisl. *lame* 'lahm'.

Ahd. *kuohho*: aisl. *kaka* 'Kuchen'.

Ahd. *wuol*, ags. *wól* 'Verderben': *wæl*, ahd. *wal* 'Leichnam', aisl. *valr* 'die Gefallenen'.

Ahd. *un-gi-stuomi* 'ungestüm': got. *stamms*, aisl. *stam(m)r* 'stammelnd'.

Aisl. *nót* 'Zugnetz': *net* (**natia-*) 'Netz', ags. *netele* 'Nessel'.

Ahd. *huon*, as. *hōn* 'Huhn, Hahn', aisl. *hǿna* (**hōniōn-*)

'Huhn', *héns* 'Hühner': got., ags. *hana*, aisl. *hane* 'Hahn', ahd. *henna* 'Huhn'.

Aisl. *skógr* 'Wald': *skage* 'bewaldetes Vorgebirge'.

Mhd. *buost*: aisl., mhd. *bast*, ags. *bæst* 'Bast'.

Aisl. *óđal*, ahd. *uodal* 'Eigentum': aisl. *ađal*, ahd. *adal* 'Eigenart'.

Aisl. *hógr* (**hōʒia-*), *hóglegr* 'leicht zu bewältigen': *hagr* 'geschickt', *haga* 'anordnen', as. *bi-hagōn* 'passen'.

Aisl. *fnósa* (**fnōsian*) : *fnasa* 'schnauben'.

Aisl. *hóta* (**hwōtian*), got. *ƕōtjan* 'drohen': aisl. *huatr* 'unerschrocken'.

Aisl. *skóđ* : *skađe* 'Schade', ahd. *scado*, ags. *scađa* 'Feind'.

Aisl., ags. *bót*, as. *bōta*, ahd. *buoza* 'Besserung, Busse': got. *batiza*, ags. *betera*, aisl. *betre* 'besser'.

Aisl. *ógiask*, got. *ōgansis* 'erschrecken', aisl. *ótte* 'Furcht': gr. *ἄχος* 'Beängstigung', got. *un-agands* 'ohne Furcht', aisl. *age* 'Schreck'.

Wegen sonstiger Beispiele vgl. § 26.

Vgl. noch Fälle wie lat. *cāligo* 'Finsternis': got. *halja* 'Hölle'; lat. *flāre* 'blasen': ags. *blæst* 'das Blasen'; lat. *amb-āges* 'Umwege' (gr. dor. *στρατ-āγός* 'Heerführer'): aisl. *aka* 'fahren'; lat. *lābi* 'gleiten': ahd. *slaf* 'schlaff'; gr. dor. *τάκω* 'schmelze': ahd. *douwen* (**þaṷįan*) 'verdauen' u. a.

§ 24. ABLAUT *ē* (URGERM. *ǣ* § 6, 5) : *e* (URGERM. *e*, *i* § 5, 2).

Dieser Ablaut wird noch von vielen Gelehrten, u. a. Osthoff und Hübschmann, der ieur. Ursprache abgesprochen, dies aber ohne triftigen Grund. Beispiele finden sich z. B. bei Hübschmann, Voc., S. 90 f.; Osthoff, Perf., S. 126 ff.; Persson, Studia etymologica, S. 92 f., I. F. II, 201, Wz., S. 226 Note, 293, Uppsalastudier, S. 188; Schmidt, Die Urheimath der Indogermanen, S. 26, Plur., S. 173, K. Z. XXV, 23; Kluge, P. Grundr. I, 353; Brugmann, Grundr. II, 776, 787 Note; Bechtel, Hauptprobl., S. 156 ff., 170 ff. Hier mögen angeführt werden:

Prät. pl. von dem Typus lat. *vēnimus* (**gvēn-*), got.

qēmum, ahd. *quāmum*, aisl. *kómom* (**kuāmum*; vgl. *kuáma* 'Ankunft', *kuǽmr* 'passabel') 'kamen' zu got. *qiman*, ahd. *queman* 'kommen'; oder lat. *sēdimus* (vgl. *sēdes* 'Sitz', lit. *sėdmi* 'sitze'), got. *sētum*, ahd. *sāzum*, aisl. *sǫ́tum* (vgl. *sǽte* < **sātia-* 'Sitz') 'sassen' zu lat. *sedēre*, got. *sitan*, ahd. *sizzen*, aisl. *sitia* 'sitzen'. Vgl. noch got. *wēsum* (vgl. aind. *vástu* 'Stätte') zu *wisan* 'sein', *brēkum* (lat. *frēgimus*) zu *brikan* 'brechen', *hlēfum* (lat. *clēpimus*) zu *hlifan* (gr. *κλέπτειν*) 'stehlen', *stēlum* (vgl. aind. *tāyúš* 'Dieb', gr. *τήτη* 'Mangel') zu *stilan* 'stehlen', *tērum* (vgl. gr. *δῆρις* 'Streit') zu *ga-tairan* 'reissen' (gr. *δέρειν* 'schinden') u. a. m.

Aind. *vámi*, asl. *věją*, gr. *ἄϝημι* 'wehe', *ἀϝήτης*, lit. *vėjas* 'Wind', ahd. *wāen* 'wehen', *wāla* 'Fächer': gr. *ἀϝετμόν* 'Hauch', mhd. *witeren*, aisl. *viđra* 'wittern'.

Lat. *sprēvi* 'stiess weg', mhd. *sprǣwen*, *sprǣjen* 'sprühen': ahd. *spriu* 'Spreu'.

Gr. *ῥήγνυμι* 'reisse', aisl. *rǽkia* 'vertreiben', ahd. *rāhha* 'Rache', got. *wrēkum* 'verfolgten': *wrikan* 'verfolgen', aschwed. *vræka*, aisl. *reka* 'vertreiben'.

Got. *ga-fēhaba* 'passend', aisl. *fǽgelegr* 'angenehm', *fǽgia*: mhd. *vegen* 'fegen'.

Aisl. *suǽfa* 'einschläfern': *suefn* 'Schlaf'.

Aind. *ūrṇa-vábhiš*, aisl. *kǫngor-váfa* 'Spinne': *vefa*, ahd. *weban* 'weben', *wibil*, ags. *wifel* 'Käfer, Kornwurm'.

Aisl. *kuǽđe* 'Lied', got. *qēþum* 'sagten': *qiþan*, aisl. *kueđa* 'sagen, singen'.

Lett. *nēmu* 'nahm', got. *nēmum* 'nahmen', *anda-nēms*, aisl. *nǽmr* 'annehmbar': gr. *νέμω* 'gebe', aisl. *nema*, got. *niman* 'nehmen'.

Lit. *pra-vėžà* 'Spur eines Rades', lat. *vēxillum* 'Fahne', got. *wēgs*, aisl. *vágr* 'Woge': lat. *veho* 'führe', aisl. *vega* 'heben', got. *ga-wigan* 'rütteln'.

Lat. *fēralis* 'zur Leichenbahre gehörig', ahd. *bāra*, ags. *bǽr* 'Bahre', got. *bērum* 'trugen': lat. *ferre*, gr. *φέρειν*, got. *bairan*, aisl. *bera* 'tragen'.

Lat. *lēx* 'Satzung', got. *lēw* (**lǣʒw-*?) 'Gelegenheit', *lēgum* 'lagen', ahd. *lāga*, aisl. *lǽge* 'Lage', *lágr* 'niedrig', *ut-lǽgr* 'des Landes verwiesen': gr. *λέχεται* 'liegt', got. *ligan*, aisl. *liggia* 'liegen', ahd. *legar* 'Lager'.

Aschwed., aisl. *Væner* Seename: *Vinđr* (gen. pl. *Venđa*, *Vinđa*), ahd. *Winida* 'Wenden' (lat. *Veneti*).

Aschwed. *swārom* 'schwuren': ahd. *mein-swero* 'eidbrüchig'.

Lat. *ēdi* 'ass', gr. *ἐδ-ηδώς* 'wer gegessen hat', lit. *ĕdmi* 'esse', got. *uz-ēta* 'Krippe', *fr-ēt* 'frass', aisl. *át* 'ass', *ætr* 'essbar', aschwed. *ātol*, ahd. *ās*, ags. *æs* 'Aas': gr. *ἔδομαι* 'werde essen', lat. *edere*, got. *itan*, aisl. *eta*, ahd. *ezzan* 'essen'.

Aisl. *dráp*, aschwed. *drāp* 'Mord': aisl. *drepa* 'schlagen', ahd. *treffan* 'treffen'.

Ahd. *scāra*, aisl. pl. *skǽre* 'Scheere', nschwed. *skåra* 'Schnitt': aisl. *skera*, ahd. *skeran* 'abschneiden'.

Lit. *grĕbti* 'scharren', aisl. *grǽfr* 'wer begraben werden darf': asl. *grebą* 'grabe', aschwed. *græva* (**ȝreƀan*) 'graben'.

Gr. *μήδομαι* 'bedenke', air. *ro mīdar* 'ermass', aisl. *máte* 'Art und Weise', ahd. *māz* 'Mass': gr. *μέδομαι* 'bedenke', lat. *meditari* 'überlegen', *medēri* 'heilen', got. *mitan*, aisl. *meta* 'messen'.

Aisl. *snákr*, mhd. *snāke* 'Ringelnatter': ahd. *snecko*, aisl. *snigell* 'Schnecke', agutn. *sniekkia* (**snekkōn-*) 'Schiff'.

Got. *wēns*, ahd., as. *wān*, aisl. *vǫ́n* 'Hoffnung', *vǽnn* 'schön': lat. *venus* 'Schönheit', *venerāri* 'verehren', aisl. *vin(r)*, ahd., as. *wini* 'freund'.

Aind. *drāgh-* 'quälen', ahd. *trāgi* 'verdriesslich, träge', ags. *tráȝ* 'träge': *treȝa*, aisl. *trege* 'Schmerz', *tregr* 'träge', got. *trigō* 'Betrübnis'.

Aisl. *gáfa* 'Glück', mhd. *gābe*: *gebe*, as. *gebe*, ags. *ȝifu*, aisl. *giǫf* 'Gabe', *gefa* 'geben'.

Ahd. pl. *trāga* 'Äcker': anorw. *drega* 'ziehen, schleppen'.

Aisl. *vátr*, ags. *wǽt* 'nass': aschwed. *Vætur* Seename.

Lat. *pēs* 'Fuss', lit. *pėdà* 'Fussstapfe', aisl. *fǫ́tom* 'fanden unsern Weg': *fet* 'Fussstapfe', *fit* 'Schwimmfuss', lat. gen. *pedis* 'Fusses'.

Got. *skēwjan* (**skēȝw-*), aisl. *skǽfa* (**skāwian*) 'gehen': ahd. *gi-skehan* 'geschehen'.

Got. *fērja* 'Nachsteller', ahd. *fāra*, aisl. *fár*: lat. *periculum* 'Gefahr', asl. *perą* 'fahre', aisl. *fiǫrđr* 'Meerbusen (Fahrwasser)', as. *fern* 'vergangen'.

Av. *hāma* 'gleich', aschwed. *sǣma* 'übereinstimmen': lat. *similis* 'gleich', *sim-plex* 'einfach', gr. εἷς (**sems*) 'ein', aisl. *sem* 'gleichwie'.

Aisl. *nǽra* (**nāzian*) 'nähren': gr. νέομαι (*νέσο-) 'komme', got. *ga-nisan*, ahd. *gi-nesan*, ags. *ʒe-nesan* 'zu sich kommen, gesund werden'.

Ahd. *frāga* 'Frage', aisl. *frǽgr* 'berühmt': lat. *precor* 'Bitte', got. *fraihnan*, aisl. *fregna* 'fragen'.

Got. *swērs* 'geachtet', aisl. *suárr*, ahd. *swāri* 'schwer': *swero* 'Geschwür', *sweran* 'schmerzen', lit. *sveriù* 'wäge'.

Aisl. *suǽla* 'Rauch', ags. *for-swǽlan* 'verbrennen': *swelan* 'glühen', ahd. *swilizzōn* 'schwelen'.

Mhd. *swāger* 'Schwager': gr. ϝεκυρός, got. *swaihra*, ahd. *swehur* 'Schwiegervater', *swigar*, ags. *sweʒer* 'Schwiegermutter'.

Aind. *jā́niš*, got. *qēns*, aisl. *kuǽn*: aind. *jániš*, asl. *žena*, got. *qinō* 'Weib', aisl. gen. pl. *kuinna*.

Aisl. *þrǽll* (**þrāhilaʀ*): ahd. *drigil* 'Knecht', vgl. gr. τρέχω 'laufe'.

Gr. θρῆνος 'Jammern', τεν-θρήνη 'Wespe', as. *drān*: ahd. *treno* 'Drohne'.

Ahd., as. *āno*, aisl. *ón* (**ānu*), *án*: got. *inu* 'ohne'.

Aschwed. *āvogher*: got. *ibuks* 'umgekehrt'.

Aisl. *kuáđa*: ags. *cwiodu* 'Harz'.

Lit. *gėlà*, ahd., as. *quāla* 'Qual': lit. *gélti* 'stechen', ahd. *quelan* 'gequält sein', ags. *cwelan* 'sterben'.

Lat. *su-spīcio* (**-spēcio*) 'habe Argwohn', ahd., as. *spāhi* 'klug': lat. *specio* 'sehe nach etwas', ahd. *spehōn* 'spähen'.

Lat. *dē* 'von', got. *un-tē* 'bis': lat. *in-de* 'von dort', gr. οἴκα-δε 'nach Hause', ὅ-δε 'dieser (hier)', ahd. *ze* 'zu, nach'.

Got. *þana-mais* (**þanē-*) 'weiter', ags. *seođ-đan* 'nachher': gr. thessalisch τό-νε, got. *þan*, aisl. *þá* 'dann'

Gr. ἦθος (**su̯ē-*) 'Wohnort, Charakter', *Suēbi*, *Suābi* Völkername, got. *swēs* 'eigen', aisl. *suáss* 'beliebt': gr. ἔθος (**su̯e-*) 'Gewohnheit', ἔθνος 'Volk', aisl. *suile* 'Schwager'.

Got. *sibun-tēhund* 'siebzig', aisl. *fiór-tán* (*-*tāhan*) 'vierzehn', aschwed. run. *þrī-tāunta* 'dreizehnte': lat. *decem*, gr. *δέκα*, got. *taihun* 'zehn', aisl. *ní-tián* (*-*tehan*) 'neunzehn'.

Lat. *cēlare* 'verhehlen', mhd. *hǣle* 'Verheimlichung, Hehl', ahd. *hālum* 'verhehlten': lat. *super-cilium* 'Augenbraue', ahd. *helan* 'hehlen', got. *hilms*, aisl. *hialmr*, as., ags., ahd. *helm* 'Helm'.

Aisl. *í gǽr*: lat. *heri*, aind. *hyas*, gr. *χθές*, ahd. *gestre* 'gestern', got. *gistra-dagis* 'morgen'.

Vgl. noch Fälle wie ags. *mǽd* 'Wiese', lat. *metere* 'ernten'; ahd., as. *wār* 'wahr' (lat. *vērus*), got. *tuz-wērjan* 'zweifeln', aisl. pl. *várar* 'Treue' (asl. *věra* 'Glaube'): lat. *vereor* 'habe Argwohn'; oder gr. *λήγω* 'höre auf': aisl. *sløkua* (**slekw-*) 'erlöschen'; asl. *mělŭ* 'Kalk': aisl. *miǫl* 'Mehl' (vgl. asl. *melją* 'mahle'), ahd. *melm* 'Pulver'; lat. *rēctus*: got. *raíhts* 'richtig' (vgl. lat. *regere* 'lenken'); asl. *sěką* 'spalte': ahd. *seh* 'Pflugschar' (vgl. lat. *secāre* 'schneiden').

§ 25. ABLAUT *ī* : *i* (URGERM. *i*, *e* § 6, 4).

Eine Menge von Beispielen dieses Ablautes wird bei Osthoff, M. U. IV, 1 ff. (und in der daselbst S. 277 zitierten Literatur), Beitr. VIII, 288 ff.; Schmidt, K. Z. XXVI, 383; Kretschmer, K. Z. XXXI, 344 angeführt. Aus dem Germanischen mögen hier die folgenden erwähnt werden, wobei jedoch zu beachten ist, dass das *ī* hie und da zweideutig ist, indem es nach § 5, 2, c aus ieur. *ei̯* entstanden sein kann. In diesem Falle sind die betreffenden Beispiele zu § 31, 1 ff. zu führen. Z. B.:

Lat. *vīsus* 'gesehen', got. *weis*, ahd. *wīs*, aisl. *víss* 'weise': ahd. *gi-wis* 'gewiss'.

(Lat. *dīgnus* 'wert'), aisl. *tígenn* 'ausgezeichnet' (vgl. jedoch § 5 Anm. 4): ags. *be-tiʒen* 'geziehen', ahd. *fir-zigan* 'abgewiesen'.

Lat. *vītis* 'Weinrebe', gr. *Ϝῑτέα*, ahd. *wīda*, aisl. *víðer* 'Weide': *við*, ahd. *wida* 'Weidenruthe'.

Lat. *vīci* 'siegte', got. *weihan*, ahd. *wīgan*, ags. *wíʒan* 'kämpfen', aisl. *víg* 'Kampf': lat. *victor* 'Sieger', ahd. *ubar-wehan* 'besiegen', aisl. *vega*, anorw. *víga* 'kämpfen, töten'.

Lat. *īre* 'gehen', ahd. *īlen* 'eilen': gr. *ἴϵναι* 'gehen', aisl. *il*, ags. *ile* 'Fusssohle'.

Ahd. *bī*, ags. *bí* 'bei': gr. *ἀμ-φί*, lat. *am-bi-* 'herum', got. *bi* 'bei, um', ahd. Präfix *bi-*, ags. *be-*.

Ags. *þīstel* : *þistel*, aisl. *þistell* 'Distel'.

Got. *anda-wleizn* (vgl. ags. *wlītan* 'sehen') : *wlits*, aisl. *and-lit*, ahd. *ant-lizzi*, ags. *and-wlita* 'Antlitz'.

Aisl. *gína* 'gaffen', ags. *ʒīnan* 'klaffen': ahd. *ginōn*, ags. *ʒinian* 'gähnen'.

Aisl. *skína* 'glänzen', ahd. *skīn* 'Glanz, Schein': *skina*, *skena* 'Schienbein, Schiene', aisl. *skin* 'Glanz, Schein'.

Ahd. *bīa*, *bīna*, aisl. *bý* (**bīu*): ahd. *bini* 'Biene'.

Aisl. *síga*, ahd. *sīgan* 'sinken': nhd. *ver-siegen* (**-siʒan*).

Aisl. *flík* 'Stück, Zipfel': ahd. *flecko*, aisl. *flekkr* 'Stück, Flecken', *flikke* 'Speckseite'.

Ahd. *fīfaltra*, ags. *fífealde*, as. *fīfoldara*, aisl. *fífrilde*: ahd. *fifaltra*, as. *fifoldara*, nisl. *fiðrildi*, nschwed. dial. *feffel* 'Schmetterling'.

Ahd. *arwīz*: as. *erit*, aisl. pl. *ertr* (**arwit-*) 'Erbsen'.

Got. *tweifls*, as. *twīfal*, ahd. *zwīfal*, *zwīfo* : *zweho*, as. *tweho*, ags. *twéo*, aisl. *týia* (**tuiʒuiōn-*?) 'Zweifel'.

Ahd. *zwī*, *zwīg*: ags. *twiʒ* 'Zweig'.

Aisl. *stígr* : *stigr* 'Pfad'.

Vgl. übrigens Fälle wie aind. *vīrás*: aisl. *verr* (lat. *vir*) 'Mann'; lat. *vīvus* (**gʷīv-*): got. *qius* (pl. *qiwai*) 'lebendig'; lat. *bīni* 'je zwei': ahd. *zwine-linc* 'Zwilling'; gr. *κλῑ́νω* (lat. *clīno*): ahd. *(h)linēm* 'lehne'.

Anm. Osthoff, Hübschmann u. a. nehmen an, dass das *i* überall durch Kürzung des *ī* entstanden sei. Jedoch ist es ebenso möglich, dass das *ī* aus *i* gedehnt sein kann, ein Fall der hie und da wohl sicher vorliegt.

§ 26. ABLAUT *ō* : *o* (URGERM. *a*, *o* § 6, 2).

Von diesem allgemein anerkannten Ablaute werden Beispiele u. a. bei Hübschmann, Voc., S. 167 ff., Schmidt,

K. Z. XXVI, 24, 341, Bechtel, Hauptprobl., S. 165 ff., 171 ff. mitgeteilt. Im Germanischen ist dieser Ablaut sowohl mit den Ablauten *ō* : *a*, *ā* (germ. *ō*, s. § 4, 2): *a* und *ā* (germ. *ō*): *o* (germ. *a*) sowie auch bisweilen mit *ō* : *ə* (germ. *a*, s. § 6, 1) und *ā* (germ. *ō*): *ə* (germ. *a*) zusammengefallen, weshalb von den unten angeführten Beispielen diejenigen, bei denen entscheidende aussergermanische Entsprechungen fehlen, nicht als ganz sicher hierher gehörig betrachtet werden können. Beispiele sind u. a.:

Aind. *nā́mā*, lat. *nōmen* 'Name', mhd. *be-nuomen* 'benannt': gr. *ὄνομα*, got. *namō*, ahd. *namo*, aisl. *nafn* 'Name'.

Gr. *φώγω* 'röste', ahd. *buoh* 'backte': lat. *focus* 'Herd', aisl. *baka*, ahd. *bahhan* 'backen'.

Gr. *πρωΐ*, ahd. *fruo* 'früh': gr. *πρό* 'vor', aisl. *fram* 'hervor', *framr* 'hervorragend'.

(Gr. *Πρωτεύς*?), got. *frōþs* 'weise', *frōdei* 'Einsicht', aisl. *fróðr* 'gelehrt': got. *fraþjan* 'verstehen', *fraþi* 'Einsicht'.

Gr. *γέ-γωνε* 'wurde bemerkbar', ahd. *kuoni* 'kühn', aisl. *kǿnn* 'erfahren' : *kann* 'kann', *kenna* 'kennen'.

Ags., mndd. *ost* 'Knoten': gr. *ὄζος* (**ὄσδος*), got. *asts*, ahd. *ast* 'Ast'.

Ahd. *nuohturn* 'nüchtern': lat. *nox*, got. *nahts*, ahd. *naht*, aisl. *nótt* (**nahtu*), *nátt* 'Nacht'.

Aisl. *dǿl* 'Thal': gr. *θόλος* 'Kuppel', aisl. *dalr* 'Bogen, Thal', *Heim-dalr* 'Regenbogen (eig. Weltbogen)'.

Gr. *ὠλένη* 'Ellenbogen', aisl. *óln* : *ǫln*, got. *aleina*, ahd. *elina* 'Elle'.

Aisl. *dǿgr* (**dōʒiʀ*) 'Tag und Nacht', got. *fidur-dōgs* 'viertägig': aisl. *dagr*, ahd. *tag*, got. *dags* 'Tag'.

Aisl. *lóga* 'preisgeben', afr. *lōgia* 'sich verheiraten', ags. *lóʒian* 'anordnen', ahd. *luog* 'Lager der wilden Tiere': gr. *λόχος* 'Versteck', *ἄ-λοχος* 'Gattin', ags. *laʒu*, aisl. pl. *lǫg* 'Gesetz', *leggia* 'legen'.

Aind. *Vātas*, as. *Wōdan* 'der Windgott', got. *wōds* 'stürmisch', mhd. *wüetel-gōz* 'Wüterich': ahd. *wadal*, *wedil* 'Wedel'.

Got. *snōrjō* 'Flechtwerk', ahd. *snuor*, aisl. *snǿre* 'Schnur': *snara*, ags. *snear* 'Strick'.

Asl. *plăvĭtĭ* 'schwimmen lassen', gr. *πλώϝω* 'schwimme' (vgl. lat. *plōro* 'weine'), aisl. *flóa*, ags. *flówan* 'fliessen': gr. *πλοῖον*, aisl. *fløy* (**flau̯i̯a-*), *flaust* 'Schiff', ahd. *fleuwen* 'waschen'.

Ags. *bród* 'Brut', ahd. *bruot* 'Brut, Brüten, Hitze': mhd. *bradem* 'Dunst'.

As. *fōgian*, ahd. *fuogen*, ags. *ʒe-féʒan* 'fügen', aisl. *fégelegr* 'angenehm': got. *fagrs* 'passend', aisl. *fagr* 'schön'.

Aind. *svāpayāmi*, lat. *sōpio*, aschwed. *søvir*: aisl. *suef* (**su̯abi̯ō*) 'einschläfre'.

Asl. *sădĭtĭ* 'pflanzen', lit. *sōstas* 'Sitz', nschwed., ags. *sót* 'Russ (was sich absetzt)': lat. *sodalis* 'Geselle', got. *satjan*, aisl. *setia*, ags. *settan* 'setzen'.

Got. *grōba*, aisl. *gróf* 'Grube', *grøfr* 'wer begraben werden darf': *grafa*, got., ahd. *graban* 'graben'.

Gr. *σκώρ* 'Exkrement', *σκωρία* 'Schlacke', mhd. *schuor* 'Schur', asl. *kăra*, aisl. *skéra* 'Streit', nschwed. *sköre*: aisl. *skare* 'Schnuppe', *skarn* 'Exkrement', *skǫr* 'Schneide', ahd. *scaro* 'Pflugschar'.

Ahd. *eid-swuor*, aisl. *søre* 'Eidschwur': *eið-suare* 'Geschworner', *sueria*, got. *swaran* 'schwören', ags. *and-swaru* Antwort'.

Ags. *brók* 'Bach', *bréc* 'Steiss', ahd. *bruoh* 'Bruch', aisl. *brók* 'Hose': got. *brakja* 'Streit'.

Aisl. *mót* 'Beschaffenheit' (vgl. lat. *mōs* 'Sitte'), as., ags. *mós*, ahd. *muos* 'Speise': lat. *modus* 'Art und Weise', *moderor* 'reguliere', ahd. *maz*, got. *mats* 'Speise', aisl. *matr* 'Portion, Speise'.

Aisl. *krókr* 'Haken': *krake* 'Haken, Baum dessen Äste abgehauen worden sind'.

Aisl. *høkia* 'Krücke', ags. *hóc*: aisl. *hake* 'Haken'.

Aisl. *snókr* 'Ringelnatter', ahd. *snuoh* 'kroch': *snahhan* 'kriechen', ags. *snace* 'Ringelnatter'.

Gr. dor. *πώς*, got. *fōtus*, ahd. *fuoz*, aisl. *fótr* 'Fuss': gr. gen. *ποδός* 'Fusses', ahd. *faz-wesca* 'Fussbad'.

Gr. *ταλαί-πωρος* 'unglücklich', aisl. *føra* 'führen', ahd. *fuora*, ags. *fór* 'Fahrt': gr. *πορεύω* 'führe', got. *faran*, aisl. *fara* 'fahren', *fǫr* 'Fahrt'.

Aisl. *drög* 'Streifen', aschwed. *drøgh* 'Schlitten': aisl. *draga* 'ziehen, tragen'.

Aisl. *lœkr* 'Bach': *lak* 'tröpfelte', aschwed. *salt-laki* 'Salzbrühe', ags. *leccean* 'benetzen'.

Ahd. *suohha* 'Schneide, Furche': *saga,* aisl. *sǫg* 'Säge'.

Aisl. *slókr* 'Herumschlenderer', nschwed. *slōka* 'schlaff sein': aisl. *slakr* 'schlaff'.

Aisl. *nœra* 'stärken': ahd. *nerien,* got. *nasjan* 'retten' (vgl. gr. *νόστος* 'Heimkehr').

Aschwed. *sœma,* aisl. *sóma* 'passen', *sóme* 'Ehre', as. *sōmi* 'passend', asl. *sămŭ* 'selbst': gr. *ὁμός* 'gleich', got. *samjan* 'gefallen', ahd. *sam-ft* 'füglich, sanft', aisl. *sama* 'passen', *same* 'derselbe'.

Lat. *dō-nec* 'bis', *quan-dō* 'wann', as. *tō,* ahd. *zuo* 'zu': gr. *ἔν-δο-θεν* 'von drinnen', lat. *en-do* 'in', ahd. *za* 'zu'.

Got. *gōljan* 'grüssen': aisl. *gala* 'singen, rufen'.

Gr. *ἀ-ρωγός* 'Helfer', as. *rōkian,* ahd. *ge-ruohhen,* aisl. *rœkia* 'sorgen, Rücksicht nehmen', *rœkr* 'richtig, gesetzlich': *rekia* 'spüren', *rǫk,* ahd. *rahha,* as. *raka* 'Rechenschaft, Sache'.

Aisl. *œxla* (**wōxlian*) 'vermehren', *óx* 'wuchs': *vaxa,* got. *wahsjan,* ahd., as. *wahsan* 'wachsen'.

Aind. *ā́pas* 'Werk', as. *ōbian* 'feiern', aisl. *œfa* 'üben': lat. *opus,* aind. *ápas* 'Werk', ahd. *afalōn,* aisl. *afla* 'arbeiten'.

Vgl. noch solche Fälle wie gr. *ᾠόν*: ahd. *ei* (aisl. *egg* < **ai̯-i̯a-*) 'Ei', lit. *mōlis* 'Moderschlamm': got. *mala* (lat. *molo*) 'mahle', gr. *ὤρα* 'sorge': ahd. *bi-warōn* 'bewahren' (vgl. aisl. *varr* 'sorgsam', gr. *ὁράω* 'sehe').

§ 27. ABLAUT *ū* : *u* (URGERM. *u*, *o* § 6, 3).

Zahlreiche Beispiele dieses Ablauts sind bei Osthoff, M. U. IV, 1 ff. (und in der daselbst S. 277 zitierten Literatur); Kretschmer, K. Z. XXXI, 337 ff.; Kluge, Beitr. IX, 157 ff.; Schmidt, Plur., S. 219 Note verzeichnet. Hierher gehörige germ. Fälle sind u. a.:

Infinitive von dem Typus ags. *smúȝan* 'schmiegen', *scúfan* 'schieben', ahd. *lūhhan* 'schliessen', aisl. *súpa* 'saufen', *súga* 'saugen', *lúta* 'sich neigen', aschwed. *būgha* (ags. *búȝan*) 'biegen' neben part. prät. wie ags. *ȝe-smoȝen* (vgl. lit. *smùkti* 'gleiten'), *ȝe-scofen,* *gi-lohhan* (vgl. aisl. *lykia* 'schliessen', aind. *rujámi* 'schliesse, öffne'), aisl. *sopenn*, *sogenn*, *lotenn*, aschwed. *bughin* (vgl. aind. *bhujámi* 'biege') u. s. w.

Mhd. *hūchen*, aisl. *húka* 'kauern': *hokra* 'kriechen', nhd. *hocken*.

Aind. *tū* 'doch', lat. *tū*, ahd. *dū*, aisl. *þú* 'du': aind. *tu* 'doch', gr. dor. *τύ*, ahd. *du* 'du', got. *þu-k* 'dich'.

Av. *çrūtō* 'gehört', ahd. *hlūt*, as. *hlūd* 'laut': gr. *κλυτός*, lat. *in-clutus* 'berühmt', ahd. *Hlot-hari* 'Lothar', ags. *Hlođ-wīʒ* 'Ludwig'.

Aind. *sū-karás*, gr. *ὗς*, lat. *sūs*, aisl. *sýr* (**sūR*): gr. dat. pl. *ὑ-σί*, lat. dat. pl. *su-bus*, aisl. *suín* (**su-īna-*) 'Schwein'.

Ahd. *dūmo*, ags. *þúma* 'Daumen': lat. *tumeo* 'bin geschwollen', aisl. *þumall* 'Daumen'.

Ags. *á-þrúten*, aisl. *þrútenn* 'geschwollen': *þrotenn* 'erschöpft', ags. *á-þrotenn* 'verdrossen'.

Ahd. *ana-lūti* : *ant-lutti*, got. *ludja* 'Antlitz'.

Ahd. *scūfala*: ags. *scofl* 'Schaufel'.

Aisl. *knútr*: ahd. *knodo*, *knoto*, ags. *cnotta* 'Knoten', aisl. pl. *ú-knytter* 'böse Streiche'.

Mhd. *slūchen* 'verschlingen', *slūch* 'Röhre', ahd. *slūhho*: *slucko* 'Schlemmer', mhd. *slucken* 'verschlingen', aisl. *slok* 'Rinne'.

Aisl. *stúka*, ahd. *stūhha*: ags. *stocu* 'Ärmel'.

Aisl. *hrúga*, nschwed. *rūka* 'Haufen': aisl. *hroke*, nschwed. *råge* 'Aufmass'.

Aisl. *lúg-vitne* 'falscher Zeuge': *lyge* 'Lüge', *logenn* 'gelogen'.

Aisl. *dús* 'gänzliche Stille': ags. *dusiʒ*, ahd. *tusig* 'thöricht', nhd. *dusel* 'Schwindel'.

Ags. *hrúse* 'Erde': ahd. *rosa* 'Rinde, Kruste'.

Ahd. *hrūzan* 'schnarchen': *hroz* 'Rotz' (vgl. gr. *κόρυζα* 'Rotzfluss').

Aind. *stūrás*, aschwed. *stūr* 'gross', nndd. *stūr* 'steif', lett. *stūrs* 'hartnäckig': gr. *στύραξ* 'Lanzenschaft', aisl. *styria*, ahd. *sturio* 'Stör'.

Vgl. übrigens Fälle wie aisl. *húđ*: lat. *cutis* 'Haut', aisl. *út* (asl. *vy̆*): aind. *ud* 'hinaus', aisl. (ahd.) *nú* (aind. *nū*, gr. *νῦν*): gr. *νυ* (aind. *nu*) 'nun' oder aind. *ū-nás*: got. *wans* (**u-ana-*, aisl. *vanr*) 'mangelnd', aind. *sūnúš*: got. *sunus* 'Sohn'.

Anm. Osthoff, Hübschmann u. a. fassen den Wechsel *ū* : *u* ganz wie den analogen Ablaut *ī* : *i* auf (s. § 25 Anm.). Über die Berechtigung dieser Ansicht vgl. das schon oben (a. a. O.) bemerkte.

§ 28. KONTRAKTION DER DIPHTHONGE.

Ein nach § 20 entstandenes *ə* und ein tautosyllabisches *i̯* (vgl. § 5, 1) oder *u̯* (vgl. § 4, 1) werden schon in ieur. Zeit mit einander kontrahiert, so dass *əi̯*, *i̯ə* ein *ī*, andererseits *əu̯*, *u̯ə* ein *ū* ergeben. Vgl. Osthoff, M. U. IV, 277 ff., 281 ff.; Saussure, Mém., S. 239 ff.; Schmidt, K. Z. XXIV, 303 ff., XXVI, 382 ff., Plur., S. 204 f., 255, 384 f.; Schulze, K. Z. XXVII, 420 ff.; Bechtel, Hauptprobl., S. 288 f.; Meringer, ZfdöG. XXXVIII, 363 ff.; Kretschmer, K. Z. XXXI, 337 f., 380 ff. Nach Osthoff, Bechtel (Hauptprobl. S. 150) u. a. wären alle ieur. *ī* und *ū* so entstanden, was jedoch wenig wahrscheinlich ist, weil man doch zum mindesten annehmen muss, dass ieur. *ī* und *ū* oft Dehnungen kurzer *i* und *u* sind (vgl. § 25 Anm., § 27 Anm.). Wir haben vier Fälle zu unterscheiden:

1. *əi̯* > *ī*. Betreffs der hier anzuführenden Beispiele ist zu beachten, dass die Hierhergehörigkeit des germ. *ī* in den meisten Fällen zweifelhaft ist, weil man fast nie entscheiden kann, ob nicht das betreffende *ī* erst auf germ. Boden aus ieur. *ei̯* (nach § 5, 2, c) entwickelt worden ist (in welchem Falle die Beispiele zu § 13, 1 gehören; umgekehrt dürften einige dort angeführten Beispiele eher hier unterzubringen sein). Z. B.:

Ieur. **loi̯mos*, ags. *lám*, ahd. *leim*, *leimo*: lat. *līmus* 'Lehm', ahd., ags., aisl. *līm* 'Leim'.

Ahd. *steim*: mhd., aisl. *stīm* 'Gewühl, Ringen', aind. *pra-stīmas* 'gedrängt'.

Ahd. *zwē-ne* (**twai̯h-*) 'zwei': got. *tweih-nai* 'je zwei'.

2. *i̯ə* > *ī*, z. B.:

Lat. *i̯ā-nus*, *jā-nua* 'Eingang', *Jānus* 'Gott des Jahres', got. *jē-r*, ahd. *jā-r* 'Jahr': lat. *ī-re* 'gehen', ahd. *ī-len* 'eilen'.

Optativsuffix *-i̯ē-* : *-ī-* wie in got. *wil-jau* 'ich will': *wil-eiþ* 'ihr wollet' (vgl. alat. *s-iēm* 'sei': *s-ītis* 'seid').

Nominalsuffix *-i̯ē-*, *-i̯ō-* : *-ī-* wie in got. pl. *band-jōs*: sg. *band-i*(*-ī) 'Band' (vgl. lat. *mater-iēs* 'Materie': aind. *vr̥k-īš* 'Wölfin').

3. *əu̯* > *ū*, z. B.:

Got. *haub-iþ*, aisl. (selten) *hauf-oð*, ahd. *houb-it* 'Haupt': *hūb-a*, aisl. *húfa* 'Haube'.

Aisl. *straumr*, mhd. *stroum* : *strūm* 'Strom', thrakisch *Στρῡμών* ein Flussname.

As. *hōp* (*hau̯pa-), ags. *héap*, ahd. *houf* : *hūf-o* 'Haufen'.

Gr. *ἔρευνα*, aisl. *raun* 'Untersuchung': got. *rūna*, aisl., ags. *rún* 'geheime Beratung, Geheimnis'.

Got. *iup*: ahd. *ūf* 'auf'.

Aisl. *biúgr* 'krumm', *baugr* 'Ring': aschwed. *būgha*, ags. *búȝan* 'biegen'.

Aisl. adj. *bliúgr*: ahd. adv. *blūgo* 'schüchtern'.

Gr. *οὖθαρ*, afr. *iader*, aisl. *iúgr*: aind. *ū́dhar*, ahd. *ūtar* 'Euter'.

Aisl. *striúpe* : (selten) *strúpe*, aschwed. *strūpe* 'Kehle'.

Aisl. *striúgr* : *strúgr*, aschwed. *strūgher* 'Neid'.

Aisl. *aurr* 'Nass, Schlamm': *úr* 'Regen' (vgl. aind. *vā́r-* 'Wasser').

Got. *raus*, ahd. *rōr*, aisl. *reyrr* 'Rohr': ahd. *rūs(s)a* 'Reuse'.

Altgallisch *brīva* (*bhrēu̯-) 'Brücke', aisl. *brǫ́* 'Wimper', ahd. *brāwa*, ags. *brǽw*: aind. *bhrūš*, gr. *ὀφρῦς*, ags. *brú*, aisl. *brún* 'Braue', *brú* 'Brücke'.

Got. *sauls*: ahd. *sūl*, aisl. *súl(a)* 'Säule'.

Aisl. *skiól* 'Schirmdach': aschwed. *skūl* 'Hocke', nndd. *schūlen* 'sich verbergen'.

Aisl. *hraukr* 'Garbenhaufen': nschwed. *rūka* 'Haufen'.

Ahd. *tiuri*, as. *diuri*: mndd., nschwed. dial. *dūr* 'teuer', mhd. *tūre* 'teuer sein'.

Ags. *dréoriȝ*: mhd. *trūrec* 'traurig'.

Aind. *syūtás* 'genäht, Sack', mhd. *siut* 'Naht', aisl. *sióðr* 'Beutel': lat. *sūtus* 'genäht', mhd. *sūt* 'Naht', aschwed. *sūdher* 'Beutel'.

Ags. *brēosa* 'Bremse': mhd. *brūsen* 'brausen', aschwed. *brūsa* 'einherstürmen'.

Aisl. *hlióð*, afr. *liūd*, ags. *hlēoð-or*: mhd. *lūt* 'Laut', ags. *hlúd* 'laut'.

Aind. *návas*, lat. *novus*, gr. *νέϝος*, got. *niujis* 'neu': aind. *nū*, gr. *νῦν*, ahd. *nū*, aisl. *nú* 'nun, neuerdings'.

Gr. *κραυγή* 'Geschrei', aind. *krṓçati* 'schreit', aisl. *hraukr* 'Seerabe': got. *hrūks* 'Krähen', *hrūkjan* 'krähen'.

Gr. (germ.) *Καῦχοι*, lat. (germ.) *Cauchi*, *Chauci*, ags. *Hēahas* : *Húȝas* Völkernamen.

Aisl. *liúga* 'lügen': *lúg-vitne* 'falscher Zeuge'.

4. *u̯ə* > *ū*, z. B.:

Suffix *-u̯ā-* : *-ū-* wie in lat. *dingua*, *lingua* 'Zunge' oder got. *gatwō* 'Gasse': ahd. pl. *zungūn*, *gazzūn*.

Ags. *dwǽs* 'stumpf': aisl. *dús* 'gänzliche Stille'.

Ags. *séoforness* 'Sauberkeit': as. *sūbri*, ags. *sýfre* 'sauber', aisl. *Ó-sýfr* 'Mannsname'.

Got. *wahtwō* 'Wache': ? *ūhtwō*, aisl. *ótta* 'frühe Morgenzeit'.

Aisl. *ve-sall* (vgl. lat. *vē-cors*, *-sanus* 'wahnwitzig'): aschwed. *ū-sal* 'unglücklich, elend'.

Anm. Andere ieur. Kontraktionen, welche von einigen Gelehrten mit mehr oder weniger Zuversichtlichkeit angenommen werden (s. z. B. Osthoff, M. U. II, 113 ff., Perf., S. 123 f.; Bremer, Beitr. XI, 264 ff.; Brugmann, Grundr. I, 107 ff., vgl. II, 516 Note), sind mindestens zweifelhafter Natur und werden daher hier nicht berücksichtigt.

§ 29. SCHWUND DER VOKALE.

1. Die kurzen Vokale *a*, *e*, *o* sind in ieur. Zeit geschwunden in ursprünglich unbetonter Silbe, so dass ein Ablaut '*a*, *e*, *o* : Schwund' entstanden ist. Der besonders zahlreich vertretene Fall, dass die in dieser Weise reduzierte Silbe statt des geschwundenen Vokals einen anderen Sonanten bekam, wird in § 31 behandelt. Oft aber trat kein derartiger Ersatz ein, und einige Beispiele dieser Art mögen hier angeführt werden; vgl. die Sammlungen bei Brugmann, M. U. I, 1 ff., Grundr. I, 250 ff.; Hübschmann, Voc., S. 71 ff.; Schmidt, Zur Geschichte des indogerm. Vocalismus II, 453 ff., K. Z. XXVI, 24; Brate, Bezz. B. XI, 183 ff.; Kluge, P. Grundr.

I, 354, 388; und besonders Persson, Wz., S. 107 f., 221 und pass. Also z. B.:

Got. *kann* 'kann', *kannjan*, aisl. *kenna* 'bekannt machen': gr. *γνῶσις* 'Erkenntnis', lat. *(g)nōscere* 'kennen lernen', ahd. *ir-knuodilen* 'vernehmbar werden', *ur-knāt* 'Erkennung', *knāen*, ags. *cnáwan* 'kennen', aisl. *kná* 'kann'.

Gr. *ἐ-γένετο* 'wurde', ags. *cennan* 'gebären', ahd. *kind* 'Kind': gr. *γνωτός* 'Verwandter', lat. *(g)nātus* 'geboren', got. *knōds*, ahd. *knuosal*, ags. *cnósl* 'Geschlecht'.

Lat. *edo* 'esse', gr. *ἔδομαι* 'werde essen', *ὀδούς* (**odonts*) 'Zahn', got. *itanda*, aisl. *etande*, ahd. *ezzanti* 'essend': lat. *dens*, got. *tunþus*, as. *tand*, aisl. *tǫnn* 'Zahn'.

Aind. *ás-ti*, gr. *ἔσ-τι*, lat. *es-t*, got., ahd. *is-t*, aisl. *es* 'ist': aind. *sánti*, lat. *sunt*, got., ahd. *sind* 'sind' und alat. *siēs*, got. *sijais*, aisl. *sér* 'seist'.

Lat. *spernere* 'wegstossen', aisl. *sperna*, aschwed. *spiærna* 'mit den Füssen stossen': lat. *sprēvi* 'ich stiess weg', mhd. *sprǣwen* 'sprühen', ahd. *spriu* 'Spreu', *spruo-dal* 'Sprudel'.

Gr. *πολύ*, ags. *fealo, feolu*, got. *filu*, aisl. *fiǫl-* 'viel': gr. *πλεῖστος* 'meist', lat. *plūs*, aisl. *fleire* 'mehr(ere)', *flestr* 'meist'.

Gr. *δόρυ* 'Baumstamm, Holzschaft' (vgl. aind. *dáru* 'Holz'), lit. *derva*, finn. (urnord.?) *terva*, aisl. *tyrue* 'Kienholz', *tiara* 'Theer': gr. *δρῦς* 'Baum, Eiche', got. *triu*, aisl. *tré* 'Baum, Holz'.

Lat. *secāre* 'schneiden', ahd. *segansa* 'Sense', *seh* 'Pflugschar', *sega*, *saga*, aisl. *sǫg* 'Säge': gr. *σκώρ* 'excrementum', aisl. *skera* 'schneiden', *skarpr* 'scharf', ahd. pl. *scāri* 'Schere', *scara* 'Abteilung', mhd. *schuor* 'Schur'.

Lat. *sedēre* 'sitzen', *sodālis* 'Genosse', got. *sitan*, aisl. *sitia* 'sitzen': aind. *nīḍás*, lat. *nīdus* (**ni-zdos*), ahd., ags. *nest* (**ne-sta-*) 'Nest'.

Gr. *ἀπό*, got., aisl. *af*, ahd. *ab(a)* 'von, ab': lat. *po-situs* 'gesetzt', as. *fa-n(a)* 'von'; ebenso gr. *ἀπύ* 'von', ahd. *abu-h*, as. *aƀu-h*, aisl. *ǫfo-gr* 'abgewendet', *au-virð* (**aƀu-*) 'verächtlicher Mensch', got. *ibu-ks*: aind. *pú-nar* 'zurück', gr. *πύ-ματος* 'der äusserste', ahd., as. *fo-n(a)* 'von' (s. Persson, I. F. II, 214 f.).

Lat. *ad*, got., aisl. *at*, ahd. *az-* 'zu, bei': *dō-nec* 'bis', as. *tō*, ahd. *zuo* 'zu'.

Gr. *πέρι*, aind. *pári* 'um', got. *fair-*, ahd. *fir-* 'ver-' (vgl. ieur. **pəri*, ahd. *furi* 'für' und ieur. **pərā*, aind. *purá*, gr. *παρά*, got. *faura* 'vor'): gr. *πρίν* 'bevor', *πρω-ΐ* 'früh', *πρό*, aind. *prá*, got. *fri-sahts* 'Beispiel', *fra-* 'ver-', ahd. *f-lāzzan* 'verzeihen', *fruo* 'früh', aisl. *fra-m(m)* 'hervor'.

Gr. *ἐνι*, got., ahd. *in*, aisl. *í* 'in': ahd., ags. *nest* (**ne-sta-* < **ni-zdo-*) 'Nest' u. a., s. oben S. 84.

Got. *in-u* (**en-u*) 'ohne' (vgl. ieur. **ēn-u*, ahd. *ān-o*, aisl. *ón*, *án* und ieur. **ən-eu*, gr. *ἄν-ευ* 'ohne' sowie ieur. **ən-*, gr. *ἀν-*, lat. *in-*, got. *un-*, aisl. *ó-*, *ú-* 'un-'): lat. *ne-fas* 'Unrecht' (vgl. *nē* 'damit nicht'), got., ahd. *ni*, aisl. *ne* 'nicht'.

Ahd. *bero*, aisl. *biǫrn* 'Bär' (vgl. lit. *bė́ras* 'braun'): aind. *ba-bhrúš* 'braun, Ichneumon' (vgl. ags. *beofor*, aisl. *biórr* 'Biber' aus **ƀe-ƀur-* < **bhe-bhər-*), ahd., ags. *brún*, aisl. *brúnn* 'braun'.

Gr. *νέομαι* (**neso-*) 'komme', *νόσ-τος* 'Heimkehr', got. *ga-nisan* 'zu sich kommen, genesen': *ga-ns-jan* 'verursachen'.

Aind. *ám-īvā* 'Plage', aisl. *ama* 'plagen', ahd. *emiz*, *emazz-ig* 'beharrlich, emsig', aisl. pl. *Iamtr* (**EmatiR*) Einwohner von Jämtland: gr. *μῶ-λος*, lat. *mō-les*, ahd. *muoī* 'Mühe', got. *af-mau-iþs*, as. *mō-ði* 'müde'.

Ahd. *senawa*: aind. *snā́van-*, gr. *νεῦ-ρον* (**σνηυ-ρόν*) 'Sehne, Band, Schnur', aisl. *snúa* 'drehen, eilen', ags. *snówan*, got. *sniwan* 'eilen', ahd. *snuo-r*, aisl. *snǿ-re* 'Schnur'.

Aisl. *skera* 'schneiden', *skarpr* 'scharf': lat. *scrī-bo* 'ritze, schreibe', got. *dis-skrei-tan* 'zerreissen'.

Aind. *sphaṭ-* (**sphelt-*) 'zerplatzen', ahd. *spaltan* 'spalten', got. *spilda*, aisl. *spiald* 'Scheibe', mhd. *spelte* 'Splitter': engl. *split*, mhd. *splīzen* 'spleissen', nhd. *splittern*.

Aind. *háriš* 'goldgelb', lat. *helvus*, ahd., as. *gelo* 'gelb': air. *glē* 'glänzend', aisl. *gliá* 'glänzen', *glámr* 'Mond', *glóa* 'glühen', *glitra*, as. *glītan* 'schimmern', *glīmo* 'Glanz', nschwed. *glåmig* 'blassgelb'.

Ahd. *gellan*, aisl. *gialla* 'laut tönen': mhd. *glīen* 'schreien'.

Gr. *στέριφος* 'starr', aisl. *stirfenn* 'starrsinnig', *stiarfe* 'Starrkrampf', *starf* 'Mühe', ahd. *sterban* 'im Todeskampfe liegen': gr. *στριφνός* 'starr', *στρῖφνός* 'hart', ahd. **strīban* (in afranz. *estriver*, engl. *strive*) 'streben', *strūbēn* 'starren, sträuben'.

Mhd. *scherzen* 'scherzen' (vgl. ahd. *skern* 'scurrilitas'): aisl. *skrítenn* 'scherzhaft', pl. *skrítlor* 'Schwänke'.

Suffix *-ter-*, *-tor-* : *-tr-*, z. B. in lat. *frāter*, aind. *bhrā́tar-*, got. *brōþar*, aisl. *bróđer*, ags. *bróđor*: dat. sg. lat. *frātri*, got. *brōþr*, aisl. *bréđr* 'Bruder'.

Suffix *-en-*, *-on-* : *-n-*, z. B. in (gr. *ὠλένη*: lat. *ulna* 'Elle'? oder) ack. sg. aind. *ukšánam*, got. *aúhsan*, aisl. *oxa*, dat. sg. got. *aúhsin*: gen. sg. aind. *ukšṇás*, gen. pl. got. *aúhsnē*, aschwed. *uxna* (aisl. *yxna*) 'Ochs'; got. dat. sg. *namin*: pl. *namnam* 'Namen', *namnjan* 'nennen'; got. *asans* 'Ernte': *asneis* 'Tagelöhner'. Vgl. Fälle mit dem Suffixwechsel *-ən-* : *-n-* wie z. B. ahd. *Haguno*, aisl. *Hǫgne*: aschwed., adän. *Hagne* 'Hagen'.

Suffix *-el-*, *-ol-* : *-l-*, z. B. in urnord. *erilaʀ*, air. (nord. Lehnwort) *erell*: aisl. *iarl*, ags. *eorl* 'Jarl'; finn. (urnord.) *karilas* 'alter Mann', aschwed. runisch *Karilʀ* (vgl. lat. *Carolus*) 'Karl': ags. *ceorl*, *cearl* 'Kerl'; ags. *symbel*: aisl. *sumbl* 'Schmaus'.

Suffix *-es-*, *-os-* (*-us-*, vgl. § 4 Anm. 1, § 21) : *-s-*, z. B. in lat. *acus* 'Spreu', ahd. *ehir* (ags. *éar* < **ahur*): got. *ahs*, aisl. *ax* 'Ähre'; got. *aqizi* (ahd. *ackus*): gr. *ἀξ-ίνη*, ags. *æx*, aisl. *ax (ex)*, *ǫx (øx)* 'Axt'; (as. *lepor*, ahd. *leffur*): *lefs* 'Lippe'; ahd. *sahar* : *sahs*, aisl. *sax* 'Schwert', lat. *saxum* 'Flinte'; aind. *támas*, lat. pl. *tenebræ* (**temesræ*), ahd. *demar* 'Finsternis': *dinstar* (**tems-ro-*) 'finster'; gr. *τέλος* (**qelos*) 'Drehpunkt, Wendepunkt', asl. *kolo* 'Rad', aisl. *háls* : *hals* 'Hals, Wirbel', gr. *τέλσον* (**qelsom*) 'Wendepunkt, Endpunkt', lat. *collum* (**qolsom* oder **qelsom*) 'Hals'; vgl. gr. *πόκος* 'Vliess': ahd. *fahs* 'Haar', aisl. *fax* 'Mähne'.

Vgl. einerseits Fälle wie gr. *κονίδ-*: ags. *hnitu* 'Niss'; gr. *γέρανος*: ahd. *kran-uh* 'Kranich'; gr. *χοῖρος* (**χορjος*): aisl. *grí-ss* 'Ferkel'; ags. *werod*: aind. *vrā́ta-* 'Schaar', u. dgl.; anderseits Fälle wie gr. *θυγάτηρ*: got. *daúhtar* (lit. *duktė̃*) 'Tochter'; gr. *δέλετρον* (aus **δέρετρον*): ahd. *querder* 'Köder'.

2. Auch in andern der im § 21 erwähnten Suffixe mit dem (germ.) Ablaute *a : i : u* fehlt bisweilen der Vokal. Zum Teil dürfte dies Verhältnis alt (d. h. ieur.) sein, wie aus dem Gegensatze zwischen got. *naqaþs* und air. *nocht* 'nackt', aind. *açīti-* und aisl. *átt* (**ahti-*) 'Anzahl von acht' u. dgl. hervorgeht (vgl. Kluge, P. Grundr. I, 388; Persson, Wz., S. 221 ff.). Zum Teil aber dürfte eine urgermanische (lautgesetzlich oder analogisch entstandene) Synkope mit im Spiele sein. Solche Fälle sind u. a. (vgl. z. B. Kögel, AfdA. XIX, 6 f.):

Das Suffix germ. *-að-*, *-aþ-*, *-ið-*, *-iþ-*, *-uð-*, *-uþ-* : *-ð-*, *-þ-*, *-t-*, z. B. ahd. *werid* 'Insel', ags. *warođ* : *weard* 'Ufer'; aisl. pl. *Hǫrđar* Völkername, aschwed. runisch *HaruþR*, ahd. *Haruth, Harit* Personenname, *herid, harod* : *hart* 'Wald', aisl. *Harđangr* Ortsname; ags. *æled*, aschwed. *ëledh*: aisl. *eldr* 'Feuer'; ahd. *anado*, ags. *oneđa* : *onda*, ahd. *ando* 'Eifer'; aisl. *synđ* (**suniđ-*): ahd. *suntea*, ags. *synn* (**sunđįō-*) 'Sünde'; aisl. *unađ*, *ynđe*: as. *wunnia*, ags. *wynn* 'Wonne'; ahd. *nefo* (**nefōđ-*, lat. *nepōs*, gen. *nepōtis*) 'Neffe': ahd., ags. *nift*, aisl. *nipt* (lat. *neptis*) 'Nichte'; got. *liuhaþ*: ahd. *lioht* 'Licht', got. *liuhtjan* 'leuchten'; ahd. *Erodo-* (in Personennamen), *eratha* : *erda*, ags. *eorđe*, as. *ertha* 'Erde'; ahd. *anut*, *enit*, ags. *æned* (lat. *anas*, gen. *anatis*): aisl. *ǫnd* (lit. *ántis*; vgl. jedoch § 21, 1) 'Ente'. Vgl. *-ađ-* : *-đ* in nhd. dial. *sampt* (**samat*, gr. *ἄμαθος* aus **samadhos*): aisl. *sandr*, ahd. *sant*, wo germ. *đ* aus ieur. *dh* (nicht, wie es wohl in den meisten andern Beispielen der Fall ist, aus ieur. *t*) entstanden ist.

Das Suffix germ. *-uʒ-* : *-ʒ-*, z. B. aisl. *bǫrgr*, ahd. *barug* : *barg*, ags. *bearʒ* 'Barch'; ahd. *harug*, aisl. *hǫrgr*: aschwed. *hargher* 'Opferstätte', ags. *hearʒ* 'Hain' (lat. *carcer* 'Einfriedigung').

Das Suffix germ. *-ak-*, *-uk-* : *-k-*, z. B. ahd. *saruh* : *sarh* 'Sarg, Behälter', aisl. *serkr* 'Hemd'; got. *ainakls*, aisl. *einka* 'einzeln': *ekkia*, aschwed. *ænkia* 'Wittwe', *ænkil* 'Wittwer'; got. *miluks*, aisl. *miolk*, ags. *meoloc* : *milc*, agutn. *mielk*, ndän. *mælk* 'Milch'? (vgl. gr. *ἀμέλγω* 'melke'); mengl. *maþek* (**maþak-*), aisl. *maþkr*: nschwed. *mask* (ieur. **motqos*?; vgl. noch § 35 Anm.) 'Wurm'.

§ 30. WURZELVARIATION *yxy : yx : xy*[1].

Wenn eine zweisilbige 'Wurzel' bald den Vokal der ersten, bald der zweiten Silbe synkopiert, entstehen anscheinend verschiedene Wurzeln, also ein Fall der sog. Wurzelvariation. Beispiele bei Saussure, Mém., S. 281; Danielsson in Paulis Altitalischen Studien III, 145 sowie Grammatische und etymologische Studien (in Upsala universitets årsskrift 1888) I, 30 f., 49 f. Note; Persson, Studia etymologica, S. 55, 107, Wz., S. 99 f., 204, 218 f., 221 f., 225, 227 f., 230 f., 244 und pass., Uppsalastudier, S. 189; Bersu, Die Gutturale, S. 7; Möller, ZfdPh. XXV, 386 (vgl. Beitr. VII, 506); Pedersen, I. F. II, 325; Brugmann, Grundr. II, 450; Kluge, P. Grundr. I, 336 f.; Johansson, De derivatis verbis contractis, S. 89 ff., Bezz. B. XIII, 115, XV, 308 ff. Aus dem Germanischen mögen hier angeführt werden:

Wurzel *au̯eg : au̯g : u̯eg* in gr. *ἀϝέξειν : αὔξειν*, lat. *augēre*, got. *aukan*, aisl. *auka* 'vermehren': lat. *vegēre* 'lebhaft sein', aind. *vakš-*, got. *wahsjan*, ahd. *wahsan*, aisl. *vaxa* 'wachsen'.

Wz. (*seu̯eg* :) *seu̯g : su̯eg* in got. *siuks*, ahd. *sioh*, aisl. *siúkr* 'krank': mhd. *swach* 'schwach'.

Wz. (*seu̯et* :) *seu̯t : su̯et* in aisl. *sióđa*, ahd. *siodan* 'sieden', got. *sauþs* 'Opfer', agutn. *sauþr* 'Sprudelquelle': ahd. *swedan* 'langsam dampfend verbrennen, abdampfen', mhd. *swadem*, ags. *swađul* 'Dampf, Dunst'.

Wz. (*enegh* :) *eng* (s. § 51) *: negh* in gr. *ἀδήν*, lat. *inguen* 'Drüse', nisl. *økkr* 'Schwulst', aisl. *økkuenn* 'geschwollen': gr. pl. *νεφροί*, prænestinisch pl. *nebrundines*, ahd. *nioro* (**neʒu̯ren-*), aisl. *nýra* 'Niere'.

Wz. *dheu̯es : dheu̯s : dhu̯es* in gr. *θέειον* (**θέϝεσι̯ον*) 'Schwefel': lit. pl. *daúsōs* 'Luft', lat. *Fūsius*, *Fūrius*, got. *dius*, aisl. *dýr*, ags. *déor* 'wildes Tier', *déor* 'heftig': lit. *dvesiù* 'athme', ags. *dwæscan* 'löschen'.

Wz. (*seu̯el*:) *seu̯l : su̯el* in got. *sauls* 'Säule': ahd. *swelli* 'Balken', aisl. *suill*, *syll* 'Schwelle'.

---

[1] Mit *x* bezeichnen wir hier einen beliebigen Konsonanten, mit *y* einen beliebigen Sonanten.

Wz. (*keret*:) *kert* : *kret* in got. *haírþra* : ags. *hreðer* 'Eingeweide' (vgl. S. 102).

Wz. *eregh* : *ergh* : *regh* in gr. ἐρέχ-θω 'zerreisse': air. *orgim* 'verwüste', gall. *Org-etorix*, ahd. *arg*, aisl. *argr* : *ragr* 'böse, nichtswürdig, feige', lit. *rágana* 'Hexe'.

Wz. (*eues* :) *eus* : *ues* in gr. εὕω, lat. *ūro* 'brenne', ags. *éar-endel* (**auz-*) 'Morgenstern': lat. *Ves-uvius*, ahd. *wasal* 'Hitze'.

Wz. (*sterebh* :) *sterbh* : *strebh* in gr. (Hesych.) στέρφ-νιος 'starr', aisl. *stiarfe* 'Starrkrampf', *stirfenn* 'starrsinnig', *starf* 'Mühe', ahd. *sterban* 'im Todeskampfe liegen': mhd. *streben* 'sich abmühen, ringen'.

Wz. (*pered* :) *perd* : *pred* in gr. πέρδομαι 'furze', aschwed. *fiærter* 'Furz', ags. *feortan*, ahd. *ferzan*, mhd. *varzen*: aisl. *freta*, *frata* 'furzen'.

Wz. *erebh* : *erbh* : *rebh* in asl. *jarębĭ* (**ēre-m-bh-*) 'Rebhuhn': gr. ὀρφνός 'dunkelbraun', aisl. *iarpr* (**erpa-* < **erƀná-* < **erbhno-*) 'braun', *iarpe* 'Haselhuhn', ahd. *erpf* (aisl. Lehnwort *Erpr*), ags. *eorp* 'dunkelfarbig': asl. *rębŭ* (**re-m-bh-*) 'gesprenkelt', ahd. *reba-huon* 'Rebhuhn'.

Wz. (*erem* :) *erm* : *rem* in aisl. *iarma* 'blöken': *rámr* 'heiser', *rómr* 'Laut der Stimme'.

Wz. *aier* : *air* : *ier* in av. *ayare* 'Tag', gr. ἄριστον (*ἀjεριστον) 'Frühstück': got. *air*, ags. *ǽr*, aisl. *ár* 'früh', ahd. *ērist* 'erst': asl. *jarŭ* 'Frühling', av. *yāre*, got. *jēr*, ahd. *jār*, aisl. *ár* 'Jahr'.

Wz. *ʒenet* : *ʒent* : *ʒnet* in gr. γενετή 'Geburt': aind. *jantúš*, ahd. *kind* 'Kind': gr. γνωτός 'verwandt', γνήσιος 'echt', lat. *(g)nātus* 'geboren', *nātio*, got. *knōds* 'Geschlecht'.

Wz. *ʒeneb(h)* : *ʒembh* : *ʒnebh* in afr., ags. *cenep*, aisl. *kanpr* 'Knebelbart': gr. γόμφος 'Pflock', pl. γαμφηλαί 'Schnabel', asl. *ząbŭ* 'Zahn', aisl. *kambr*, ahd. *kamb* 'Kamm', *kembil* : *knebil* 'Knebel'.

Wz. (*perec* :) *perc* : *prec* in ahd. *fergōn*: lat. *precāri* 'bitten', got. *fraíhnan*, aisl. *fregna*, as. *frāgōn* 'fragen'.

Wz. (*gereg* :) *gerg* : *greg* in aind. *garj-* 'prasseln', ags. *cearcian* : *cracian*, ahd. *krahhōn* 'krachen'.

Wz. (*skerep* :) *skerp* : *skrep* in ags. *sceorfan* 'abreissen', ahd. *scarbōn* 'in Stücke schneiden', *scarf, scarpf*, aisl. *skarpr* (**skarppa* < **skorpnō-*) 'scharf': ahd. *screfōn* 'einschneiden', mhd. *schraf* 'Klippe', ags. *scræf* 'Höhle', ndl. *schrabben* 'kratzen'. Vgl. (Wz. *skereb*? in) ags. *sceorpan : screpan*, mengl. *scrapien*, aisl. *skrapa* 'kratzen', mhd. *schrepfen* 'schröpfen'.

Wz. (*tereb*:) *terb : treb* in afr. *therp*: ags. *þrep, þróp* 'Dorf', lit. *trōbà* 'Gebäude', lat. *trabs* 'Balken', cymrisch *tref* 'Dorf', gall. pl. *A-trebates* ein Völkername.

Wz. (*bherem*:) *bherm : bhrem* in aisl. *barmr*: mhd. *brem*, ags. *brimme* 'Kante'.

Wz. *cerud : cerd : crud* in gr. κόρυδος 'Haubenlerche', ags. *heorot*, aisl. *hiǫrtr*, ahd. *hiruz : hirz*, ags. *heort*, aisl. sg. gen. *hiartar*, dat. *hirte* 'Hirsch': *hrútr* 'Widder'.

Wz. (*pereth*:) *perth : preth* in ahd. *feld*, aschwed. ack. sg. *fiæll* (**felþa-*): aind. *práthas* 'Breite', gr. πλάθανον 'Kuchenbrett', mengl. *flade* 'Platte', ahd. *flado* 'Kuchen'.

Vgl. noch Fälle wie lat. *umbo* (**ombh-*) 'Schildbuckel': ags. *nafu*, aisl. *nǫf*, aind. *nábhyam* 'Nabe'; gr. ὀμφαλός, lat. *umbil-īcus*: aisl. *nafle*, aind. *nābhīla* 'Nabel'; lat. *ungula* (gr. ὄνυξ), air. *inga*: aisl. *nagl*, as. *nagal*, aind. *nakhára-* 'Nagel'; gr. ὄνομα: armenisch *anun* (**anman-*), air. *ainm*: lat. *nōmen*, got. *namō* 'Name'; got. *anaks*: aind. *áñjas*: asl. *naglŭ* 'plötzlich'; lat. *anas* (gen. *anatis*), ahd. *anut, enit*, ags. *æned*: lit. *ántis*, aisl. *ǫnd* (vgl. jedoch § 21, 1): gr. dor. νᾶσσα 'Ente'; gr. ἐννα- (**enn̥*): aind. *náva* (**neun̥*), got. *niun* 'neun'; lat. *insula* 'Insel': (gr. dor. νᾶσος 'Insel'?, lat. *nāsus* 'Nase'), lat. pl. *nāres* 'Nase', aisl. *nǫs* 'Landspitze' (pl. 'Nase'), *nes* 'Landzunge, Halbinsel', ags. *næs* 'Felsenvorsprung'; lit. *akmů* 'Stein', aind. *áçman-* 'Hammer', gr. ἄκμων 'Amboss': asl. *kāmy* 'Stein', aisl. *hamarr* 'Fels, Hammer'; ahd. *hamma* (**hanm-*?): gr. κνήμη, air. *cnáim* 'Knie, Bein'; got. *halts* (vgl. aind. *khōḍas*): lat. *clōdus* (*claudus*) 'lahm, hinkend'; gr. στορέννυμι: lat. *sterno*: got. *strauja* 'streue', lat. *strāvi* 'streute'; lat. *ferveo*: ahd. *briuwu* 'siede'; ags. *styrne* (**sterni-*): lat. *strēnuus* (aisl. *stran-gr*?) 'streng'; (aind. *bhūrjas* < **bhərəʒos*): asl. *brěza*, lit. *béržas*, aisl. *biǫrk* (**berkō*), ags. *birce* (**berkiō*) 'Birke': lat. *fraxinus* 'Esche';

ahd. *amsala*, ags. *ósle*: lat. *merula* (**mes-*) 'Amsel'; aisl. *þarmr*, ags. *þearm* 'Darm': lat. *trāmes* 'Weg', gr. τρῆμα 'Loch'; ahd. *himil* 'Himmel': gr. κμέλ-εθρον 'Dach' u. a. m.

§ 31. ÜBERGANG DER KONSONANTEN IN SONANTEN.

Wenn durch ieur. Synkope des Vokals einer unbetonten Silbe (s. § 29) ein konsonantisches *i̯*, *u̯*, *l*, *r*, *m*, *n* in die Lage kommt, dass weder unmittelbar vor noch unmittelbar nach demselben irgend welcher Vokal steht, wird der genannte Konsonant selber zum Sonanten der betreffenden Silbe, d. h. geht in resp. *i*, *u*, *l̥*, *r̥*, *m̥*, *n̥* über. Es bleibt dabei einstweilen dahingestellt, ob die ursprünglichen Verbindungen *ai̯* (*ei̯*, *oi̯*), *au̯* (*eu̯*, *ou̯*), *al* u. s. w. direkt zu *i*, *u*, *l̥* u. s. w. wurden, oder ob man die Mittelstufen *əi̯* (> *ī*, s. § 28, 1), *əu̯* (> *ū*, s. § 28, 3), *əl* u. s. w. anzunehmen hat (vgl. hierüber Bechtel, Hauptprobl., S. 146 ff.; Möller, ZfdPh. XXV, 374 f., 384). Zahlreiche Beispiele dieses Vorganges sind verzeichnet u. a. bei Saussure, Mém., pass.; Hübschmann, Voc., pass.; Brugmann, Grundr. I, 250 ff.; Kluge, K. Z. XXVI, 101 f., P. Grundr. I, 388; Noreen, Aisl. Gr.², § 142—145. Aus der grossen Menge hierhergehöriger germ. Beispiele — bei welchen zu beachten ist, was oben § 3, § 6, 3 und 4 sowie § 7, 3 betreffs der Entwicklung eines ieur. *i*, *u*, *l̥*, *r̥*, *m̥*, *n̥* auf germ. Boden vorgetragen worden ist — dürften die folgenden hier genügen:

1. Der Übergang *i̯* > *i* (urgerm. *i*, *e* § 6, 4):

Prät. pl. und (gewöhnlich) part. prät. der Verba von dem Typus got. *wait* (gr. Ϝοῖδα) 'weiss': pl. *witum* (gr. Ϝίδμεν) 'wissen' oder got. *staig*, ahd. *steig*, aisl. *sté* 'stieg': pl. *stigum* 'stiegen', part. prät. got. *stigans*, ahd. *gi-stigan*, aisl. *stigenn* 'gestiegen' (vgl. gr. λείπω, λέλοιπα : ἔλιπον).

Got. *baitrs*: aisl. *bitr*, ahd. *bittar* 'bitter'.

Gr. τοῖχος (*θοῖχος) 'Mauer', aisl. *deigr*, got. *daigs* 'Teig', *deigan* 'kneten': *ga-digis* 'Bild', aisl. *digoll*, ahd. *tegal* 'Tiegel', lat. *figulus* (**dhigh-*) 'Töpfer', *figūra* 'Gestalt'.

Aisl. *kleif* 'Steile': *klif*, ags. *clif*, mhd. *klippe* 'Klippe'.

Aisl. *streitask* : *stritask* 'sich sträuben'.

Aisl. *geisl* 'Stab', *Her-geirr*, got. (latinisiert) *Hariogaisus*: wandalisch *Gōda-gis*. *-gisl* Personennamen.

Aisl. *keikr* 'zurückgebogen': *kikna* 'hinsinken'.

Aisl. *heitr* 'heiss': *hite*, ahd. *hizza* 'Hitze'.

Aisl. *feitr* 'fettig': *fita* 'Fett'.

Ahd., aisl. *seil* 'Seil': ahd. *silo*, aisl. *sile*, *sele* 'Siele'.

Aisl. *Eistr* 'Esthen': germ. (latinisiert) *Istevones* ein Völkername (s. Erdmann, Über die Heimat und den Namen der Angeln, S. 90).

Aisl. *hneisa*: aschwed. *nisi* 'Schande'.

Aisl. *stígr* : *stigr* 'Pfad'.

Aisl. *vǽttr*, selten *váttr* (**u̯ai̯ht-*): *vítr*, *véttr* (**u̯iht-*) 'Wicht'.

Got. *hlaifs*, aisl. *hleifr* 'Brot': mhd. *lebe-kuoche* 'Lebkuchen'.

Ahd. *sweiga* 'Herde': aisl. *suigđer* 'Stier'.

Ahd. *arabeit*, anorw. *ærfǽđe* : *ærfiđi*, aschwed. *arviþi* 'Arbeit' (s. Noreen, Aisl. Gr.², § 65).

Ahd. *araweiz* : *arawiz*, as. *erit*, aisl. pl. *ertr* 'Erbsen' (s. Heinzel, Über die ostgotische Heldensage, S. 52).

Ahd. *eideim* : *eidim* 'Eidam' (Heinzel, ib.)

Ahd. *ōheim*: mhd. *œhin* 'Oheim' (Heinzel, ib.).

Ahd. *ameizza* 'Ameise': mhd. *emeze* 'Emse'.

Ahd. *folleist*: as. *fullisti*, ags. *fylst* 'Hilfe'.

Das Suffix *-ei̯-*, *-oi̯-* : *-i-* der *I*-Stämme, z. B. got. sg. gen. *anstais*, dat. *anstai*, pl. nom. *ansteis*: dat. *anstim*, ack. *anstins* zu *ansts* 'Gunst'.

2. Der Übergang *u̯* > *u* (urgerm. *u*, *o* § 6, 3). Wir unterscheiden hier zwei Fälle:

a) Der Vokal ist vor *u̯* geschwunden:

Prät. pl. und (gewöhnlich) part. prät. der Verba von dem Typus got. *biugan*, ahd. *biogan*, prät. sg. got. *baug*, ahd. *boug*: pl. got., ahd. *bugum*, part. prät. got. *bugans*, ahd. *gi-bogan* 'biegen' oder aisl. *bióđa*, prät. sg. *bauđ*: pl. *buđom*, part. prät. *bođenn*, aschwed. *buþin* 'bieten' (vgl. gr. ἐλεύσομαι, εἰλήλουθα : ἤλυθον).

Aisl. *hlaupa*, ahd. *loufan* 'laufen', prät. sg. *liuf*, *liof*, aisl. *hlióp*: pl. *hlupom*, mhd. *luffen*, part. prät. *ge-loffen*, aschwed. *lupin*, *lopin*.

Gr. *ἐρεύθω* 'röte', ags. *réod, réad,* ahd. *rōt,* aisl. *rióðr, rauðr*: aind. *rudhirás*, gr. *ἐρυθρός*, lat. *ruber* (**rudhro-*), mhd. *rot* 'rot', ags. *rudu* 'Röte', aschwed. *rudher*, *rodher* 'Rost', aisl. *roðe, roðme* 'Röte', nschwed. *ruda* 'Karausche' (s. Hellquist, Etymologische Bemerkungen, S. IX f.), ahd. *rutihhōn* 'rötlich sein'.

Ahd. *brōsma* 'Bröckchen', mndd. *brōsheit* 'Gebrechlichkeit', *brōsch*, aisl. *brøyskr* 'zerbrechlich', *briósk*: aschwed. *brusk* 'Knorpel', ndl. *bros* 'zerbrechlich'.

Aisl. *brióst,* as. *breost*, ags. *bréost*: ahd. *brust*, got. pl. *brusts* 'Brust'.

Ahd. *fliuga*: aisl. *fluga* 'Fliege'.

Aisl. *løygr* 'Flamme': *loge* 'Lohe' (vgl. *Háløyger* Einwohner des *Háloga-land*).

Nnorw. dial. *mauk* 'Flüssigkeit', aisl. *miúkr* 'weich': *myke* 'Dünger', got. *muka-mōdei* 'Sanftmut'.

Got. *hlauts*, ahd. *lōz*: aisl. *hlutr*, ags. *hlot* 'Loos'.

Aschwed. *frødha* (**frauða*), aisl. *frauð* : *froða* 'Schaum'.

Got. *ga-laubs* : *ga-lubs*, ahd. *gi-lob* 'teuer' (vgl. got. *liubs* 'lieb': *-lubō* 'Liebe').

Aisl. *lióme* (**leuhm-*): got. *laúhmuni* 'Blitz'.

Ahd. *mios,* ags. *méos* : *mos*, aisl. *mose,* ahd. *mos* 'Moos, Moor'.

Aschwed. pl. *frødhir*, aisl. *frauðr*, *frauke* : *froskr*, ahd. *frosc,* ags. *forsc, frozza* 'Frosch'.

Mhd. *knouf*, ndl. *knoop*: ahd. *knopf* 'Knauf, Knopf'.

Aisl. *gnauð* : *gnyðr* 'Lärm'.

Aisl. *hriúfr* 'schorfig': *hrufa* 'Rinde einer Wunde'.

Mhd. *blōz* 'nackt', ags. *bléat* 'arm', aisl. *blautr* 'weich, zart': *blotna* 'weich werden', ndl. *blut,* aschwed. *blotter* 'bloss'.

Aisl. *daufr* 'taub': *dofe* 'Duselei', aschwed. *duvin, dovin* 'schlaff'.

Gr. *νέϝος*, lat. *novus,* got. *niujis* 'neu': aind. *nu* 'jetzt', gr. *νυ*, got. *nu*, aisl. *nú* (aus **nu*), enklitisch *-no* 'nun' (eig. 'neuerdings'), got. *naúh*, ahd. *noh* 'noch'.

Got. *þau-h* (vgl. aisl. *þøy-ge* 'jedoch nicht'): ahd. *do-h* 'doch'.

Lit. *jaũ*, got. *jau* 'denn': *ju* 'schon', ahd. *ju* 'einst'.

Aisl. *bøysta* 'dreschen': aschwed. *bos* 'Dreschhalm' (s. Persson, Wz., S. 290).

Lit. *naudà* 'Nutzen', aisl. *niótr* 'geniessend', *nautr*, ahd. *gi-nōz* 'Genosse': got. *nuta* 'Fänger', *-nuts*, ahd. *nuzzi* 'nützlich'.

Got. *gaumjan*, ahd. *goumōn*, aisl. *gøyma* 'achten': as. *far-gumōn* 'vernachlässigen'.

Aisl. pl. *Gautar*, ags. *Géatas* Völkername (eig. 'Helden', s. Erdmann, Antiqvarisk tidskrift för Sverige XI, Nr. 4), ags. *wédel-ʒéat*, mhd. *wüetel-gōz* 'Wüterich': ags. pl. *Gotan* 'Goten', aisl. *Gotar*, aschwed. *Gutar*, *Gotar* 'Einwohner der Insel *Gotland*', nnorw. dial. *gut* 'Knabe'.

Aind. *sthávìras* 'dick', ahd. *stiuri* 'stark', *stiura*, aisl. *staurr*, gr. *σταυρός* 'Pfahl': *στύραξ* 'Lanzenschaft', ahd. *sturo*, *sturio*, ags., aisl. *styria* 'Stör' (s. Uppsalastudier, S. 91 Note, 185).

Got. *hauhs* 'hoch', germ. (latinisiert) pl. *Chauci*, *Cauchi*, ags. pl. *Héahas* Völkername ('die hohen'), aisl. *haugr* 'Hügel': *hugr*, got. *hugs*, ags. *hyʒe* 'hohe Gesinnung, Mut', afränk. (latinisiert) *Chochi-laicus*, aisl. *Hug-leikr* Personenname (vgl. ags. pl. *Húʒas* Völkername; s. Erdmann, Über die Heimat und den Namen der Angeln, S. 94), aschwed. *hogher*? 'hoch'.

Aisl. *baula* 'Kuh': *bole* 'Stier', *bylia* 'blöken'.

Nnorw. dial. *trausk*: nschwed. dial. *trosk* 'Kröte'.

Aisl. *lauss* 'lose': *losna* 'los werden'.

Aisl. *kiúklingr* 'Küchlein': *kokkr* 'Hahn'.

Aschwed. *giūta* 'giessen': *ur-gytia* 'Verschwender', nschwed. *gytja* 'Schlamm'.

Aisl. *kiósa* 'wählen': *val-kyria* 'Valküre', ags. *cyre* 'Wahl'.

Das Suffix *-eu̯-*, *-ou̯-* : *-u-* der *U*-Stämme, z. B. got. sg. gen. *sunaus*, dat. *sunau*, pl. nom. *sunjus*: dat. *sunum*, ack. *sununs*, sg. ack. *sunu* zu *sunus* 'Sohn'.

b) Der Vokal ist n a c h *u̯* geschwunden:

Aind. *svápimi* 'schlafe', aisl. *suefn*: gr. *ὕπνος* (**supnos*) 'Schlaf', aisl. *sofa* 'schlafen'.

Ahd., as., ags. *swimman*: aisl. *symia* 'schwimmen', ags., aisl. *sund* (**sumd-*) 'Schwimmen, Sund'.

Asl. *vodā*, got. *watō*, aisl. *vatn*, ahd. *wazzar* 'Wasser', aschwed. *Vætur* Seename: aind. *udán*, gr. *ὕδωρ* 'Wasser', *ὕδρα* 'Untier im Wasser', aind. *udras*, aisl. *otr*, ahd. *ottar* 'Otter'.

Lit. *vandů'*, ahd. *Winida* u. a. (s. S. 49 f.): lat. *unda*, aisl. *uđr*, *unnr* (**unþ-*) 'Woge', nschwed. *Unden* Seename.

Aind. *svādúš*, lat. *svāvis*, ahd. *suozi*, as. *swōti*, aisl. *sǿtr*: got. *suts* (*sūts*? dann zu § 28, 4) 'süss'.

Aisl. *vaxa* 'wachsen': prät. pl. *uxom*.

Ahd. *dwingan* 'drängen', aisl. *þuinga* 'bezwingen': ahd. *dūhen* (**þunh-*), ags. *þýan*, as. *be-thūwen* 'bedrängen'.

Got. *dwals* 'thöricht', as. *dwalm* 'Betäubung', ags. *ʒi-dwelan* 'sich irren', aisl. *duelia* 'hindern': *dolgr* 'Feind', *dul* 'Illusion', as., ags. *dol*, ahd. *tol* 'thöricht'.

Ags. *dwǽs* : *dysiʒ*, ahd. *tusig* 'thöricht', nhd. *dusel* 'Schwindel'.

Aisl. *duergr* 'Zwerg': *dyrgia* 'Zwergin'.

Engl. *swamp*: mhd. *sumpf*, ndl. *somp* 'Sumpf'.

Got. *swarts*, aisl. *suartr* 'schwarz': *sortna* 'schwarz werden', *sorte* 'schwarze Wolke', *Surtr* ein Feuerriese, lat. *surdus* 'finster, dumpf, taub, unheimlich' u. a.

Lat. *Ves-uvius*, ahd. *wasal* 'Hitze': aisl. *usle* 'Feuersbrunst', *eim-yria* 'heisse Asche', *ysia* 'Feuer'.

Ahd. *wint* (wenn aus **hwind-*, vgl. aind. *çvan-* 'Hund') 'Windhund': *hunt*, got. *hunds*, aisl. *hundr* (vgl. aind. gen. *çúnas*, gr. gen. *κυνός*) 'Hund'.

3. Der Übergang *l* > *l̥* (urgerm. *ul*, *lu* § 3, 1, *ol*, *lo* § 6, 3):

a) Der Vokal ist vor *l* geschwunden:

Prät. pl. und part. prät. der Verba von dem Typus got. *-gildan*, ahd. *geltan*, aisl. *gialda*, prät. sg. got. *-gald*, ahd., aisl. *galt*: pl. got., aisl. *guldum*, ahd. *gultum*, part. prät. got. *-guldans*, ahd. *gi-goltan*, aisl. *goldenn*, aschwed. *guldin* 'gelten, bezahlen'.

Got. *waldan*, aisl. *valda* 'walten': prät. *olla* aus urnord. **wolþō(m)*.

Gr. *ἀμέλγω* 'melke', aisl. *miolk* 'Milch', ahd. *melkan*: lat. *mulgēre*, aisl. *molka* 'melken', mhd. *molken* 'Molken'.

Lat. *gel-idus*, got. *kalds*, aisl. *kaldr* 'kalt': *kulđe*, aschwed. *kyld* 'Kälte'.

Mhd. *melde*, nschwed. dial. *mälla*, ahd. *malta* : *molta*, *mulda*, aschwed. *molla* 'Atriplex, Chenopodium'.

Lat. *sal*, aisl. *salt*, ahd. *salz* 'Salz': *sulza*, as. *sultia* 'Salzwasser, Sülze'.

Got. *(ain)falþs*, ahd. *-falt*, ags. *-feald*, aisl. *-faldr*: anorw. (selten) *-foldr*, engl. *(two)fold* '-fältig', gr. *δί-παλτος* 'zweifach', *δι-πλάσιος* 'zweifältig' (vgl. aisl. *faldr*: selten *foldr* 'Falte').

Aisl. *hallr* (**halþ-*) 'sich senkend', ahd. *hald* 'geneigt', got. *wilja-halþei* 'Gunst': *hulþs*, ags., ahd., as. *hold*, aisl. *hollr* 'gnädig'.

Nhd. *talg*, engl. *tallow*: aisl. *tolgr* 'Talg', got. *tulgus* 'fest'.

Gr. *θόλος* 'Kuppeldach', aisl. *dalr* 'Bogen, Thal', ags. *dæl*, ahd. *tal* 'Thal': mhd. *tülle* (**đuli̯a-*) 'Röhre'.

Got. *balgs*, aisl. *belgr*, ahd. *balg* 'Balg': *bulga* 'Bulge'.

Aisl. *gǫltr* 'Ferkel': *gyltr* 'Sau'.

Ahd. *ballo*, aisl. *bǫllr*, aschwed. *balder* : *bolder*, ndl. *bol* 'Ball', ahd., ags. *bolla*, aisl. *bolle*, aschwed. *bulle* 'Bowle', gr. *φαλλός* 'männliches Glied'?, lat. *follis* 'Schlauch'.

Aisl. *trǫll* : *troll*, mhd. *trolle* 'Dämon'.

b) Der Vokal ist nach *l* geschwunden (vgl. gr. *κλέπτω, κέκλοφα* : *ἐκλάπην*):

Ahd. *slahta*, aisl. *sláttr*: got. *slaúhts* 'Schlachten'.

Ahd. *lab* 'Brühe': *luppi* 'giftiger Saft', got. *lubja* 'Gift', aisl. *lyf* 'Arznei'.

Lat. *glaber* (**ghladhro-*) 'glatt', aschwed. *glaþa* 'Weih', d. h. 'gleitender (Vogel)': aisl. *glyđra* (**ʒluđriōn-*) 'leichtfertiges Weib' (s. Hellquist, Etymol. Bemerkungen, S. III).

Nschwed. *sladdra* 'hin und her schwatzen' (vgl. aisl. *slóđe* 'Schleppe'): aisl. *slođra* 'sich hinschleppen', nschwed. *sluddra* 'nachlässig reden'.

4. Der Übergang *r* > *ṛ* (urgerm. *ur, ru* § 3, 4, *or, ro* § 6, 3):

a) Der Vokal ist vor *r* geschwunden:

Prät. pl. und part. prät. der Verba von dem Typus got. *bairgan*, ahd. *bergan*, aisl. *biarga*, prät. sg. *barg*: pl. got. *baúrgum*, ahd., aisl. *burgum*, part. prät. got. *baúrgans*, ahd. *gi-borgan*, aisl. *borgenn*, aschwed. *burghin* 'bergen, retten' (vgl. gr. *δέρκομαι, δέδορκα : ἔδρακον*).

Ags. prät. *mearn : murnan*, aisl. *morna* 'trauern'.

Got. *þairh* 'durch', ahd. *derh* 'durchlöchert': *durh*, ags. *þurh*, as. *thurh* 'durch'.

Ahd. *mar(a)wi : mur(u)wi* 'mürbe'.

Ahd. *querder : korder* 'Köder'.

Ahd. *quartar : kortar*, ags. *corđor* 'Herde'.

Ahd. *stark*, aisl. *sterkr : styrkr* 'stark', *storkna*, ahd. *storkanēn* 'starr, hart werden'.

Ahd. *kerno*, aisl. *kiarne* 'Kern': ahd., aisl. *korn*, got. *kaúrn*, *kaúrnō* 'Korn'.

Got. *fairneis*, mhd., as. *fern*: aisl. *forn* 'verflossen, alt'.

Lat. *quercus* (**perqus*), ahd. *fereh-eih*, nhd. *ferch* 'Eiche', langob. *fereha* 'Kastanienbaum': ahd. *forha*, ags. *furh*, aisl. *fura* 'Föhre'.

Lat. *sperno* 'stosse weg', aschwed. *spiærna* 'mit den Füssen stossen': aisl. *sporna*, ags. *spurnan* 'treten'.

Aisl. *verpell*: ahd. *wurfil* 'Würfel'.

Got. *marzjan*, ahd. *merren* 'ärgern, drücken': mhd. *zer--mürsen* 'zerdrücken', ndl. *morzelen* 'zerreiben', ahd. *morsāri* 'Mörser', d. h. 'Zermalmer', nndd. *mors* 'morsch'.

Gr. *ϝέργον*, aisl. *verk* 'Werk', *góđ-virke : góđ-yrke* 'Wohlthat', *yrkia*, got. *waúrkjan* 'würken'.

Aisl. *fiǫrdr* 'Fahrwasser, Meerbusen': lat. *portus* 'Hafen', ags. *ford*, ahd. *furt* 'Ort, wo man waten kann'.

Mhd. *bars*, ags. *bears*: aschwed. *agh-borre* 'Barsch'.

Aisl. *arfr*, aschwed. *arf* 'Erbe': *orf* 'Erbe, aus beweglichen Gütern bestehend'.

Aisl. *biǫrg* 'Schutz', *Inge-*, *þor-biǫrg*: aschwed. *Inge-*, *Val-borgh* Frauennamen, *finger-borgh* 'Fingerhut'.

Ags. *beorh* 'Grabhügel', aisl. *biarg*, ahd. *berg* 'Berg': *burg* 'Burg', got. *baúrgs* 'Stadt'.

Got. *ga-tarhjan* 'auszeichnen': as. *torht*, ahd. *zoraht*, *zorft* (vgl. § 42, 1) 'hell'.

Aisl. *virgell* 'Strick', ahd. *er-wergen* 'erwürgen': *wurgen* 'würgen'.

Aisl. *snar-r* 'hurtig', *snerrenn* 'lebhaft', *snerra* 'Chock': *Snorre* Personenname, ahd. *snurring* 'Narr', *snur* 'sausendes Fahren'.

Got. *qairnus*, ags. *cweorn*, aisl. *kuern*, ahd. *quirn* 'Mühle': mhd. *kurn* 'Mühlstein'.

Ahd., ags. *first*: ndl., nndd. *vorst* 'Dachfirst', aind. *pr̥ṣṭhám* 'Gipfel'.

Aisl. *undarn* : *undorn* 'Mittag', got. *undaúrni-mats* 'Mittagsmahl'.

b) Der Vokal ist n a c h *r* geschwunden:

Ahd. *bret*, ags. *bred* : *bord*, got. *-baúrd*, aisl. *borð* 'Brett'.

Ahd. *tragan*, aisl. *draga* 'ziehen, tragen': *dorg* 'Angelschnur'; ebenso aisl. *dráttr*, ahd. *traht* : *truht* 'Ziehen, Tragen, Last'.

Ahd. *tretan*: got. *trudan*, aisl. *troða* 'treten'.

Ahd. *kreta* : *krota* 'Kröte'.

Aisl. *þrǫmr* 'äusserster Rand': ahd. *drum*, mengl. *thrum* 'Endstück', gr. *τράμις* 'der Damm zwischen After und Scham'.

Ahd. *rasc*, aisl. *rǫskr*, mhd. *resch*, *rasch* : *rosch*, ahd. *rosk* 'rasch'.

Mhd. *krebe*: ahd. *korp*, ndl. *korf* 'Korb'; ebenso ahd. *krippea* : *kruppea*, aisl. *krubba* 'Krippe'.

Asl. *grebą* 'grabe', aschwed. *grift* (**ʒrefti-*) 'Grab', aisl. *grafa*, ahd. *graban* 'graben', *graft* : *gruft* 'Grab', *grubilōn* 'grübeln'.

Aschwed. *brædder*, ags. *breord*, *breard*, ahd. *brart* : *brort* 'Rand', ags. *brord*, aisl. *broddr* 'Spitze'.

Lit. *s-trazdas*, aisl. *þrǫstr*: lat. *turdus* (**tr̥zdos*), ags. *þrostle*, mhd. *drostel* 'Drossel'.

Aisl. *brestr* 'Gebrechen, Krachen', aschwed. *braster*, *bræster* 'Krachen', *bræst*, *brist* : *brust*, *bryst*, *brøst* 'Gebrechen, Mangel'.

Asl. *gredą* 'schreite', lat. *gressus* 'gegangen', got. *grids* 'Schritt', aisl. *grið*, aschwed. *griþ* : *gruþ* 'freies Geleit'.

Lit. *kretù* 'bewege mich', ags. *hræð*, *hræd*, aisl. *hraðr*, schnell': *horskr* (vgl. § 35 Anm.) 'schnell, lebhaft, klug', mhd. *hurt* 'Anprall', *hurtec* 'hurtig'.

Ags. *rador* : *rodor* 'Himmel, Äther'.

Ags. *breoȝo*, aisl. *bragr* 'Fürst': aind. *bṛhánt-* 'hoch', air. *Brigit* (**bhṛȝhṇtī*) 'Brigitte', eig. 'die hohe', kelt. (lat.) *Brigantes* Völkername, gall. *Brigantio* 'Bregenz', germ. (lat.) *Burgundiones* 'Burgunden' (d. h. 'die hohen, erhabenen', s. Erdmann, Über die Heimat und den Namen der Angeln, S. 94 f.), aisl. *Borgund* Ortsname.

5. Der Übergang *m* > *m̥* (urgerm. *um*, *mu* § 3, 2, *mo* § 6, 3):

a) Der Vokal ist v o r *m* geschwunden:

Got. *qiman*, ahd. *queman* 'kommen': *kumft*, got. *gaqumþs*, aisl. *sam-kund* (**-kumđ-*) 'Zusammenkunft'.

Got. *stamms*, aisl. *stam(m)r* 'stammelnd': ahd., as. *stum(m)* 'stumm'.

Lat. *fremere*, ahd. *breman* 'brummen', *bremo*, ags. *brimse*: mndl. *brumse* 'Bremse', mhd. *brummen* 'summen', *brunft*, aisl. *brundr* 'Brunft'.

Mhd. *klimse* : *klumse* 'Spalte'.

Ahd. *sem-ida* 'Schilf': *sumbir* 'Korb'.

b) Der Vokal ist n a c h *m* geschwunden:

Gr. *μεγάλο-*, got. *mikils*, aisl. *mikell*: ags. *mycel* 'gross'[1].

Got. *maþa*, ags. *mađa*, aisl. *maþkr*, ahd. *mado* : *modo* 'Made'.[1]

Mhd. *matte* : *motte*, ags. *mođđe*, aisl. *motte* 'Motte'.[1]

Aind. *mádhyas*, lat. *medius*, got. *midjis*, aisl. *miđr*, ahd. *mitti* 'in der Mitte befindlich': *untar* (**umđ-*) 'zwischen, unter' (vgl. aind. *ádhas* < **m̥dh-* 'unten'), aisl. *undorn*, *undarn* 'Mittag', got. *undaúrni-mats* 'Mittagsmahl'.

6. Der Übergang *n* > *n̥* (urgerm. *un*, *nu* § 3, 3, *no* § 6, 3, *ū* § 7, 3):

a) Der Vokal ist v o r *n* geschwunden:

Prät. pl. und part. prät. der Verba von dem Typus got. *bindan*, ahd. *bintan*, aisl. *binda*, prät. sg. got. *band*, ahd. *bant*, aisl. *batt*: pl. got., aisl. *bundum*, ahd. *buntum*, part. prät. got. *bundans*, ahd. *gi-buntan*, aisl. *bundenn* 'binden'.

---

[1] Dies Beispiel ist also in § 3, 2, b) einzuführen.

Aisl. *seđr*, aschwed. *sænder* 'für sich, je': ags. *sundor*, aisl. *sundr*, got. *sundrō* 'allein, abgesondert', gr. ἄτερ (**sn̥ter*) 'abgesondert von'.

Gr. πέμπτος (**penqtos*), lat. *quīnctus* (**qinqtos* < **penqtos*), got. *fimfta*, aisl. *fimte*, ahd. *finfto* : *funfto* 'fünfte'.

Gr. ὀδόντ-, ahd. *zan(d)*, aisl. *tǫnn* (**tanþu-*): lat. *dent-*, got. *tunþus* 'Zahn'.

Got. *ana-minds* 'Vermutung': *ga-munds*, ags. *ʒe-mynd* 'Andenken', lat. *mens* (gen. *mentis* < **mn̥t-*) 'Verstand'.

Ahd. *hrind*, ags. *hríđer* : *hrýđer*, ndl. *rund* 'Rind'.

Lat. *lumbus* (**lomdhos*), ahd. *lentin*, ags. *lenden*, aisl. *lend* 'Lende': pl. *lunder*, agutn. pl. *lyndir* 'Schinken, Hinterbacken'.

Aind. *jantúš*, ahd. *kint*, *kind* 'Kind': got. *gōda-kunds* 'von guter Abkunft', aisl. *-kundr*, *-kunnr* 'Sohn, Verwandter', aschwed. *kunder* 'verwandt'.

Aisl. *rás* (**rans*): got. *runs* 'Lauf'.

Got. *ansts*, aisl. *ǫ́st*: ahd. *unst* 'Gunst'.

Aind. *ánti*, ags. *óđ* (**anþ-*): got. *und*, aisl. *unz* (**und es*) 'bis'.

Ahd. *treno* 'Drohne': got. *drunjus* 'Laut', aisl. *drynia* 'lärmen, brummen'.

Ahd. *skinka*, ags. *sceonca*: afr. *skunka*, nhd. dial. *schunke* 'Schenkel'.

Ndl. *bink* 'Prügel', aschwed. *banka* : *bunka*, mhd. *punken* 'prügeln'.

Aisl. *stǫkkr* 'Anprall', as. *stank*, ahd. *stank* : *stunk* 'Gestank', got. *bi-stugq* 'Anstoss'.

Got. *winja*, aisl. *vin* (gen. *viniar*) 'Weide', *Biǫrg-vin*: gen. *Biǫrg-yniar* (und nom. *Biǫrg-yn*) 'die Stadt Bergen', ahd. *wunnea* 'Weide'? (s. Braune, Beitr. XIV, 370 Note).

Aisl. *spine* 'Zitze', mhd. *spen*: ahd. *spunni* (**spunia-*) 'Brust, Euter'.

Aisl. *bingr*, aschwed. *binge* 'Haufen': ahd. *bungo* 'Knolle', nschwed. dial. *bunge* 'Hain, Horst', aind. *bahúš*, gr. παχύς 'dicht'.

Aisl. *døkkr* (**đinkua-*), afr. *diunk*: ahd. *tunk-al* 'dunkel'.

Das Suffix germ. *-ing-*, *-ang-* : *-ung-* (bisweilen unursprünglich), z. B. agutn. *laiþingr*, aisl. *leiðangr*: aschwed. *lēþunger* 'Kriegsexpedition zur See'; aschwed. *køpinger*, aisl. *kaupangr*: aschwed. *køpunger* 'Stadt'; ahd. *kuning*: aisl. *konongr* 'König'; mhd. *nīdinc* : *nīdunc* 'Neidhart'; ags. *Scyldinȝ*: aisl. *Skiǫldongr* Personenname (eig. 'mit Schild versehener'); aschwed. *syslinge* : *syslunge* 'Geschwisterkind mütterlicher Seite'; aschwed. *hēþninge* : *hēþnunge* 'Heide'; aisl. *ǽttinge* : *ǫ́ttongr* 'Verwandter'; aisl. *hemingr* : *hǫmongr* 'Haut eines Hinterfusses'.

Das Suffix germ. *-ind-*, *-and-* : *-und-* (oft unursprünglich), z. B. as. *thūsind*, aschwed. *þūsind*, *þusand*, ags. *þúsend*: got. *þūsundi*, aisl. *þúsund*, ahd. *dūsunt* 'Tausend'; aisl. *erinde*, aschwed. *ærinde*, *ærande*, ags. *ærende*: as. *arundi*, ahd. *arunti*, ngutn. *arundi* 'Auftrag'; aschwed. *tīnde* (**tihinde* < **tehinđ-*) 'Zehnt', aisl. *ní-tiánde* (**-tehande*) 'neunzehnte', ahd. *zehando*: aisl. *tíonde* 'zehnte'; aisl. *vitind*, *vitand* : *vitond* 'Wissen'; aisl. *búande* : *bónde* (**bóunde*) 'Bauer'; aisl. *réttinde*, *réttende* : *réttynde* 'Recht' u. a. m. (s. Noreen, Aisl. Gr.², § 150, 2).

b) Der Vokal ist nach *n* geschwunden:

Ahd. *knetan*, ags. *cnedan*: aisl. *knođa* 'kneten'.

Asl. *nosŭ*, ahd. *nasa*, aisl. *nǫs*, ags. *næs-*: *nosu* 'Nase'.

Got. *ganah* 'genügt' (*ganōhs*, aisl. *gnógr* 'genug'): got. *ganaúha*, ahd. *ginuht*, aisl. *gnótt* 'Genüge'.

In den oben § 30 erwähnten zweisilbigen Wurzeln müssen natürlich die Sonanten beider Silben schwinden, wenn ein dazwischen stehender Konsonant als Sonant auftreten können soll. Derartige Fälle sind u. a. die folgenden:

Gr. *γενετή* 'Geburt': aind. *jantúš*, ahd. *kind* 'Kind': lat. *(g)nātus* 'geboren', *nātio*, got. *knōds* 'Geschlecht': *-kunds*, aisl. *-kundr* 'geboren'.

Lat. *vellus* (**u̯elnos*) 'Vliess': *lāna* (**u̯lānā*): lit. *vìlna*, asl. *vlŭna*, got. *wulla* (**u̯l̥nā*), ags. *wull*, aisl. *ull* 'Wolle'.

Ahd. *kerno*, aisl. *kiarne* 'Kern': lat. *grānum*: got. *kaúrn*, *kaúrnō*, aisl. *korn* 'Korn'.

Afr. *therp*: ags. *þrep*, *þróp* : *þorp*, afr. *thorp*, aisl. *þorp* 'Dorf'.

Gr. *πέρδομαι* 'furze', ags. *feortan*: aisl. *freta*: mhd. *vurzen* 'furzen'.

Lat. *vermis*: gr. *Ϝρόμος*: ahd., as. *wurm* 'Wurm', got. *waúrms*, aisl. *ormr* 'Schlange'.

Got. *siuks*, aisl. *siúkr* 'krank': mhd. *swach* 'schwach': got. *saúhts*, ahd. *suht*, aisl. *sótt* 'Krankheit'.

Got. *qairnus*, aisl. *kuern*, ahd. *quirn* 'Mühle': aind. *grávan-* 'Stein zum Soma-pressen': mhd. *kurn* 'Mühlstein'.

Got. *hairþra*: ags. *hređer* 'Eingeweide' (eig. 'geflochtenes'), lat. *crātes*: ahd. *hurd*, ags. *hyrd-el* 'Flechtwerk, Hürde', aisl. *hurđ* 'Hürde, Thür', got. *haúrds* 'Thür', gr. *κάρταλος* 'Korb'.

Gr. *τέρμα*, lat. *term-inus* 'Grenze': aisl. *þrǫmr* 'Rand', lat. *trāmes* 'Weg', gr. *τρῆμα* 'Loch': *τράμις* 'der Damm zwischen After und Scham', ahd. *drum*, mengl. *thrum* 'Endstück'.

Ags. *sceorfan* 'abreissen': ahd. *screfōn* 'einschneiden': *scurfen* 'aufschneiden', *scorf*, ags. *scurf* 'Schorf'.

(Wz. *pel* in gr. *πολύ*, got. *filu*, ags. *fealo*, *feolu*, aisl. *fiǫl-* 'viel':) lat. *plēnus*, air. *lán* (**plōnos*): lit. *pìlnas*, asl. *plŭnŭ*, got. *fulls*, aisl. *fullr*, ahd. *fol(l)* aus **pl̥nos* 'voll'.

(Wz. *u̯el* in lat. *Vol-cānus*, got. *wulan* 'heiss sein'? vgl. § 44, 4:) aisl. *Lóđorr* (alt *Wlóđurr*): aind. *Vr̥trás* 'Dämon der Hitze'.

(Wz. *u̯ered* 'sich schlingen':) lat. *rādix* (**u̯rād-*), aisl. *rót* (**wrót*): got. *waúrts* (**u̯r̥di-*, vgl. *aúrti-* 'Kraut' aus **urdi-* und ahd. *orzōn* aus **urdā-* 'pflanzen'), ahd. *wurzala* 'Wurzel', *wurz*, as. *wurt*, ags. *wyrt* 'Kraut', gr. *Ϝράδιξ* 'Rute', *Ϝράδαμνος* 'Ranke'.

Aisl. *aurr* 'Nass, Schlamm': aind. *vár-* 'Wasser': aisl. *úr* 'Regen'.

Ahd. *feld*, aschwed. *fiælder* 'Erdboden': aind. *práthas* 'Breite', gr. *πλάθανον* 'Kuchenbrett', ahd. *flado* 'Kuchen', mengl. *flađe* 'Platte': as. *folda* 'Land', aisl. *fold* 'Fläche (der Erde oder der See)'.

TEIL II.

DIE KONSONANTEN.

KAP. 1.

DAS INDOEUROPÄISCHE KONSONANTENSYSTEM.

§ 32. PHONETISCHE ÜBERSICHT.

Die ieur. Ursprache hatte folgende Konsonanten:

	Labiale	Dentale	Palatale	Gutturale nicht labialisierte	Gutturale labialisierte
1. Explosivæ: Tenues:					
unaspirierte:	*p*	*t*	*c*	*k*	*q*
'aspiratæ':	*ph*	*th*	*ch*	*kh*	*qh*
Explosivæ: Mediæ:					
unaspirierte:	*b*	*d*	*ʒ*	*g*	*g*
'aspiratæ':	*bh*	*dh*	*ʒh*	*gh*	*gh*
2. Spiranten:					
stimmlose:	—	*s*	—	—	—
stimmhafte:	*ƀ*	*z*	*j*	—	—
3. Liquidæ':	—	l_1 l_2 *r*	—	—	—
4. Nasale:	*m*	n_1	n_2	n_3	—
5. Vokale:	*u̯*	—	*i̯*	—	—

Anm. 1. Tenues aspiratæ sind verhältnismässig selten, und ihr ursprachliches Dasein ist daher erst ziemlich spät allgemein anerkannt worden. S. hierüber besonders Kluge, K. Z. XXVI, 88 ff., Beitr. IX, 194, P. Grundr. I, 324; Brugmann, Grundr. I, 352 f., 406 ff.; Bugge, Beiträge zur etymologischen Erläuterung der armenischen Sprache, S. 18 ff. und pass.; Zubatý, K. Z. XXXI, 1 ff., 9 ff.; Bartholomæ, K. Z.

XXVII, 366 ff., Studien zur idg. Sprachgeschichte I, 44, II, 3 ff.; vgl. auch Bezzenberger, Göttingische gelehrte Anzeigen 1883, S. 394 ff.

Anm. 2. Über die umstrittene Natur der mediæ aspiratæ s. vorzugsweise Sievers, Grundzüge der Phonetik[4], S. 157 ff. (und die daselbst zitierte Literatur); Meringer, ZfdöG. XXXIX, 142 ff.; Hoffory, ib. 774 ff.

Anm. 3. Die Media *b* scheint in allen Stellungen sehr selten gewesen zu sein; s. z. B. Kluge, Beitr. IX, 184 f., P. Grundr. I, 325; Brugmann, Grundr. I, 266.

Anm. 4. Die Spirans *z* (tönendes *s*) dürfte ziemlich selten gewesen sein. Bis jetzt ist sie nur in der Stellung unmittelbar vor mediæ aspiratæ sicher belegt; s. Osthoff, K. Z. XXIII, 87 ff.; Bartholomæ, Arische Forschungen I, 20 f.; Kluge, K. Z. XXV, 313, P. Grundr. I, 329; Brugmann, Grundr. I, 448 ff.; Kögel, Beitr. VII, 192.

Anm. 5. l_1 und l_2 verhalten sich ganz wie die im § 1 Anm. 3 erwähnten $\underset{\circ}{l}_1$ und $\underset{\circ}{l}_2$ und werden aus dem dort angeführten Grunde im Folgenden nicht verschieden bezeichnet.

Anm. 6. n_1, n_2 und n_3 verhalten sich ganz wie die im § 1 Anm. 4 erwähnten $\underset{\circ}{n}_1$, $\underset{\circ}{n}_2$ und $\underset{\circ}{n}_3$ und werden demgemäss im Folgenden nicht verschieden bezeichnet. Übrigens zeigen sie in allen ieur. Sprachen eine analoge Entwicklung, und ihre Vertreter werden in allen europäischen Sprachen durch ein und dasselbe Zeichen wiedergegeben (jedoch n_2 und n_3 im Gr. und Got. durch γ, *g*, nicht wie n_1 durch ν, *n*).

Anm. 7. *ƀ* und *u̯* werden im Folgenden beide durch *u̯* wiedergegeben, weil es in den weitaus meisten Fällen unmöglich ist zu entscheiden, wo dieser oder jener ieur. Laut vorliegt. In den meisten ieur. Sprachen sind sie nämlich in fast allen Stellungen mit einander zusammengefallen, wozu kommt, dass *ƀ* schon von Anfang an verhältnismässig selten gewesen zu sein scheint. Nur ganz ausnahmsweise ist das ursprachliche Vorhandensein eines *ƀ* mit einiger Wahrscheinlichkeit zu konstatieren, s. Osthoff, Perf., S. 135 Note; Brugmann, Grundr. I, 110, 409 (vgl. II, 1221 Note).

Anm. 8. Aus demselben Grunde werden im Folgenden (das verhältnismässig seltene) *j* und *i̯* beide durch *i̯* bezeichnet, wiewohl es hier etwas leichter ist die beiden Laute zu unterscheiden, da sie im Griechischen anlautend eine verschiedene Vertretung aufzuweisen haben, indem *j* als ζ, aber *i̯* als 'spiritus lenis' auftritt, z. B. ζέω (**jesō*) 'gähre' (vgl. aind. part. prät. *yastás* zu Wz. *jes*) gegen ἅγιος 'heilig' (vgl. aind. part. prät. *iṣṭás* 'verehrt' zu Wz. *i̯aʒ*). S. Brugmann, Grundr. I, 110, 453 f., II, 1221 Note; Delbrück, Einleitung in das Sprachstudium[3], S. 69.

Anm. 9. Die Palatale (auch 'vordere Gutturale' genannt) sind erst ziemlich spät — von Ascoli 1870 und Fick 1873 — als eine selbständige Reihe erwiesen worden, welche den Gutturalen ('hinteren Gutturalen' oder 'Velaren') gegenübersteht. Die beiden Reihen sind nur in den arischen, armenischen, phrygisch-thrakischen, albanesischen und baltisch-slavischen

Sprachen streng von einander geschieden, indem die Palatale in diesen Sprachen als Spiranten auftreten, eine Geltung, die von einigen Gelehrten (Schmidt, K. Z. XXV, 134; Fick, Wörterbuch [4]; Bechtel, Hauptprobl., S. 370 f.) mit grösserer oder weniger Zuversichtlichkeit als die ursprüngliche (d. h. aus ieur. Zeit stammende) betrachtet wird. Dagegen in den übrigen ieur. Sprachen treten die Palatale als Explosivlaute (oder deren direkte Abkömmlinge) auf und sind mit den nicht labialisierten Gutturalen zusammengefallen, zum Teil auch mit den labialisierten dadurch, dass diese letzteren hie und da in Folge einzelsprachlicher Lautgesetze ihre Labialisierung aufgegeben haben. S. weiter Brugmann, Grundr. I, 289 (wo auch die sonstige Literatur angeführt ist), 312 f., 342 f.; Bechtel, Hauptprobl., S. 291 ff.

Anm. 10. Die Gutturale sind, wie schon bemerkt worden ist, teils labialisierte, teils nicht labialisierte. Zwar lässt es sich — besonders in Betracht des Umstandes, dass die Doppelheit bisweilen in einer und derselben Wurzel vorzuliegen scheint — denken, dass diese Doppelheit auf eine ursprüngliche Einheit zurückzuführen sei, z. B. in der Weise, dass die einst überall vorhandene Labialisierung unter (noch nicht ermittelten) Umständen schon ursprachlich geschwunden wäre (etwa wie im franz. *quatre* aus lat. *quattuor*). Jedoch nehmen jetzt — und zwar mit gutem Grunde — einige Gelehrten an, dass man zwei etymologisch verschiedene Gutturalreihen, welche in den arischen, armenischen, albanesischen und baltisch-slavischen Sprachen vollständig mit einander zusammengefallen sind, zu statuieren habe: eine ('velare') mit Labialisierung und eine ('postvelare') ohne Labialisierung; so Bezzenberger, Bezz. B. XVI, 234 ff.; Osthoff, M. U. V, 64 Anm.; Bugge, Etruskisch und Armenisch, S. 108 Anm.; Bechtel, Hauptprobl., S. 338 ff.; u. a.

§ 33. DIE REGELMÄSSIGE VERTRETUNG DER INDOEUROPÄISCHEN KONSONANTEN IM ALTINDISCHEN, IM GRIECHISCHEN UND IM LATEIN.

1. *p* = aind., gr. *p*, lat. *p* (aber *qu*, wenn die folgende Silbe mit *qu* anfängt); z. B. aind. *pitá*: gr. πατήρ: lat. *pater* 'Vater'; aind. *upár-i*: gr. ὑπέρ: lat. *s-uper* 'über'; aind. *páñca*: gr. πέντε: lat. *quinque* 'fünf'.

2. *ph* = aind. *ph* (aber *p*, wenn die folgende Silbe mit einer Aspirata oder mit *s* + Aspirata anfängt); gr. φ (d. h. *ph*); lat. *f* (aber *p* nach *s*); z. B. aind. *s-phal-* 'wackeln': gr. σ-φάλλω 'stürze': lat. *fallo* 'entgehe, täusche'; aind. *phénas*: lat. *s-pūma* 'Schaum'; gr. σ-φόγγος: lat. *fungus* 'Schwamm'.

3. *b* = aind., gr., lat. *b*; z. B. aind. *buk-kāras* 'Brüllen des Löwen': gr. *βύκτης* 'Geheul': lat. *būcina* 'Posaune'; gr. *βαβάζω* 'plappern': lat. *babulus* 'Plapperer'.

4. *bh* = aind. *bh* (aber *b*, wenn die folgende Silbe mit einer Aspirata anfängt), selten *h*; gr. *φ* (aber *π*, wenn die folgende Silbe mit einer Aspirata anfängt); lat. *f* im Anlaut, *b* im Inlaut (jedoch *zbh* > *sp*?); z. B. aind. *bhárāmi*: gr. *φέρω*: lat. *fero* 'trage'; aind. *bṓdhāmi* 'wache': gr. *πεύθομαι* 'merke'; aind. *nábhas*: gr. *νέφος*, *νεφέλη*: lat. *nebula* 'Wolke'.

5. *m* = aind. *m* (das vor Spiranten schwindet, Nasalierung des vorhergehenden Vokals hinterlassend); gr. *μ* (*ν* im Auslaut sowie vor *i̯*; *μβ* inlautend, *β* anlautend vor *l* und *r*); lat. *m* (*n* vor *i̯*; *mr* > *br*); z. B. aind. *mātā́*: gr. *μήτηρ*: lat. *māter* 'Mutter'; ack. sg. aind. *áçvam*: gr. *ἵππον*: lat. *equum* 'Pferd'; aind. *a-mṛ̥tas*: gr. *ἄ-μβροτος* 'unsterblich', *βροτός* 'sterblich': lat. *mortuus* 'tot'.

6. *u̯* (*ƀ*) = aind. *v*; gr. *ϝ* (später geschwunden oder — selten — durch 'spiritus asper' ersetzt; *çu̯* > *ππ* inlautend, *π* anlautend; *tu̯* > *σσ* inlautend, *σ* anlautend); lat. *v*, nach Konsonanten oft *u*; z. B. aind. *vḗda*: gr. *ϝοῖδα* 'ich weiss': lat. *vīdi* 'habe gesehen'; aind. *návas*: gr. *νέϝος*: lat. *novus* 'neu'; aind. *catvā́ras*: gr. *τέσσαρες*: lat. *quatuor* 'vier'.

7. *t* = aind. *t* (*ṭ* nach *ṣ*); gr. *τ* (aber *σ* vor *s* und — ausser im Anlaut, nach *s* und im Dorischen — vor *i* so wie in den meisten Dialekten vor *u̯*; *ti̯* und *tu̯* > *σσ* inlautend, *σ* anlautend); lat. *t* (das vor *l* anlautend schwindet, inlautend zu *c* wird, ausser nach *s*); z. B. aind. *tráyas*: gr. *τρεῖς*: lat. *trēs* 'drei'; aind. *dádāti*: gr. *δίδωσι*: lat. *dat* 'giebt'; aind. *tyaktás* 'verlassen': gr. *σεπτός* 'gescheut, verehrt'.

8. *th* = aind. *th* (aber *t*, wenn die folgende Silbe mit einer Aspirata oder mit *s* + Aspirata anfängt); gr. *θ* (d. h. *th*; *thi̯* > *σσ* inlautend, *σ* anlautend); lat. ? (*t* nach *s*); z. B. aind. *vḗttha*: gr. *ϝοῖσθα* 'weisst': lat. *vīdistī* 'hast gesehen'; aind. *pramanthana-* 'Stab, durch dessen Herumdrehung Feuer hervorgebracht wird': gr. dial. *Προμανθεύς* 'Prometheus'. Eine andere Auffassung bei Zubatý, K. Z. XXXI, 1 ff.

9. *d* = aind. *d* (*zd* > *žd* > *ḍ*, s. 12 unten); gr. *δ* (aber *zd* und *dį* > *ζ*); lat. *d* (*l* dial. vor Vokal; *ld* und *dl* > *ll*; *dį* > *j*; *dų* > *b* anlautend und nach *r*, sonst > *v*); z. B. aind. *dámas*: gr. *δόμος*: lat. *domus* 'Haus'; aind. *Dyāúš*: gr. *Ζεύς*: lat. *Jū-piter*; aind. *dēvár-*: gr. *δαϝήρ*: lat. *lēvir* 'Schwager'; aind. *svādúš*: gr. *ἡδύς*: lat. *suāvis* 'süss'.

10. *dh* = aind. *dh* (aber *d*, wenn die folgende Silbe mit einer Aspirata anfängt), selten *h*; gr. *ϑ* (aber *τ*, wenn die folgende Silbe mit einer Aspirata anfängt; *dhį* > *σσ* inlautend, *σ* anlautend); lat. *f* im Anlaut, sonst *d* (aber *b* vor *l* und *r* sowie nach *m*, *r* und *ŭ*; *zdh* > *st*); z. B. aind. *dhūmás* 'Rauch': gr. *ϑυμός* 'Erregung': lat. *fūmus* 'Rauch'; aind. *mádhyas*: gr. *μέσσος*: lat. *medius* 'mittel'; aind. *ū́dhar*: gr. *οὖϑαρ*: lat. *ūber* 'Euter'.

11. *s* = aind. *s*, aber *š* (d. h. *sch*-Laut) nach *ĭ*, *ŭ*, *i̯*, *ų*, *r*, *r̥*, *c*, *k* und *q* (ausserdem *ç*, wenn die folgende Silbe mit aind. *ç* anfängt; *t* vor *s*; *sc* > *ç*; *sch* > *ch*, *cch*; *sk* und *sq* > *çc* oder *sk*, vgl. 21 und 25 unten); gr. *σ* (das intervokalisch schwindet), aber 'spiritus asper' anlautend vor Vokal, dagegen 'spiritus lenis', wenn die nächste oder die darauf folgende Silbe mit einer Aspirata anfängt oder ursprünglich mit *s* anfing (*sl*, *sn*, *sr* > resp. *λλ*, *νν*, *ϱϱ* inlautend, *λ*, *ν*, *ϱ* anlautend); lat. *s* (das vor *l*, *m* und *n* schwindet), aber *r* zwischen Sonanten oder zwischen einem Sonanten und *ų* (*ls*, *rs* > *ll*, resp. *rr*; *sr* > *br* inlautend, *fr* anlautend?, vgl. Osthoff, M. U. V, 62 ff.); z. B. aind. (vedisch) *saptá*: gr. *ἑπτά*: lat. *septem* 'sieben'; aind. *višám*: gr. *ϝιός*: lat. *vīrus* 'Gift'; aind. *sáhē* 'bemächtige mich': gr. *ἔχω* 'halte'; aind. *támisrā*: lat. *tenebræ* 'Finsternis'; gr. *ῥῖγος*: lat. *frīgus* 'Kälte'?

12. *z* = aind. *d* (*zd* > *d*; *zdh* > *dh*; *zʒ*, *zʒh*, *zg*, *zgh*, wo sie zu arischem *zj* werden sollten, > *jj*), aber — durch die Mittelstufe *ž* (vgl. *s* > *š* 11 oben) — *ḍ* nach *ĭ* und *ŭ* (*žd* > *ḍ*; *ždh* > *ḍh*); gr. *σ* (aber *zd* > *ζ*); lat. *s* vor Aspiraten, *r* vor *ʒ*, *g*, *g* (und *b*?), schwindet vor *d*; z. B. aind. *ádhvē*: gr. *ἧσϑε* 'sitzet'; aind. *pīḍáyāmi*: gr. *πιέζω* 'drücke'; aind. *májjāmi* 'tauche unter', *madgúš*: lat. *mergus* 'Taucher' (ein Wasservogel), *mergo* 'tauche'; aind. *nīḍás*: lat. *nīdus* 'Nest'.

13. *l* = aind. *r* oder *l* (vgl. § 2, 12 und § 32 Anm. 5), welches mit einem unmittelbar folgenden *t, th, d, dh, s, n* zu 'cerebralem' (d. h. supradentalem oder kakuminalem) resp. *ṭ, ṭh, ḍ, ḍh, ṣ, ṇ* verschmilzt ('Fortunatovs Regel', s. Brugmann, Grundr. I, 213 f. und besonders Bechtel, Hauptprobl., S. 382 ff.); gr. λ, lat. *l* (oft durch Dissimilation *r*); z. B. aind. *rŏcatē*: lat. *lūcet* 'leuchtet': gr. λευκός 'weiss'; aind. *purúš*: gr. πολύς 'viel': lat. *plūs* 'mehr'; aind. *raghúš*: gr. ἐλαχύς: lat. *levis* 'leicht, gering'; aind. *paṭala-* (aisl. *feldr*) 'Decke': gr. πέλτη 'Schild'; aind. *kuṭhāra-*: gr. (Hesych.) κελ-εΐς 'Axt': lat. *culter* 'Messer'; aind. *lúbhyati*: lat. *lubet* 'gelüstet'.

14. *r* = aind. *r* (dial. und später auch *l*, das dann vor Dentalen vielleicht nach 13 oben behandelt wird, s. Bechtel, a. a. O., vgl. Persson, Wz., S. 30); gr. ρ; lat. *r* (das vor *s* + Konsonant schwindet; *rl* > *ll*); z. B. aind. *rudhirás*: gr. ἐρυθρός: lat. *ruber* 'rot'; aind. *bhárāmi*: gr. φέρω: lat. *fero* 'trage'; aind. *rikh-*, *likh-* 'reissen': gr. ἐρείκω 'reisse auf'.

15. *n* = aind. *n* (*ñ*, *ṅ* je nachdem der folgende Konsonant palatal oder guttural ist; *n* > *ñ* nach aind. *c, j*), *ṇ* nach *ṛ, r* und *ṣ*, schwindet (Nasalierung des vorhergehenden Vokals hinterlassend) vor Spiranten; gr. ν (γ vor Gutturalen; νδ inlautend, δ anlautend vor *r*; schwindet vor *s* + Konsonant; *ln* > λλ, später λ mit Dehnung des vorhergehenden Vokals); lat. *n* (das vor *sl* und auslautendem *s* schwindet; *ln* und *nl* > *ll*); z. B. aind. *nāúš*: gr. ναῦς: lat. *nāvis* 'Schiff'; aind. *nar-* (lok. pl. *nṛšu*): gr. ἀνήρ (dat. pl. ἀνδράσι), δρ-ώψ 'Mann'; aind. *ạhas* 'Drangsal': gr. ἄγχω: lat. *ango* 'schnüre zusammen'; gr. κολωνός: lat. *collis* 'Hügel'.

16. *c* = aind. *ç* (*ct* > *šṭ*; *cs* > *kš*); gr. κ (*cį* > σσ inlautend, σ anlautend; *cu̯* > ππ inlautend, π anlautend); lat. *c* (*cu̯* > *qu*); asl. *s*; lit. *sz*; z. B. aind. *çatám*: gr. ἑ-κατόν: lat. *centum*: asl. *sŭto*: lit. *szim̃tas* 'Hundert'; aind. *dáça*: gr. δέκα: lat. *decem*: asl. *desętĭ*: lit. *deszim̃ts* 'zehn'; aind. *aštāú*: gr. ὀκτώ: lat. *octō* 'acht'; aind. *áçvas*: gr. ἵππος: lat. *equus* 'Pferd'.

17. *ch* = aind. *h*? (*sch* > *ch*, *cch*); gr. *χ*; lat. *h* (*c* nach *s*); z. B. aind. *chinádmi* 'zerreisse': gr. *σχίζω*: lat. *scindo* 'spalte'; aind. *pṛcchāmi* 'frage': lat. *posco* (**porc-sco*) 'fordere'. Anders Zubatý, K. Z. XXXI, 9 ff.

18. *ʒ* = aind. *j* (*ḍ* vor *bh*; *ʒd* > *ḍ*; *ʒdh* > *ḍh*); gr. *γ* (*ʒį* > *ζ*); lat. *g*; asl. *z*; lit. *ž*; z. B. aind. *jánas*: gr. *γένος*: lat. *genus* 'Geschlecht'; aind. *árjunas*: gr. *ἀργής* 'weiss': lat. *argentum* 'Silber'; aind. *jīrṇás* 'zerrieben': lat. *grānum*: asl. *zrĭno* 'Korn'.

19. *ʒh* = aind. *h* (aber *j*, wenn die folgende Silbe mit einer Aspirata anfängt); gr. *χ* (aber *κ*, wenn die folgende Silbe mit einer Aspirata anfängt; *ʒhį* > *σσ* inlautend, *σ* anlautend); lat. *h* (das vor *į*, oft auch intervokalisch, schwindet), aber *g* vor *l* und *r* sowie nach *n*; asl. *z*; lit. *ž*; z. B. aind. *himás*: gr. *χιών* 'Schnee': lat. *hiems*: asl. *zīmā* 'Winter'; aind. *váhāmi*: lat. *veho* 'führe': gr. *ὄχος* 'Wagen'; aind. *léhmi*: gr. *λείχω*: lat. *lingo* 'lecke'; aind. *áha* '(er) sprach': lat. *ājo* 'sage'; aind. *plīhán*: lat. *liēn* (**s-plihēn*) 'Milz': gr. *σ-πλάγχνον* 'Eingeweide'.

20. *į* (*j*) = aind. *y* (d. h. *j*); gr. anlautend 'spiritus asper' (und *ζ*, s. § 32 Anm. 8), schwindet in ursprünglich intervokalischer Stellung (*sį* und *ųį* > *ι*), sonst *ŋį* und *ṛį* > *αιν* und *αιρ*, *nį* und *rį* > *νν* und *ρρ* (später *ν* und *ρ* mit Dehnung des vorhergehenden Vokals), *ḷį* > *αλλ*, *lį* > *λλ*, *pį* > *πτ*, *dį*, *ʒį*, *gį* und *ǵį* > *ζ*, *tį*, *thį*, *dhį*, *cį*, *chį*, *ʒhį*, *kį*, *khį*, *ghį*, *qį*, *qhį* und *ghį* > *σσ* inlautend, *σ* anlautend; lat. anlautend *j*, nach Konsonanten *i*, schwindet in ursprünglich intervokalischer Stellung; z. B. aind. *yákṛt*: gr. *ἧπαρ*: lat. *jecur* 'Leber'; aind. *yugám*: gr. *ζυγόν*: lat. *jugum* 'Joch'; gr. *ἄλλος*: lat. *alius* 'ein anderer'; aind. *tráyas*: gr. *τρεῖς* (kretisch *τρέες*): lat. *trēs* 'drei'.

21. *k* = aind. *k*, aber *c* vor ieur. *ĕ* (aind. *ă*) und *ĭ*; gr. *κ*, aber bisweilen (s. Bechtel, Hauptprobl., S. 359 f., 366 f.) *τ* — dial. auch *π* — vor *ĕ* und *ĭ* (*kį* > *σσ* inlautend, *σ* anlautend); lat. *c*; z. B. aind. *kravíš* 'rohes Fleisch': gr. *κρέας* 'Fleisch': lat. *cruor* 'Blut'; aind. *rócatē*: lat. *lūcet* 'leuchtet': gr. *λευκός* 'weiss'; gr. *κώπη* 'Griff': lat. *capio*

'greife'; aind. *yācatē* 'fleht': gr. αἰτέω 'bitte', προ-ίσσομαι 'bettle', αἰκάζω (Hesych.) 'rufe'.

22. *kh* = aind. *kh* (aber *k*, wenn die folgende Silbe mit einer Aspirata oder mit *s* + Aspirata anfängt); gr. χ; lat. *h*, aber *g* nach *n* (*c* nach *s*); z. B. aind. *kákhati*: gr. καχάζει 'lacht'; aind. *çaṅkhás*: gr. κόγχος: lat. *congius* 'Muschel'.

23. *g* = aind. *g*, aber *j* vor ieur. *ĕ* (aind. *ă*) und *ĭ*; gr. γ, aber bisweilen (s. Bechtel, a. O.) δ — dial. auch β — vor *ĕ* und *ĭ* (*gi̯* > ζ); lat. *g*; z. B. aind. *s-thágāmi*: gr. σ-τέγω: lat. *tego* 'decke'; aind. *yugám*: gr. ζυγόν: lat. *jugum* 'Joch'; aind. *ṓjas* 'Kraft'; lat. *augēre* 'vermehren'; aind. *járatē* 'ruft' (neben *abhi-gará-* 'Loblied'): gr. (Hesych.) δειριᾶν 'schelten': lat. *garrio* 'schwatze', *gerro* 'Possentreiber'.

24. *gh* = aind. *gh* (statt dessen *g*, wenn die folgende Silbe mit einer Aspirata anfängt), aber *h* (statt dessen *j*, wenn die folgende Silbe mit einer Aspirata anfängt) vor ieur. *ĕ* (aind. *ă*) und *ĭ*; gr. χ (statt dessen κ, wenn die folgende Silbe mit einer Aspirata anfängt), aber bisweilen (s. Bechtel, a. O.) θ — dial. auch φ — (statt dessen τ — resp. π —, wenn die folgende Silbe mit einer Aspirata anfängt) vor *ĕ* und *ĭ* (*ghi̯* > σσ inlautend, σ anlautend); lat. *h* (das vor *i̯*, oft auch intervokalisch, schwindet), aber *g* vor *l* und *r*, sowie nach *n*; z. B. aind. *stighnṓmi* 'springe auf': gr. στείχω 'schreite'; gr. χανδάνω 'fasse': lat. *præ-hendo* 'greife'; aind. *jáṅghā* 'Unterbein': gr. κοχώνη 'die Stelle zwischen den Schenkeln'; aind. *háras* (neben *gharmás* aus **ghormos*) 'Glut': gr. θέρος 'Sommerhitze'.

25. *q* = aind. *k*, aber *c* vor ieur. *ĕ* (aind. *ă*) und *ĭ*; gr. π, aber τ (dial. auch π) vor *ĕ* und *ĭ* (*qi̯* > σσ inlautend, σ anlautend), κ vor und nach *ŭ*; lat. *qu* (woraus im Auslaut *c*; *que* antekonsonantisch > *co?*; *quo* später > *cu*, analogisch *quu*), aber *c* antekonsonantisch sowie vor ieur. *ŭ* (und *ŏ*?); z. B. aind. *kas* 'wer': gr. πό-θεν 'woher': lat. *quod* (statt **cod*, nach *quī*, *quæ* umgebildet?) 'welches'; aind. *catvā́ras*: gr. τέσσαρες: lat. *quat(t)uor* 'vier': aind. *cárāmi* 'gehe umher', *ca-krám*: gr. κύ-κλον, -ος 'Rad', τέλος 'Wendepunkt, Ziel', πόλος 'Drehachse', περι-τελλόμενος und -πλόμενος 'umlaufend': lat. *colus* 'Spinnrocken', *collum*, *-us*

'Hals', Wirbel', d. h. 'Drehpunkt', *colere* 'um etwas herum streifen, pflegen'; aind. *vṛ́kas*: gr. λύκος 'Wolf'; aind. *cid* 'irgend': gr. τι: lat. *quid* 'irgend etwas'.

26. *q̑h* = aind. *kh* (aber *k*, wenn die folgende Silbe mit einer Aspirata oder mit *s* + Aspirata anfängt); gr. φ (π), ϑ (τ) oder χ (κ) nach der 28 unten gegebenen Regel; lat. *f* (aber *gu̯* nach *n*); z. B. aind. *nakhás*: gr. ὄνυξ, gen. ὄνυχος: lat. *unguis* 'Nagel'.

27. *g* = aind. *g*, aber *j* vor ieur. *ĕ* (aind. *ă*) und *ĭ*; gr. β, aber δ (dial. auch β) vor *ĕ* und *ĭ* (*gi̯* > ζ), γ vor und nach *ŭ*; lat. *gu̯* nach *n*, sonst antekonsonantisch *g*, antesonantisch *v*; z. B. aind. *gáchāmi*: gr. βάσκω, βαίνω (**gm̥i̯ō*) 'gehe': lat. *venio* 'komme'; aind. *gálati* 'fällt weg': gr. βάλλω, δέλλω 'werfe': lat. *volo* 'fliege'; aind. *añjiš*: lat. *unguen* 'Salbe'; aind. *gurúš*: gr. βαρύς: lat. *gravis* 'schwer'; aind. *jīvás*: lat. *vīvus* 'lebendig': gr. βίος 'Leben', ὑ-γιής 'gesund' (eig. 'wohl-lebend').

28. *gh* = aind. *gh* (statt dessen *g*, wenn die folgende Silbe mit einer Aspirata anfängt), aber *h* (statt dessen *j*, wenn die folgende Silbe mit einer Aspirata anfängt) vor ieur. *ĕ* (aind. *ă*) und *ĭ*; gr. φ (statt dessen π, wenn die folgende Silbe mit einer Aspirata anfängt), aber ϑ — dial. auch φ — (statt dessen τ — resp. π —, wenn die folgende Silbe mit einer Aspirata anfängt) vor *ĕ* und *ĭ* (*ghi̯* > σσ inlautend, σ anlautend), χ vor und nach *ŭ*; lat. *f* anlautend, *v* intervokalisch, *gu̯* nach *n*; z. B. aind. *hánmi* (perf. *ja-ghā́na*): gr. ϑείνω (aor. ἔπεφνον): lat. *of-fendo* 'schlage'; gr. ϑήρ, φήρ: lat. *fera* 'wildes Tier'; aind. *raghúš*: gr. ἐλαχύς (vgl. ἐλαφρός 'schnell'): lat. *levis* 'leicht, gering'; gr. ack. sg. νίφα: lat. *nix*, gen. *nivis* 'Schnee', *ninguit* 'schneit'; aind. *dáhati* 'verbrennt', *ni-dāghás* 'heisse Zeit': gr. τέφρα 'Asche'.

KAP. 2.

DIE URGERMANISCHEN[1] LAUTGESETZE.

A. VERSCHIEBUNG DER ARTIKULATIONSART ('LAUTVERSCHIEBUNG'[1]).

§ 34. ÜBERGANG DER MEDIÆ ASPIRATÆ IN STIMMHAFTE SPIRANTEN.

Ieur. *bh*, *dh*, *ʒh*, *gh* und *gh* werden urgermanisch — vielleicht durch die Mittelstufen *bƀ*, *dđ*, *ʒʒ*, *gʒ* und *gʒ* (s. Jellinek, Beitr. XV, 268 ff.) — zu *ƀ*, *đ*, *ʒ*, *ʒ* und *ʒu̯* (*ʒ* § 41, *u̯* § 48, C, 5), welche Laute später oft in *b*, *d*, *g*, *g*, *gu̯* (*g*) übergegangen sind (s. § 39); s. Paul, Beitr. I, 147 ff. Also:

1. *bh* > *ƀ*, z. B.

Aind. *bhárāmi*, gr. *φέρω*, lat. *fero*: got. *baíra*, aisl. *ber*, ags. *bere* 'trage'.

Gr. *φηγός* 'Eiche', lat. *fāgus*: aisl. *bók*, ags. *bóc*, ahd. *buohha* 'Buche', got. *bōka* 'Buchstabe'.

---

[1] 'Die Lautverschiebung' ist also keineswegs ein einziges Lautgesetz, sondern die Gesamtheit der vielen, zeitlich weit verschiedenen Lautgesetze, welche das hauptsächlichste Charakteristikum der germ. Sprachen ausmachen, besonders alle diejenigen Vorgänge, welche die nicht aspirierten ieur. explosivæ zum Objekt haben; Versuche einer relativen Chronologie s. bei Kluge, Beitr. IX, 173 ff., P. Grundr. I, 325, Brugmann, Grundr. I, 397 f.; einen Ansatz zur absoluten Bestimmung s. bei Much, Beitr. XVII, 63. Über die Entdeckung der Lautverschiebung s. Paul, P. Grundr. I, 86. Die einschlägige, etwas ältere Literatur ist bei P. Piper, Die Sprache und Literatur Deutschlands, I, 218 ff. und K. v. Bahder, Die deutsche Philologie, S. 99 ff. verzeichnet. Aus der etwas späteren Literatur sei folgendes als das Wichtigste hervorgehoben: Paul, Beitr. I, 147 ff.; Verner, K. Z. XXIII, 97 ff.; Sievers, Beitr. V, 149; Kögel, Beitr. VII, 171 ff.; Kluge, K. Z. XXVI, 88 ff., Beitr. IX, 149 ff.; Kauffmann, Beitr. XII, 504 ff.; Bugge, Beitr. XII, 399 ff., XIII, 167 ff., 311 ff. Kurze Zusammenfassungen der bisherigen Ergebnisse finden sich bei Noreen, Nordisk familjebok IX, 1537 ff.; Brugmann, Grundr. I, 383 ff.; Kluge, P. Grundr. I, 324 ff.; Hj. Edgren, Jämförande grammatik I, 71 ff. — Im Folgenden werden die Lautverschiebungsgesetze, soweit möglich, relativ chronologisch geordnet.

Aind. *bhrấtar-*, gr. *φράτωρ*, lat. *frāter*: got. *brōþar*, aisl. *bróðer*, ags. *bróðor* 'Bruder'.

Aind. *bāhúš*, gr. *πῆχυς* 'Arm': ahd. *buog*, ags. *bóʒ*, aisl. *bógr* 'Bug'.

Aind. *bhḗdāmi*, lat. *findo* 'spalte': got. *beitan*, aisl. *bíta*, ags. *bítan* 'beissen'.

Aind. *nábhas*, gr. *νέφος*, *νεφέλη*, lat. *nebula* 'Wolke': ahd. *nebul*, as. *neƀal* 'Nebel', ags. *nifol* 'dunkel', aisl. *niól* (**neƀul-*) 'Finsternis', *Nifl-heimr* (**niƀil-*) 'Nebelwelt'.

Aind. *gárbhas* 'Mutterschooss, Brut, Kind', gr. *δελφύς*, *-ΐς*, *βέλφις*, *δολφός* 'Gebärmutter', *ἀ-δελφός* 'Bruder', eig. 'aus gemeinsamer Gebärmutter', *δέλφαξ* 'Ferkel': got. *kalbō* 'weibliches Kalb', ahd. *kalb*, ags. *cealf*, aisl. *kalfr* 'Kalb, Junges', ahd. *kilburra*, ags. *cilfor-lomb* 'Mutterlamm'.

Aind. *lúbhyati*, lat. *lubet* 'gelüstet': got. *liubs*, ahd. *liob*, aisl. *liúfr* 'lieb'.

2. *dh* > *đ*, z. B.

Aind. *á-dhāt* 'sog', gr. *θῆσθαι*, lat. *fēlāre*: got. *daddjan*, aschwed. *dæggia* 'säugen', *dīa* 'saugen'.

Aind. *dádhāmi*, gr. *τίθημι* 'setze', lat. *fa-cere*: ags., as. *dōn* 'machen', got. *ga-dēds*, aisl. *dǫ́đ* 'That'.

Aind. dat., instr., abl. dual. *durbhyấm*, gr. *θύρα*, lat. pl. *fores*: got. *daúr*, as. *dor*, *duri*, ags. *duru*, aisl. pl. *dyrr* 'Thür'.

Aind. *mádhyas*, gr. *μέσσος*, lat. *medius*: got. *midjis*, aisl. *miđr*, ags. *midd* 'mittel'.

Aind. *rudhirás*, gr. *ἐρυθρός*, lat. *ruber*: got. *rauds*, aisl. *rauđr*, *rióđr*, ags. *réad*, *réod* 'rot'.

Aind. *mīḍhá-* 'Beute', gr. *μισθός*: got. *mizdō*, ags. *meord* 'Lohn, Miete'.

Aind. *mádhu*, gr. *μέθυ*: aisl. *miǫđr*, ags. *meodo* 'Meth'.

3. *ʒh* > *ʒ*, z. B.

Aind. *háriš* 'gelblich', gr. *χλ-ωρός* 'grüngelb', lat. *helvus* 'graugelb', asl. *zel-enŭ* 'grün': aisl. *gulr*, ahd. *gelo*, ags. *ʒeolo* 'gelb'.

Aind. *hąsás*, gr. *χήν*, lat. *(h)ans-er*, lit. *žąsìs*: aisl. *gǫ́s*, ahd. *gans*, ags. *ʒós* 'Gans'.

Aind. *váhāmi*, lat. *veho*, asl. *vezą* 'führe', gr. ὄχος: aisl. *vagn*, ahd. *wagan* 'Wagen', got. *ga-wigan* 'bewegen', aisl. *vega* 'heben', ags. *weȝan* 'tragen, wiegen'.

Aind. *léhmi*, gr. λείχω, lat. *lingo* 'lecke', asl. *līzātī*: got. *bi-laigōn* 'lecken'.

Aind. *san-dēhás* 'Zusammenkittung', gr. τεῖχος, τοῖχος 'Mauer', lat. *fingo* 'bilde', *figūra* 'Gestalt', *figulus* 'Töpfer': got. *deigan* 'aus Ton formen', *ga-digis* 'Gebilde', aisl. *deigr*, ags. *dáȝ* 'Teig', aisl. *digoll* 'Tiegel'.

Aind. *bāhúš*, gr. πῆχυς 'Arm': ahd. *buog*, ags. *bóȝ*, aisl. *bógr* 'Bug'.

4. *gh* > ȝ, z. B.

Aind. *jáṁghā* 'Unterbein', gr. κοχώνη 'Stelle zwischen den Schenkeln': got. *gaggan*, aisl. *ganga*, ags. *ȝonȝan* 'gehen'.

Gr. χανδάνω 'fasse', lat. *præ-hendo* 'greife', *hed-era* 'Epheu' (eig. 'Kletter-pflanze'): got. *bi-gitan*, aisl. *geta*, ags. *-ȝietan* 'erlangen'.

Lat. *hostis* 'Fremder, Feind', asl. *gostī*: got. *gasts*, aisl. *gestr*, ags. *ȝiest* 'Gast'.

Gr. ὀφέλλω 'bin schuldig', (Hesych.) τέλθος 'Abgabe': got. *us-gildan* 'vergelten', aisl. *gialda* 'bezahlen', ags. *ȝieldan* 'gelten'.

Gr. κίσσα (**ghidhi̯ā*) 'Gelüst', lit. *geisti* 'begehren': got. *gaidw* 'Mangel', ahd. *gītag* 'gierig', ags. *ȝítsian* 'geizen'.

Aind. *stighnṓmi* 'springe auf', gr. στείχω 'schreite': got. *steigan*, aisl. *stíga*, ags. *stíȝan* 'steigen'.

Gr. λέχεται 'legt sich', λέχος, lat. *lectus* 'Bett', asl. *legą* 'lege mich': got. *ligan*, aisl. *liggia*, ags. *licȝean* 'liegen'.

5. *gh* > ȝu̯ (ȝ § 41, 3, u̯ § 48, C, 5), z. B.

Aind. *hánmi*, gr. θείνω &c. (s. § 33, 28) 'schlage', φατός 'getötet', aind. *ghanás* 'Zermalmer', *hatyā* 'Tötung': ahd. *gundea*, aisl. *gunnr* (**ghn̥ti̯ā*) 'Kampf'.

Gr. θέσσασθαι (*ghedhi̯-*) 'erflehen', πόθος (**ghodhos*) 'Verlangen': aisl. *geđ* (**ghodhi̯om*) 'Leidenschaft, Aufmerksamkeit, Gemüt' (s. Falk, Akademiske Afhandlinger til Prof. Dr. S. Bugge, S. 14 f.).

Gr. (Hesych.) ὀφνίς, apreuss. *wagnis*, lat. *vōmis* (*vōvnis?*): ahd. *waganso*, aisl. *vangsne*, nnorw. dial. *vagsne* 'Pflugschar'.

Aind. *drōghas* 'Schädigung', *drúhas* 'Unholde': aisl. *draugr* 'Gespenst', as. *bi-driogan* 'betrügen'.

Gr. ὀμφή 'Stimme': got. *siggwan*, ahd. *singan*, aisl. *syngua* 'lesen, krähen, singen'.

Gr. ἐλαφρός (vgl. ἐλαχύς 'leicht'): ahd. *lungar*, ags. *lunȝor* 'rasch'.

§ 35. ÜBERGANG DER UNASPIRIERTEN TENUES IN STIMMLOSE SPIRANTEN.

Ieur. *p, t, c, k, q* werden urgerm. — wahrscheinlich ohne Mittelstufen (s. Sievers, P. Grundr. I, 295, Phonetik^4, S. 262) — zu *f* (bilabiales), *þ* (interdentales), *h* (palatales, d. h. '*ich*-Laut'), *h* (gutturales, d. h. '*ach*-Laut'), *hv* (labialisierter '*ach*-Laut'), über deren weitere Entwicklung in gewissen Stellungen s. § 38 und § 39. Nach einem (ursprünglichen oder erst durch die hier behandelte Lautverschiebung entstandenen) Spiranten bleibt jedoch ein ieur. Tenuis unverschoben, oder vielleicht ist der Fall der, dass die einmal durch Lautverschiebung entstandenen Spiranten in der betreffenden Stellung wieder zu Tenues geworden sind (s. Meringer, ZfdöG. XXXIX, 140 f.). Möglicherweise sind auch die durch Assimilation eines Nasals mit einem vorhergehenden Tenuis entstandenen germ. Geminaten *pp*, *tt*, *kk* schon ieur. vorhanden, also unverschoben (s. weiter § 44).

1. *p* > *f*, z. B.

Aind. *pitā́*, gr. πατήρ, lat. *pater*: got. *fadar*, ahd. *fater*, aisl. *faðer* 'Vater'.

Aind. *pād-*, gr. πούς, lat. *pēs*: got. *fōtus*, ahd. *fuoz*, aisl. *fótr* 'Fuss'.

Aind. *páçu*, lat. *pecu*: got. *faihu*, ags. *feoh*, aisl. *fé* 'Vieh'.

Gr. κώπη 'Griff', lat. *capio* 'greife': got. *hafjan*, ahd. *heffen*, aisl. *hefia* 'heben'.

Aind. *nápāt* 'Abkömmling', gr. pl. νέποδες 'Brut', lat. *nepōs* 'Neffe': ahd. *nefo*, aisl. *nefe* 'Verwandter'.

Gr. κλέπ-τω, lat. *clepo*: got. *hlifa* 'stehle'.

Dagegen in der Verbindung *sp* bleibt, wie gesagt, das *p*, z. B. lat. *specio* 'sehe nach etwas': ahd. *spehōn* 'spähen', aisl. *spá* 'voraussehen'; gr. *σπαίρειν* 'zappeln', lat. *spernere* 'hinwegstossen': ahd. *spornōn*, ags. *spurnan*, *spornan*, aisl. *sporna* 'mit den Füssen stossen, treten'.

2. *t* > *þ*, z. B.

Aind. *tv-am*, gr. dor. *τύ*, lat. *tu*: got. *þu*, ags., aisl. *þú* 'du'.

Aind. *tráyas*, gr. *τρεῖς*, lat. *trēs*: got. *þreis*, ags. *þrí*, aisl. *þrír* 'drei'.

Aind. *tanṓmi*, gr. *τείνω*, lat. *ten-do* 'spanne': got. *þanjan*, ags. *þenian*, aisl. *þenia* 'dehnen'.

Aind. *bhrā́tar-*, gr. *φρά́τωρ*, lat. *frāter*: got. *brōþar*, ags. *bróđor*, ahd. *bruoder* 'Bruder'.

Aind. *dan* (**dant*), gr. *ὀδούς* (gen. *ὀδόντος*), lat. *dens* (gen. *dentis*): got. *tunþus*, ags. *tóđ*, ahd. *zan(d)*, aisl. *tǫnn* (**tanþu-*) 'Zahn'.

Aind. *vártatē* 'dreht sich', lat. *verto* 'wende': got. *waírþan*, ags. *weorđan*, ahd. *werdan* 'werden'.

Dagegen in den Verbindungen *st*, *ft* (aus ieur. *pt*) und *ht* (ieur. *ct*, *kt*, *qt*) bleibt *t*, z. B. gr. *ἵστημι* 'stelle', lat. *stō* 'stehe': ahd. *stān*, aschwed. *stā* 'stehen'; aind. *ásti*, gr. *ἐστί*, lat. *est*: got., ahd. *ist* 'ist'; lat. *captus*: ahd. *haft*, aisl. *haptr* (< *haftr*) 'gefangen'; gr. *κλέπτης*: got. *hliftus* 'Dieb'; aind. *aṣṭāú*, gr. *ὀκτώ*, lat. *octō*: got. *ahtau*, ahd. *ahto*, aisl. *átta* 'acht'; aind. *náktiš*, gr. *νύξ* (gen. *νυκτός*), lat. *nox* (gen. *noctis*): got. *nahts*, ahd. *naht*, aisl. *nótt* 'Nacht'.

Anm. Unmittelbar vor *c*, *k*, *q* scheint *t* zu *s* (statt *þ*, das doch vielleicht eine Mittelstufe ausgemacht hat) geworden zu sein; s. Brugmann, Grundr. I, 385. Die Beispiele sind aber sämtlich dadurch unsicher, dass wir vielleicht von der Verbindung *tsc* (*tsk*, *tsq*), wo *t* später geschwunden ist (s. § 48, C, 1), auszugehen haben (so Kluge, Nominale Stammbildungslehre, § 209). Solche Fälle sind u. a.

Ieur. **kr̥tkos* (vgl. gr. *κρατύς* 'stark', got. *hardus* 'hart'): got. *and-hruskan* 'erforschen' (eig. 'bewältigen'?), ahd., ags. *horsc*, aisl. *horskr* 'klug'; vgl. ahd., ags. *horsc*, aisl. *horskr* 'schnell' (ursprünglich mit dem vorigen Wort identisch?) zu ags. *hræđ*, aisl. *hrađr* 'schnell', lit. *kretù* 'bewege mich'.

Aind. *a-datkas* (**dn̥tqos*) 'zahnlos': ags. *túsc* 'Zahn', aisl. *Ratatoskr* ('Rattenzahn' oder 'Wanderzahn'?) mythisches Eichhörnchen.

Ieur. **rotqos* (vgl. lat. *rota*: ahd. *rad* 'Rad', *rado*, ags. *rœde* 'schnell', got. *raþs* 'leicht'): aisl. *rǫskr* 'keck', ahd. *rasc* 'schnell'.

Ahd. *frosc*, ags. *forsc*, aisl. *froskr* neben *frauðr* 'Frosch'; ebenso? nschwed. *mask* neben aisl. *maþkr*, mengl. *maþek* 'Wurm'.

Ieur. **latqos* aus **ladqos* (vgl. gr. ληθεῖν 'ermatten', lat. *lassus* aus **ladtos* 'müde'): aisl. *lǫskr* 'schlaff' neben got. *lats*, aisl. *latr* 'faul'.

Aisl. *beiskr* 'bitter' zu got. *baitrs*, ahd. *bittar*, aisl. *bitr* 'bitter', lat. *foedus* 'widerwärtig'.

Aisl. *þroskr* 'gereift' zu *þrote* 'Schwulst', *þrútenn* 'geschwollen'.

Ahd. *frisc* 'frisch, jung, unberührt, geschont' zu ahd. *fridu*, aisl. *friðr* 'Frieden', *fríðr* 'schön, geweiht' (s. Schröder, ZfdA. XXXV, 262 ff.)?

3. *c* > *h*, z. B.

Aind. *çatám*, gr. ἑ-κατόν, lat. *centum*: got. *hund*, as. *hunde-rod*, aisl. *hund-rađ* 'Hundert'.

Aind. *çrad-dádhāmi* 'beherzige', gr. καρδία, lat. *cor*: got. *hairtō*, ahd. *herza*, aisl. *hiarta* 'Herz'.

Aind. *çvan-*, gr. κύων, lat. *canis*: got. *hunds*, ags. *hund*, aisl. *hundr* 'Hund'.

Aind. *dáça*, *daçát*, gr. δέκα, lat. *decem*: got. *taihun*, ahd. *zehan*, as. *tehan* 'zehn'.

Aind. *dēçáyāmi*, gr. δείκνυμι 'zeige', lat. *dīco* 'sage': got. *ga-teihan* 'anzeigen', ahd. *zīhan* 'zeihen', as. *af-tīhan* 'versagen'.

Aind. *çváçuras* (**sụec-*), gr. ἑκυρός, lat. *socer*: got. *swaihra*, ahd. *swehur* 'Schwiegervater'.

Aind. *puru-pēças* 'vielförmig', gr. ποικ-ίλος 'bunt': got. *filu-faihs* 'mannigfach', ags. *fáh*, ahd. *fēh* 'bunt'.

Dagegen in der Verbindung *sc* unterbleibt die Verschiebung, z. B. gr. σκιά: as. *sci-mo* 'Schatten'; gr. σκοιόν 'schattiges': aisl. *skegg* (**skaịịa-*) 'Bart'.

4. *k* > *h*, z. B.

Lat. *cū-dere*, asl. *kovātī* 'schmieden': ahd. *houwan*, aisl. *hǫggua* 'hauen'.

Aind. *kētúš* 'Bild, Gestalt': got. *haidus* 'Art und Weise', ahd. *heit* 'Stand, Eigenschaft'.

Gr. κλοπεύς 'Dieb', lat. *clepo*: got. *hlifa* 'stehle'.

Lat. *caput*: got. *haubiþ*, ahd. *houbit*, aisl. *hǫfođ* 'Haupt'.

Lat. *secāre* 'schneiden', *sacēna* 'Axt': ahd. *sahs*, *siht* 'Messer', *sahar* 'Schwertel'.

Lat. *vīcī* 'siegte', *victor* 'Sieger': got. *weihan* 'kämpfen', ahd. *ubar-wehan* 'besiegen'.

Dagegen in der Verbindung *sk* bleibt *k*, z. B. gr. *θυο-σκόος* 'Opferschauer': got. *us-skaus* 'vorsichtig', ahd. *scou-wōn*, aisl. *sko-đa* 'schauen'; gr. *σκώρ* 'excrementum': mhd. *schuor* 'Schererei', aisl. *skøra* 'Streit'.

5. *q* > *ƕ* (später oft in *h* übergegangen, s. § 41, 1), z. B.

Aind. *kas* 'wer', gr. *πόθεν* 'woher', lat. *quod* 'welches': got. *ƕa*, ags. *hwæt*, aisl. *huat* 'was'.

Aind. *ca-krám*, gr. *κύ-κλος*: ags. *hweo-hol*, *hweo-ȝol*, aisl. *hiól* (**ƕeu̯l-*) 'Rad'; ohne Reduplikationssilbe gr. *τέλος* 'Wendepunkt', *πόλος* 'Drehachse', lat. *colus* 'Spinnrocken', asl. *kolo*: aisl. *huel* 'Rad'.

Aind. *carú-*: ags. *hwer*, aisl. *huerr* 'Kessel'.

Aind. *rinákti*, gr. *λείπει*, lat. *linquit* 'lässt, verlässt': got. *leiƕan*, ahd. *līhan* 'leihen'.

Lat. *aqua*: got. *aƕa*, ahd. *aha* 'Wasser'.

Aind. *sácatē*, gr. *ἕπεται*, lat. *sequitur* 'folgt': got. *saiƕan*, ahd. *sehan* 'nachspüren, sehen'.

Dagegen in der (ursprünglichen oder nach der obigen Anmerkung entstandenen) Verbindung *sq* unterbleibt die Verschiebung; Beispiele s. in der Anmerkung oben, S. 116 f.

§ 36. ÜBERGANG DER TENUES ASPIRATÆ IN STIMMLOSE SPIRANTEN.

Ieur. *ph*, *th*, *ch*, *kh*, *qh*, fallen urgerm. mit den unaspirierten Tenues zusammen, indem auch jene zu *f*, *þ*, *h*, *h*, *ƕ* — über deren weitere Entwicklung s. § 38 und § 39 — werden; s. Kluge, K. Z. XXVI, 88 ff. und die übrige in § 25 Anm. 1 verzeichnete Literatur. Beispiele sind überhaupt ziemlich selten.

1. *ph* > *f*, z. B.

Aind. *phḗnas*, lat. *s-pūma*: ahd. *feim*, ags. *fám* 'Feim, Schaum'.

Aind. *phála-* 'reife, abfallende Frucht', *s-phal-* 'wackeln', gr. *σ-φάλλω* 'stürze', lat. *fallo* 'entgehe': ahd. *fallan*, aisl. *falla* 'fallen'.

Gr. *φράζω* 'gebe Nachricht': got. *us-fratwjan* klug machen'; vgl. lit. *prantù* 'lerne': got. *fraþjan* 'verstehen', *frōds*, aisl. *fróðr* 'gelehrt'.

Aind. *çaphá-*: ahd. *huof*, aisl. *hófr* 'Huf'.

Dagegen in der Verbindung *sph* bleibt *ph* als germ. *p* (vgl. § 35, 1 Schluss), z. B. aind. *sphāṭati* 'breitet sich aus, platzt': ahd. *spaltan* 'spalten', got. *spilda* 'Schreibtafel', aisl. *spiald* 'Brett'.

2. *th* > *þ*, z. B.

Gr. *τρέχω* (**threkhō*, futur. *θρέξομαι*) 'laufe': got. *þragjan* 'laufen', aisl. *þrǽll*, ahd. *drigil* 'Sklave'.

Aind. *mēthíš*: aisl. *meiðr* 'zugeschnittenes Holz'.

Aind. *kvathati* 'siedet': got. *ƕaþō* 'Schaum'.

Aind. *vithyati* 'rüttelt': got. *wiþōn* 'schütteln'.

Aind. *çithirás* 'locker': ahd. *hadara* (**haþrō*), mhd. *hadel*, *hader* 'Lumpen'.

Aind. *práthas* 'Breite', *pṛthúš* 'breit', *pṛthvī́* 'Erde', gr. *πλάθανον* 'Kuchenbrett': mengl. *flaðe* 'Platte', ahd. *flado* 'Kuchen', *feld*, aschwed. *fiælder* (ack. *fiæll* aus **felþa*) 'Erdboden', aisl. *fold* 'Fläche', as. *folda* 'Land'.

Aind. *jaṭhára-* (**gelth-*) 'Bauch': got. *in-kilþō* 'schwanger', ags. *cild* (**kilðiz*, vgl. § 38, 2) 'Kind'.

Aind. *kuṭhāra-* 'Axt': nschwed. *hulling* (**hulþ-*) 'Zacken (am Pfeil)'.

Gr. *ἐλεύθερος* 'frei, losgelassen': ags. *lýðre* (**liuþri-*) 'schlecht', mhd. *liederlich* 'lose, leichtfertig'.

Gr. *ἀ-σκηθής* 'ohne Schaden': got. *skaþjan*, ahd. *scadōn*, aisl. *skeðia* 'schaden'.

Dagegen nach (ursprünglichem oder sekundärem) *s, f, h* bleibt *th* als *t* (vgl. § 35, 2), z. B. 2. sg. perf. aind. *vēttha*, gr. *ϝοῖσθα* (lat. *vīdistī*): got. *waist* (mit nochmaliger Endung statt lautgesetzlichen **waiss*, s. § 52, 2), aisl. *veist* (*veizt*), ahd. *weist* 'du weisst'; ebenso got., aisl. *gaft* 'gabst', *slōht*, *slótt* 'schlugst' u. a., wonach wohl analogisch got., aisl. *bart* 'trugst' u. dgl. statt lautgesetzlichen **barþ* (vgl. ags. *earđ* 'bist') u. dgl.

Anm. Die sonstigen Fälle, wo man ieur. *th* durch germ. *t* hat vertreten wissen wollen (s. Bezzenberger, Gött. gel. Anzeigen 1883, S. 394 ff., Bezz. B. XVI, 257; Kluge, P. Grundr. I, 324), sind wohl sämtlich anders aufzufassen, s. Kauffmann, Beitr. XII, 518; Brugmann, Grundr. I, 407 Note, II, 229, 1344; Johansson, K. Z. XXX, 554 f.; Persson, Wz., S. 47.

3. *ch* > *h*. Sichere Beispiele sind nicht belegt. Vielleicht sind einige der unten als Beispiele des Überganges *kh* > *h* angeführten Fälle eigentlich hierher gehörig.

Nach *s* bleibt *ch* als *k*, z. B. aind. *pṛchā́mi* 'frage', lat. *poscō* 'fordere': ahd. *forscōn* 'forschen'; aind. *chinádmi* 'schneide ab', gr. *σχίζω*, lat. *scindo* 'spalte': ahd. *skīzan*, aisl. *skíta* 'scheissen' (eig. 'absondern').

4. *kh* > *h*, z. B.

Aind. *khañj-*: ahd. *hinkan* 'hinken', ags. *helle-hinca* 'Teufel'.

Aind. *khōḍas* (**khaṷldos*) 'lahm': got. *halts*, aisl. *haltr* 'hinkend'.

Gr. (Hesych.) *χαμός* 'krumm', lat. *hāmus* 'Haken': ahd. *hamo* 'Angelhaken'.

Lat. *habēre*: got. *haban*, ahd. *habēn*, aisl. *hafa* 'haben'.

Gr. *τρέχω* 'laufe', *τροχός* 'Rad': aisl. *þrǽll* (**þrāhilaʀ*, vgl. ahd. *drigil*) 'Sklave, Knecht'.

Gr. *ἄχνη*: got. *ahana* (vgl. ahd. *agana*, aisl. *ǫgn* § 38, 3) 'Spreu, Ahne'.

Nach *s* bleibt wohl *kh* als *k* (vgl. 3 oben), aber ganz sichere Beispiele fehlen.

5. *qh* > *ƕ* (*h* § 41, 1), z. B.

Aind. *rēkhā* 'Linie': ahd. *rīhan* 'reihen' (vgl. ags. *ráw* < **raiʒṷ-* < **raiƕ-* 'Reihe').

Aind. *nakhás*, *nakhára-*, gr. *ὄνυξ* (gen. *ὄνυχος*), lat. *unguis*, *ungula*: ahd. *nagal*, aisl. *nagl* (**nahlá-* § 38, 3) 'Nagel'.

Nach *s* bleibt *qh* als *k*, z. B. (?) aind. *skhálāmi* 'bleibe stecken, gehe fehl', lit. *skelė́ti* 'schuldig sein', *skolà*: as., ahd.

sculd 'Schuld, Sünde', *scolan*, got. *skulan*, aisl. *skolo* 'schuldig sein, sollen'.

§ 37. ÜBERGANG DER UNASPIRIERTEN MEDIÆ IN TENUES.

Ieur. *b*, *d*, *ʒ*, *g*, *g* werden germ. zu *p*, *t*, *k*, *k*, *q* (statt dessen unter Umständen *k*, s. § 41, 2). Also:

1. *b* > *p*, z. B.

Lit. *balà*, asl. *blāto* (**bolto*) 'Sumpf': ags. *pól*, ahd. *pfuol*, ndl. *poel*, *peel* (**pali-*) 'Pfuhl' (Uhlenbeck, Beitr. XVII, 439 f.).

Gr. *βλέφαρον* 'Auge' (vgl. *βλέπω* 'sehe'): ahd. *pflegan* 'wofür sorgen', as. *plegan* 'wofür einstehen'.

Thrakisch *βαίτη* 'Bauernkleid': got. *paida* 'Rock'.

Gr. *κόμβος*: nschwed. dial. *hämpa*, nnorw. dial. *hempa* 'Schleife'.

Gr. *κύμβος* 'Gefäss': nhd. *humpen* 'Trinkgefäss'.

Aind. *sabar-* 'Nektar': ags. *sæp*, ahd. *saf* 'Saft'.

Lat. *sēbum* 'Talg': aisl. *sápa* 'Seife' (Persson, Wz., S. 176 Note).

Asl. *dobrŭ*: ndl. *dapper*, ahd. *tapfar* 'tapfer'.

Gr. *κάνναβις*, lat. *cannabis*: ags. *hænep*, aisl. *hanpr* 'Hanf'.

Lat. *lābi* 'gleiten', *labāre* 'wackeln', asl. *slabŭ*: aisl. *slápr*, nndd. *slap* 'schlaff', got. *slēpan* 'schlafen'.

Lat. *labium*, *labrum*: as. *lepor*, ahd. *leffur*, *lefs* 'Lippe'.

Gr. *κύβος* 'Höhlung vor der Hüfte', lat. *cubo* 'neige mich': got. *hups*, ags. *hype* 'Hüfte'.

Lat. *verberor* 'schlage': got. *waírpan*, ags. *weorpan*, aisl. *verpa* 'werfen'.

Lat. *vibro* 'schwinge': ndl. *wippen* 'schaukeln', got. *waips* 'Kranz', mhd. *wīfen* (**wīpan*) 'schwingen, winden', ahd. *wiffil* 'Wipfel'.

Lat. *trabs* 'Balken', lit. *trōbà* 'Gebäude', gall. *A-trebates* ein Völkername: afr. *therp*, ags. *þrep*, *þróp* 'Dorf', aisl. *þorp* 'Gehöft', got. *þaúrp* 'Acker'.

Gr. *τύρβη*, lat. *turba* 'Schar': aisl. *þyrpask* 'sich haufenweise versammeln'.

Lat. *lūbricus* (**sloi̯b-* oder **sleu̯b-*): ags. *slipor*, mhd. *slupfer* 'schlüpfrig', ahd. *slīfan*, *sliofan*, got. *sliupan*, ags. *slúpan* 'gleiten, schlüpfen'.

2. *d* > *t*, z. B.

Aind. *dámas*, gr. *δόμος*, lat. *domus* 'Haus', gr. *δέμειν*: got. *timbrjan* 'bauen', ags. *timber*, aisl. *timbr* 'Bauholz', as. *timbar* 'Zimmer', aisl. *tomt*, *topt* 'Baustelle'.

Aind. *dru-* 'Holz', gr. *δρῦς*: got. *triu*, aisl. *tré* 'Baum, Holz'.

Aind. *dákšinas*, gr. *δεξιός*, lat. *dexter* 'rechts befindlich': got. *taíhswō*, ahd. *zeswa* (**tehswō*) 'die rechte Hand'.

Aind. *ádmi*, lat. *edo* 'esse', gr. *ἔδομαι* 'werde essen': got. *itan*, ags. *etan*, aisl. *eta* 'essen'.

Aind. *pād-*, gr. *πούς* (gen. *ποδός*), lat. *pēs* (gen. *pedis*): got. *fōtus*, ags. *fót*, aisl. *fótr* 'Fuss'.

Aind. *sádas*, gr. *ἕδος*, lat. *sēdes*: aisl. *sǽte* 'Sitz', *sitia*, got. *sitan*, ags. *sittan* 'sitzen'.

Gr. *κλάδος* (**kl̥dos*) 'Zweig', asl. *klādā* (**koldā*) 'Holz': ags., aisl. *holt* 'Gehölz'.

3. *ʒ* > *k*, z. B.

Aind. *jānā́mi*, gr. *γιγνώσκω*, lat. *(g)nōscō* 'erkenne', asl. *znātī* 'erkennen': got. *kunnan*, ags. *cunnan*, *cnáwan*, aisl. *kunna*, *knǫ́tto* 'können, wissen', got. *kannjan*, ags. *cennan*, aisl. *kenna* 'bekannt machen'.

Aind. *jámbhas*, gr. *γόμφος* 'Pflock', asl. *ząbŭ* 'Zahn': ahd. *kamb*, ags. *comb*, aisl. *kambr* 'Kamm'.

Aind. *jōša-* 'Behagen', gr. *γεύω* 'lasse kosten', lat. *gustus* 'Geschmack': got. *kiusan*, ags. *céosan*, aisl. *kiósa* 'wählen, entzücken'.

Aind. *jánas*, gr. *γένος*, lat. *genus*: got. *kuni*, ahd. *kunni*, aisl. *kyn* 'Geschlecht'.

Aind. *mr̥játi* 'streicht ab', gr. *ἀμέλγω*, lat. *mulgeo*: aisl. *molka*, ahd. *milku* 'melke', got. *miluks* 'Milch'.

Aind. *ájras* 'Ebene', gr. *ἀγρός*, lat. *ager*: got. *akrs*, aisl. *akr*, ahd. *ackar* 'Acker'.

Aind. *rájiṣṭhas* 'geradest', lat. *por-rigo* 'strecke', *rēctus* 'gerade', gr. *ὀρέγειν*: got. *uf-rakjan*, aisl. *rekia*, ahd. *recken* 'ausstrecken', aisl. *rakr* 'gerade'.

4. *g* > *k*, z. B.

Gr. *γέρανος*, lat. *grūs*: ags. *cran*, ahd. *kranuh* 'Kranich'.

Gr. (Hesych.) *γελανδρός*, lat. *gelidus*: got. *kalds*, ahd. *kalt*, aisl. *kaldr* 'kalt'.

Aind. *járatē* 'knistert, ruft', gr. *γηρύω* 'töne', *δειριᾶν* 'schelten', lat. *garrio* 'schwatze': ahd. *kerran* 'schreien, knarren', aisl. *kurr* 'Gemurmel'.

Asl. *glā-golātī* 'reden', lat. *gallus* 'Hahn' (eig. 'Rufer'), aind. *gṛṇā́mi*: ahd. *kallōm*, aisl. *kalla* 'rufe', *kalz* 'Spott', mndd. *kolsen* 'schwatzen'.

Aind. *ṓjas* 'Kraft', lit. *áugu* 'wachse', lat. *augēre*: got. *aukan*, aisl. *auka* '(sich) mehren', ags. *éacen* 'gross'.

Lat. *tego* 'decke', *toga* 'Decke, Kleid', gr. *τέγος*, lit. *s-tōgas*: aisl. *þak*, ags. *þæc* 'Dach'.

Aind. *yugám*, gr. *ζυγόν*, lat. *jugum*: got. *juk*, ags. *ȝeoc*, aisl. *ok* 'Joch'.

5. *g* > *q* (unter Umständen *k*, s. § 41, 2), z. B.

Aind. *jīvás*, lat. *vīvus* 'lebendig', gr. *βίος* 'Leben', *ὑ-γιής* 'gesund': got. *qius*, ags. *cwicu*, ahd. *quec*, aisl. *kuikr* 'lebendig'.

Aind. *gáchāmi*, gr. *βάσκω*, *βαίνω* 'gehe', lat. *venīre*: got. *qiman*, ahd. *queman*, aisl. *koma* 'kommen'.

Aind. *gnā́* 'Göttin', gr. *γυνή*, bœot. *βανά*: got. *qinō*, *qēns*, ahd. *quena*, aisl. *kona* (gen. pl. *kuinna*), *kuǽn* 'Weib'.

Aind. *grā́van-* 'Press-stein', asl. *žrĭny*: got. *qairnus*, ags. *cweorn*, aisl. *kuern* 'Mühle'.

Gr. *ἀδήν*, lat. *inguen* 'Drüse': nisl. *økkr* 'Geschwulst', aisl. *økkuenn* 'geschwollen'.

Aind. *rájas* 'Düsterkeit', (gr. *ἔρεβος*?): got. *riqis*, aisl. *røkkr* 'Finsternis'.

Gr. *ῥαιβός*: got. *wraiqs* 'krumm'.

§ 38. ÜBERGANG DER STIMMLOSEN SPIRANTEN IN STIMMHAFTE.

Die urgermanischen, nach § 35 und § 36 entstandenen Spiranten *f*, *þ*, *h*, *hv* sowie altererbtes *s* gehen — ausser in den Verbindungen *fs*, *ft*, *hs*, *ht*, *sk*, *sp*, *ss* und *st* — in resp. *ƀ*, *đ*, *ʒ*, *ʒụ* (woraus oft *ʒ* § 41, 3 oder *ụ* § 48, C, 5) und *z* über, wenn der nächst vorhergehende Sonant nach der ieur. Betonung nicht den Hauptakzent trug ('Verner's Gesetz'). Später werden *ƀ*, *đ*, *ʒ* in gewissen Stellungen zu *b*, *d*, *g* (s. § 39). Vgl. hierüber vorzugsweise Verner, K. Z. XXIII, 97 ff.; Paul, Beitr. VI, 538 ff., VII, 147; Noreen, Beitr. VII, 431 ff., Aisl. Gr.², § 251; Kluge, K. Z. XXVI, 92 ff., P. Grundr. I, 327 f., 338, 345, 388.

1. *f* > *ƀ*, z. B.

Ieur. **sep(t)ḿ̥*, aind. *saptá*, gr. *ἑπτά*: got., ahd. *sibun*. Aind. *svāpáyāmi*: ahd. *int-swebbiu* 'schläfre ein'.

Bei wechselnder Betonung innerhalb eines Paradigmas oder einer Gruppe von Wörtern, die unter einander nahe verwandt sind, stehen demnach *f* und *ƀ* neben einander in derselben Wortsippe. Hierdurch kann oft eine Ausgleichung eintreten, so dass bald *f*, bald *ƀ*, bald beides durch das ganze Paradigma gedrungen ist. Derartige Fälle 'grammatischen Wechsels' (mit oder ohne Ausgleichung) sind:

Aind. *áparas* 'der spätere', got. *afar* 'nach', ahd. *afar* 'wieder': aind. *aparám* 'künftig', ahd. *abur* 'wieder', as. *aƀaro* 'Nachkomme'.

Aind. *úpa*, gr. *ὕπο*, got. *uf* 'unter', gr. *ὕπερ*, got. *ufar*: aind. *upári*, gr. *ὑπείρ*, ahd. *ob*, *ubir*, urnord. *uƀaR* 'über'.

Ahd. *durfan* 'bedürfen', got. *þarf* 'bedarf': pl. *þaúrbum* (vgl. aind. *vḗda* 'weiss': pl. *vidmás*), *ga-þarban*, ahd. *darbēn* 'sich enthalten' (vgl. aind. *vēdáyati* 'lässt wissen').

Got. *hafjan*, ahd. *heffen* 'heben' (lat. *capio* 'nehme'): prät. pl. *huobum*, part. prät. ahd. *gi-haban* (vgl. die aind. part. prät. auf *-nás*).

Aind. *ápa*, gr. *ἄπο*, got. *af*: gr. *ἀπό*, ahd. *aba* 'von, ab'.

Ahd. *(h)werfan : (h)werban*, as. *hwerƀan* 'hin- und hergehen', got. *ƕaírban, ƕarbōn* 'wandeln'.

Ahd. *afalōn* 'arbeiten' (vgl. lat. *opus*, aind. *ápas* 'Werk'): *fr-abali* (und durch Ausgleichung *fr-afali*) 'kühn, frevelhaft'.

Ahd. *ruofa : ruoba* (ags. *róf*) 'Zahl' (aisl. *staf-róf* 'Alphabet').

Ahd. *sūfiri : sūbiri*, as. *sūƀri* 'sauber'.

Ahd. *fesa : ga-bissa* (durch Ausgleichung *ga-fissa*) 'Spreu'.

Ahd. *grāfio : grābio* 'Graf'.

Ahd. *hefīg : hebīg* 'schwer'.

Ahd. *tūfar : tūbar* 'thöricht'.

Ahd. *diufa : diuba* 'Diebstahl'.

Ahd. *eifar* 'scharf', mhd. *īfer* 'Eifer': ahd. *eibar* 'scharf'.

Ahd. *hof* 'Hof, Palast': mhd. *hübesch* 'höfisch, schön, hübsch'.

Mhd. *schief*, ags. *scáf* (vgl. lat. *Scīpio*): *scáb* (aisl. *skeifr*) 'schief'.

Nschwed. *guffar* (**guđ-fađir*): aschwed. dial. *gubbe* (**guđ-ƀađir*) 'Gevatter'.

Ahd. *ana-falz*, ags. *an-filte*: mndl. *ane-belt*, ndän. *ambolt* 'Amboss'.

Auch dasjenige *f*, das mit mehr oder weniger Wahrscheinlichkeit als auf germanischem Boden aus *ƕ* entstanden betrachtet wird (s. § 42, 1), macht denselben Übergang mit, z. B.

Got. *wulfs*, ahd. *wolf* 'Wolf': *wulpa* 'Wölfin'.

Ahd. *einlif*: as. *ellƀan*, got. dat. pl. *ainlibim* 'elf'.

Ahd. *zwelif*, aschwed. run. *tualf*: got. dat. pl. *twalibim* 'zwölf'.

As. *haforo : haƀoro*, ahd. *habara* 'Hafer'.

Lat. *jecur*, gr. ἧπαρ (**li̯ēqr̥*): ahd. *lebara* 'Leber'.

Anm. 1. Dem Anschein nach hat derselbe Übergang bisweilen auch im Wortanlaute stattgefunden, s. Bugge, Beitr XII, 399 ff., XIII, 167 ff., 311 ff. Indessen dürfte man — im Gegensatz zu Bugge — die weitaus meisten Fälle so erklären müssen, dass das *ƀ* da entstanden ist, wo das betreffende Wort als zweites Element einer zusammengesetzten oder reduplizierten Form (in welcher der nächst vor *f* > *ƀ* befindliche Sonant nicht den Hauptakzent trug) aufgetreten ist, und dass es erst dadurch anlautend wurde, dass die Kompositionsform selbständig auftrat — vgl. die umgekehrte Entwicklung in dem oben erwähnten ahd. *gafissa* statt *gabissa* durch Anschluss an *fesa* — oder eine Ausgleichung zwischen reduplizierten und unreduplizierten Formen zu Gunsten der ersteren stattfand. Ferner kann sog. Satzsandhi mit im Spiele sein, in dem gewisse Wörter — vorzugsweise wohl Partikel, Pronomina u. dgl. — enklitisch oder proklitisch gebraucht worden sind und zwar nach solchen Wörtern, deren letzte Silbe nicht den Hauptakzent trug. Dazu kommt, dass in einigen wenigen Fällen ein schon ieur. Wechsel zwischen anlautendem *p* (> germ. *f*) und *bh* (> germ. *ƀ*) vorliegen dürfte (vgl. § 50, 2). Endlich könnte ganz ausnahmsweise das *ƀ* darin seinen Grund haben, dass ursprünglich vor demselben ein anlautender unbetonter Vokal gestanden hätte, welcher erst in urgerm. Zeit und zwar nach der Durchführung des Verner'schen Gesetzes geschwunden wäre (vgl. § 9, 1). Als verhältnismässig sicher hierhergehörige Fälle dürften angeführt werden können:

Lat. *pangere* 'festsetzen', *com-pāgō*, *-pāges* 'Zusammenfügung', gr. πάγος 'Hügel', πῆγμα 'Gestell', ahd. *fāhan* 'ergreifen', *fuogen* 'fügen' u. a. m.: aisl. *bakke* (**ʒa-ƀankan-*), nschwed., ndän. *banke* 'fester Grund, Anhöhe, Anhäufung', ahd. *bank*, ags. *benc*, aisl. *bekkr* (**ʒa-ƀanki-*) 'Bank'.

Aind. *pathyā́* 'Bahn', *pánthās*, lat. *pons*, gr. πάτος 'Weg', ags. *féđa*, ahd. *fendo* 'Fussgänger', *funden* 'eilen': mhd. *büne* (*ƀunđi̯o*, s. § 48, B, 2, a) 'Brett, Bühne', *ban* 'Bahn'.

Aind. *pīyū́šas*, gr. πυός, πῦος: ahd. *biost*, ags. *béost* 'Biestmilch'.

Gr. dor. παγά 'Quelle': aisl. *bekkr* (**ƀaki̯a-*), as. *beki* 'Bach' (vgl. jedoch § 58, 2).

Ags. *fađu*, afr. *fethe*: ahd. *basa* (**ƀađur-su̯esō*; vgl. nschwed. *gubbe* < **guđ-ƀađir* oben S. 125) 'Base'.

Gr. πόκος 'Vliess', ahd. *fahs* 'Haar', aisl. *fax* 'Mähne', *faxađr*, ags. *feaxed* 'mit Mähne versehen': ahd. *ge-bahsōt* 'mit schönem Haar'.

Gr. πλάγος 'Seite', lat. *plaga* 'Teppich, Fläche, Gegend', aisl. *flake* 'Fläche, Brett', ahd. *flah*, mhd. *vlach : blach* 'flach', alt nschwed. *ormablek* 'Farnkraut', nschwed. dial. *blacka* 'Blatt'.

Gr. πετάννυμι 'breite aus', lat. *pateo* 'stehe offen', ags. *fæđm*, as. pl. *fathmos*, aisl. *fađmr : bađmr* 'beide ausgebreitete Arme'.

Asl. *po* 'zu', lat. *po-situs* 'gesetzt', as. *fa-n(a)* 'von' (vgl. aind. *ápa*, gr. ἄπο, got. *af* 'von, ab'): germ. **ƀ(a)-* (vgl. gr. ἀπό, ahd. *aba* 'von, ab') in got. *ba-rusnjan* (<**rudsnian*, vgl. *ga-riuds* 'ehrbar') 'verehren', *b-alwjan* 'plagen' (vgl. gr. ἀπ-όλλυμι 'verderbe'), ahd. *b-ouhhan*, ags. *b-éacen*, as. *b-ōkan* 'Zeichen' (zu got. *augjan* 'zeigen' wie aisl. *teikn*, ags. *tácn* 'Zeichen' zu ahd. *zeigōn* 'zeigen', s. § 46, 3).

Asl. *pā-kȳ* 'wiederum' (vgl. *opā-kȳ* 'zurück', aind. *ápā-kas* 'hinten liegend'): aisl. *ba-k*, ags. *bæ-c*, ahd. *ba-h* 'Hinterseite' (vgl. got. *ibu-ks* 'zurück', ahd. *abu-h* 'abgewendet', welche sich zu gr. ἀπύ 'von' verhalten wie aisl. *ba-k* u. s. w. zu dem eben behandelten germ. **ƀa-* in got. *ba-rusnjan* u. dgl.).

Aind. *pi-* 'zu', gr. *πι-έζω* 'drücke' (vgl. gr. *ἐπί* 'auf', got. *if-tuma* 'der nächste'): got. *bi*, ahd. *bī*, *bi*, ags. *bí*, *be-* 'bei, um' u. dgl. (oder vielleicht eher zu aind. *a-bhi*, gr. *ἀμ-φί*, lat. *am-bi-* 'um').

2. *þ* > *đ*, z. B.

Aind. *pitár-*, gr. *πατήρ*: got. *fadar*, ags. *fæder*, ahd. *fater* 'Vater'.

Aind. *tṛtī́yas*, lat. *tertius*: got. *þridja*, ags. *þridda*, ahd. *dritto* 'dritte'.

Aind. *kētúš* 'Schein, Bild, Gestalt': got. *haidus*, ags. *hád*, ahd. *heit* 'Art, Eigenschaft, Rang, Stand, Geschlecht, Person'.

Aind. *damitás*, lat. *domitus*: got. *tamids* 'gezähmt'.

Aind. *bháratē*, gr. *φέρεται*: got. *bairada* 'wird getragen'.

Bei wechselnder Betonung verwandter Wörter entstehen Doppelformen (*þ* : *đ*) in der oben 1 dargelegten Weise, z. B.

Ahd. *feld*, aschwed. ack. sg. *fiæll* (**felþa-*) 'Erdboden': aind. *pṛthvī́* 'Erde', aisl. *fold* 'Fläche', as. *folda* 'Land'.

Got. *fra-wairþan* 'verdorben werden': *fra-wardjan* 'verderben'.

Got. *fraþjan* 'verstehen', *un-frōþs* (Galat. 3, 3): *-frōds* 'unverständig', *frōdei* 'Verstand'.

Got. *alþeis* 'alt', aisl. *ellre* (**alþirē*) 'älter', *for-ellre*, ahd. *elthiron*, *althron* 'Eltern': *alt*, ags. *eald*, aisl. *aldenn* 'alt', pl. *alder*, got. pl. *aldeis* 'Generationen, Menschen, Alter, Welt'.

Ahd. *mulda* : *molta* 'Atriplex, Chenopodium'.

Ags. *snídan*, ahd. *snīdan*, prät. sg. *snáđ*, resp. *sneid*: pl. *snidon*, *snitum*, part. prät. *sniden*, *gi-snitan* 'schneiden'. Ebenso werden flektiert ags. *líđan* 'gehen', *scríđan* 'schreiten', ahd. *līdan* 'leiden', *gi-līdan* 'gehen', *mīdan* 'meiden'.

Ags. *séođan*, ahd. *siodan*, prät. *séađ*, *sōd*: pl. *sudon*, *sutum*, part. *soden*, *gi-sotan* 'sieden'.

Ags. *weorđan*, ahd. *werdan*, prät. *wearđ*, *ward*: pl. *wurdon*, *wurtum*, part. *worden*, *gi-wortan* 'werden'.

Ags. *cweđan*, ahd. *quedan*, prät. *cwæđ*, *quad*: pl. *cwǽ-*

don, quātum. part. *cweden*, *gi-queton* 'sagen'. Ebenso gehen ahd. *redan* 'sieben' und *stredan* 'aufwallen'.

Got. *falþan* 'falten', aisl. (inf. *falda* durch Ausgleichung statt **falla*), prät. (selten) *fell* (vgl. got. *fai-falþ*) 'bedeckte': pl. *feldom* (wonach sg. *felt* aus **feld*), part. *faldenn*. Ebenso verhält sich ahd. *halthan* (gewöhnlich durch Ausgleichung *haltan*) 'halten', aisl. (inf. *halda* statt **halla*, das bisweilen im Aschwed. vorkommt), prät. (selten) *hell* (analogisch *helt*): pl. *heldom*, part. *haldenn*.

Aisl. prät. *olla* (**wolþōm*): pl. *oldom* (wonach sg. *olda*) zu *valda* 'walten'. Vgl. got. *wulþus* (aisl. *Ullr*) 'Herrlichkeit': *waldu-fni* 'Herrschaft'.

Got. ack. sg. m. *ainfalþana*, aschwed. *ēnfallan*: aisl. *einfaldan* 'einfach'.

Got. *and-wairþis* 'gegenüber': ahd. *in-wertes* 'inwendig'.

Got. dat. sg. *guþa* 'Gott': nom. pl. *guda*.

Got. *blōþa-*: ags. *blód*, ahd. *bluot* 'Blut'.

Got. *nauþi-*: ags. *néad*, ahd. *nōt* 'Not', got. *naudi-bandi* 'Fessel'.

Ahd. *hurd*: got. *haúrds* 'Hürde, Thür'.

Ahd. *ādara*, as. *āthra*: ags. *ǽdre* 'Ader'.

Ags. *corđor*: ahd. *kortar* 'Herde'.

Ags. *Hlođ-here* 'Lothar', ahd. *Hlud-olf* 'Ludolf': *hlūt*, ags. *hlūd* 'laut'.

Got. *ga-baúrþi-*: as. *gi-burd*, ahd. *gi-burt* 'Geburt'.

Ahd. *knodo : knoto* 'Knoten'.

Got. *magaþi-*: ags. *mæȝden*, ahd. *magatīn* 'Jungfrau'.

Ags. *stuđu : studu* 'Pfeiler'.

Ahd. *zīd : zīt* 'Zeit'.

Ags. *fremđe : fremde* 'fremd'.

Got. *balþa-*, aisl. *ballr* 'kräftig': *Baldr*, ags. *bealdor* 'Fürst'.

Ags. *lǽđ* (aisl. *láđ*) 'Grundbesitz': got. *un-lēds* 'arm'.

Got. *dauþus* 'Tod', *dauþa-*, ahd. *-tōd : tōt*, ags. *déad* 'tot', urnord. *đauđe* 'Tod'.

Ags. *hrœđ : hrœd* 'schnell'.

Ags. *fađu*, afr. *fethe* 'Base': ags. *fæder* 'Vater' (vgl. oben S. 127).

Ahd. *herid, harod : hart* 'Wald' (vgl. S. 87).

Ags. *Heado-láf*, ahd. *Hadu-brant*, urnord. *Haþu-wulafR* : *Hađu-laikaR*, ags. *Nïđ-had* Mannsnamen.

Aind. *cátuš-pad*, ags. *fyđer-féte* 'vierfüssig': aind. *catvā́ras*, got. *fidwōr* 'vier'.

Got. *un-hulþa* 'Unhold', aisl. *hollr* 'hold', *hylla* : *hylda* 'zum Wohlwollen bewegen'.

Das Suffix aind. *-átā-*, gr. *-ετη-*, got. *-iþō-*, ahd. *-ida-*: gr. *-ιτή-*, got. *-idō-*, ahd. (selten) *-ita-*, z. B. got. *mēriþa* 'Gerücht': *auþida* 'Wüste'.

Das Suffix lat. *-ātu-*, got. *-ōþu-* : *-ōdu-*, z. B. got. *ga-baúrjōþus* 'Lust': *wratōdus* 'Reise'.

Die Endung der 3. sg. präs. aind. *-ti*, urgerm. *-þi* : *-đi*, z. B. ags. *dǽđ* 'macht' (analogisch *bired* 'trägt'): ahd. *birit* 'trägt' (analogisch *tuot* 'macht'); vgl. Brugmann, Grundr. II, 1349.

Anm. 2. Dem Anschein nach hat derselbe Übergang bisweilen im Wortanlaut stattgefunden, s. Bugge a. a. O. Zur Erklärung s. Anm. 1 oben. Die eventuell in Frage kommenden Fälle sind nur wenige, z. B.

Lat. *tegere*, ahd. *decken*, aisl. *þekia*, ags. *þeccean* 'bedecken': afr., mndd. *dōk*, ahd. *tuoh* 'Tuch', *tuhha* 'Teppich'.

Air. Präfix *tu-*: got. *du* 'zu, bei, in, für, von, nach, gegen'.

Gr. *τέρφος* 'harte Haut', lat. *torpeo* 'bin starr', lit. *tìrpti* 'erstarren', mhd. *ver-derben* : *ver-terben* 'sterben', ags. (*ȝe-*)*deorfan* 'sich mühen', *ȝe-deorf* 'Anstrengung'.

3. *h*, *hw* > *ȝ* (vgl. § 41, 1; das aus *hw* entstandene *ȝu̯* wird entweder zu *gu̯* nach § 39, 3 oder zu *u̯* nach § 48, C, 5) z. B.

Aind. *vr̥kī́ś*: aisl. *ylgr* 'Wölfin'.

Aind. *nakhára-*, lat. *ungula* 'Huf': ahd. *nagal*, aisl. *nagl* 'Nagel'.

Alat. *in-sece* 'erzähle', gr. *ἔν-νεπε* (-**σεπε*) 'sage', lit. *sakýti*: ahd. *sagēn*, ags. *secȝean*, aisl. *segia* 'sagen'.

Gr. *ἀκωκή* 'Spitze, Schneide': nschwed. *agg* (**aȝaȝa-*) 'Stich, Groll', nnorw. dial. *agga* 'stacheln' (s. Tamm, Etymologisk svensk ordbok, S. 3).

Durch wechselnde Betonung verwandter Wörter entstehen wie in den vorigen Fällen Doppelformen (*h* : *ȝ*), z. B.

Aind. *çváçuras*, got. *swaihra*, ahd. *swehur*, ags. *swéor* 'Schwiegervater': aind. *çvacrū́-*, gr. *ἑκυρά*, ahd. *swigar*, ags. *sweȝer* 'Schwiegermutter'.

Aind. *véças*, gr. *Ϝοῖκος* 'Haus', lat. *vīcus*, got. *weihs* 'Dorf': aind. *vēçás* 'Nachbar, Diener', aisl. *Þor-veig, Rann-veig* u. a. Frauennamen.

Got. *aih*, aisl. *á* (**aih*) 'besitze': pl. got. *aigum*, aisl. *eigom*; dazu (urspr. part. prät.) got. *aigin* 'Eigentum', aisl. *eigenn* 'eigen'.

Ahd. *zīhan*, ags. *téon* 'zeihen', aisl. *tiá* (**tīhan*; selten durch Ausgleichung *tega*) 'zeigen', prät. sg. ahd. *zēh*, ags. *táh*: prät. pl. ahd. *zigum*, ags. *tiȝon*, part. prät. ahd. *gi-zigan*, ags. *tiȝen* (vgl. aisl. *tīgenn* 'ausgezeichnet' — vgl. jedoch § 5 Anm. 4 —, ahd. *zeigōn* 'zeigen'). Ebenso gehen ahd. *dīhan*, ags. *Þéon* 'gedeihen', ahd. *rīhan* 'reihen', ags. *wréon* 'bedecken'.

Ahd. *ziohan*, ags. *téon* 'ziehen', prät. *zōh, téah*: pl. *zugum*, *tuȝon*, part. *gi-zogan*, *toȝen*, aisl. *togenn*. Ebenso ags. *fléon*, aisl. *flýia* 'fliehen'.

Got. *filhan*, aisl. *fela*, ags. *féolan* 'verbergen', prät. *falh*, *fal*, *fealh*: pl. ags. *fulȝon*, part. got. *fulgins* (analogisch *fulhans*), aisl. *folgenn*. Ebenso geht ahd. *swelhan* 'verschlingen'.

Got. *fahēÞs* 'Freude', ags. *ȝe-féon* 'sich freuen', prät. *ȝe-feah*: pl. *ȝe-fǽȝon*, aisl. *fegenn* 'froh', got. *faginōn*, aisl. *fagna* 'sich freuen'. Vgl. as. *sehan*, aschwed. *sēa* 'sehen', as. prät. *sah* (aschwed. *sā*): pl. *sāgon*, aschwed. *sāghom*.

Ahd. *slahan*, ags. *sléan*, aisl. *slá* 'schlagen': prät. pl. *sluogum*, *slóȝon*, *slógom*, part. *gi-slagan*, *sleȝen* (*slæȝen*), *slegenn*. Ebenso ahd. *dwahan*, ags. *Þwéan*, aisl. *Þuá* 'waschen', ahd. *lahan*, ags. *léan* 'tadeln', *fléan*, aisl. *flá* 'schinden', ags. *hliehhan*, aisl. *hlǽia* 'lachen'.

Got. *wrōhjan*: as. *wrōgian*, ags. *wréȝan*, aisl. *rǿgia* 'rügen'.

Got. *weihan*, ahd. *wīhen*: aisl. *vígia* 'weihen'.

Lat. *vīcī* 'siegte', got. *weihan*, ahd. *wīhan*: aisl. *vega*, anorw. *viga* 'kämpfen', got. (urspr. part.) *wigans* 'Krieg', ahd. *wīgant* 'Kämpfer', aisl. *víg* 'Kampf', *veig* 'Kraft'.

Got. *leihvan*, aisl. *liá*, ahd. *līhan* 'leihen': aisl. *leigia* 'mieten'.

Got. *ga-Þlaihan* 'liebkosen', aisl. *flár*, ags. *fláh* 'hinterlistig', ahd. *flēhan* 'schmeicheln': mhd. *vlēgen* 'schmeichelnd bitten'.

Lat *quercus* (**perqos*) 'Eiche', lit. *Perkúnas* 'Donnergott' (eig. 'Eichengott'), ahd. *foraha* 'Föhre', ags. *furh* 'Fichte', langob. *fereha* 'Kastanie': got. *fairguni* 'Gebirge' (eig. 'Eichenwald'), mhd. *Virgunnia* 'Böhmerwald und Erzgebirge', aisl. *Fiǫrgyn* 'Mutter des Donnergottes' (Hirt. I. F., I, 479 ff.).

Got. *hiuhma* 'Haufen', *hūhjan* 'sammeln (?)', *hauhs*, ahd. *hōh*, ags. *héah*, pl. *Héahas* : *Húȝas* Völkernamen, aisl. *haugr*, ahd. *houg* 'Haufen, Hügel', ags. *héaȝ*, afr. *hāg*, agutn. *haugr*, aschwed. *hø̄gher* 'hoch', got. *hugs*, aisl. *hugr* 'hohe Gesinnung, Mut'.

Gr. *δάκρυ*, ahd. *zahar*, aisl. *tár*, ags. *téar* (**tahur*), north. *tæhher*: ags. *teaȝor*, got. *tagr* 'Zähre'.

Got. *aúhns*: anorw. *ogn*, aschwed. *ugn* (gr. *ἰπνός* < **uqnós*) 'Ofen'.

Got. *braƕ* 'Blinken', mhd. *brehen* 'glänzen', aisl. *briá*, *brá* 'funkeln': *braga* 'flammen', *bragđ* 'Blinken', *bregđa* 'ans Licht ziehen'.

Gr. *ἄχνη*, got. *ahana*: aisl. *ǫgn* 'Spreu'.

Lat. *lūx* (gen. *lūcis*) 'Licht', mhd. *lohe* 'Lohe', got. *laúhmuni*, aisl. *lióme* (**leuhman-*), nnorw. dial. *ljōn*, ndän. *lȳn* (**liuhni-*): aschwed. *liūgn-*, *lȳgn-elder* 'Blitz', aisl. *loge* 'Lohe', *løygr* 'Flamme'.

Aind. *dáça*, gr. *δέκα*, got. *taíhun*, ahd. *zehan* 'zehn': gr. *δεκάς*, got. *tigus*, aschwed. *tiugher*, aisl. *tigr*, *tegr* 'Zehend'.

Ahd. *hehara* 'Häher', aisl. *hére* : *hegre* 'Reiher', ags. *hiȝora* 'Häher'.

Ahd. *elaho*, ags. *eolh* (**elha-*): aisl. *elgr* (**alȝi-*, lat. *alces*) 'Elch'.

Ahd. *skelah*, ags. *sceolh*: aisl. *skialgr* 'scheel, schief'.

Ahd. *barah* : *barug*, *barg*, ags. *bearȝ*, aisl. *bǫrgr* 'Barch'.

Ahd. *pfluoh* : *pfluog*, aisl. *plógr* 'Pflug'.

Aisl. *lǫ́* 'Strandwasser': *lǫgr* 'Wasser', lat. *lacus* 'See'.

Ahd. *sīhan*, ags. *séon*, aisl. *sía* 'seihen': ahd. *sīgan*, ags. *sīȝan*, aisl. *síga* 'sinken'.

Lat. *aqua*, got. *aƕa* 'Wasser', aisl. *ǫ́* 'Fluss', nnorw. dial. *å-borre*, aschwed. *ā-borre* : *agh-borre* 'Barsch', *Æger* 'Meer, Gott des Meeres'.

Aisl. *melr* (**melhaR*): nschwed. dial. (Dalarna) *måg* (**melʒaR*) 'Sandhaufen'.

Aisl. *þrǽll* (**þrāhilaR*): ahd. *drigil* 'Knecht'.

Lat. *lacertus* 'Oberarm', aisl. *lǽr* (**lāhiR*) 'Schenkel': *leggr* (**laʒʒa-*) 'Bein'.

Got. *ganaúha* 'Genüge', *ganah* 'genügt', *ganōhs* 'genug', aisl. (einmal) prät. *gnǿðe* (got. *ganōhida*) 'leistete Genüge': *gnógr*, ahd. *ginuog*, as. *ginōg* 'genug'.

Lat. *torqueo* 'drehe', got. *þwaírhs* 'zornig', ahd. *dwerah* 'schräg', ags. *þweorh* 'verkehrt', aisl. *þverr* 'quer': mhd. *twerge* 'Quere', *zwerg* 'quer' (s. Much, Beitr. XVII, 92).

Gr. πόρκος ein Tier, lat. *porcus*, ahd. *farah*, ags. *fearh*, nschwed. *far-galt*: nschwed. dial. *farg* 'Ferkel'.

Gr. ἑλίκη, lat. *salix*, ags. *sealh*, ahd. *salaha*: nschwed. *sälg* 'Salweide'.

Gr. νέκυς 'Leiche', germ. *Nehal-ennia* 'Todesgöttin'?: gr. νεκρός 'tot', aisl. *Nagl-far* 'Totenschiff', *nagl-fare* 'Schwert', d. h. 'wer zwischen Toten fährt'.

Aind. *caná* 'irgend', got. *ains-hun* 'irgend einer': as. *hwer-gin* 'irgendwo', aisl. *en-ge* 'keiner', *huer-ge* 'nirgends'.

Das Suffix gr. (πη-, τη-)λίκος ('wie gross, so gross'), ahd. (*we-*, *so-*)*lihēr* ('welcher, solcher'), aisl. *-la* aus **-leha* (vgl. spät ahd. *welēr* 'welcher', *solēr* 'solcher') in adv. wie *var-la* 'kaum', adän. *hwi-lt* 'welches' (vgl. aschwed. *slit* 'solches'): aisl. *-lega* in adv. wie *var-lega* 'kaum'.

Das Suffix got. *-aha-* : *-aga-*, lat. *-aco-*, *-ico-*, gr. -ακό-, z. B. in got. *stainahs* 'steinig': *mōdags* 'zornig'.

Das Suffix got. *-iha-* : *-iga-*, lat. *-ico-*, gr. -ικό-, z. B. in got. *þarihs* 'ungewalkt': *gabigs* 'reich'.

Anm. 3. Dem Anschein nach hat derselbe Übergang bisweilen auch im Wortanlaut stattgefunden, s. Bugge, a. a. O. Zur Erklärung s. Anm. 1 oben. Verhältnismässig sichere Beispiele dürften sein:

Asl. *konĭ* 'Anfang', *po-činą* 'fange an': got. *du-ginnan*, ags. *onʒinnan*, as. *bi-ginnan*, mhd. *ginnen* 'beginnen'.

Gr. κονίς (pl. κονίδες), ags. *hnitu*, ahd. *niz*: aschwed. *gnit*, ndän. *gnid* 'Niss'? (vgl. § 50 Anm. 2).

Aind. *karōmi* 'mache': aisl. *gør(u)a*, *ger(u)a*, *gior(u)a* 'machen', ags. *ʒierwan* 'bereiten' (s. Noreen, Bezz. B. XIII, 44 ff.).

Das Präfix lat. *co(m)-*, air. *co(m)*: got. *ga-*, ahd. *gi-*, aisl. *ga-*, *g-*, z. B. in lat. *com-mūnis*: got. *ga-mains* 'gemeinsam' oder lat. *con-venīre*: got. *ga-qiman* 'zusammenkommen'.

Gr. (κόκ-)κῦξ, gen. -κῦγος (vgl. aind. *kō-ki-las*, lat. *cu-cū-lus*): aisl. *gaukr*, ags. *ʒéac*, ahd. *gouh* 'Kukuck'.

Gr. κομπηρός 'grosssprecherisch',: aisl. *gambra* 'prahlen, plaudern'.

Ahd. *hulisca*, aisl. *hylr*: mhd. *gülle*, nschwed. *göl* (*ʒulja) 'Pfütze, Pfuhl, tiefe Stelle eines Flusses'.

Gr. κεμάς (gen. κεμάδος) 'eine Reh- oder Antilopenart', ags., aisl. *hind* (**hem-đ-*, s. § 43, 1, b) 'Hinde': ahd. *gamiza* 'Gemse'.

Gr. (Hesych.) κλαδάσαι 'erschüttern', lat. *clādes* 'Schaden': aisl., aschwed. *glata* 'verderben'.

Lit. *kuilȳs* 'zahmer Eber': mhd. *gūl* 'Eber, Gaul'.

Ags. *hnǽʒan*, mndl. *neien*: aisl. *gneggia*, nschwed. *gnägga* 'wiehern'? (vgl. § 50 Anm. 2).

4. *s* > *z* (das in allen germ. Sprachen ausser den gotischen zu *r* — urnord. *R* — geworden ist, sofern es überhaupt erhalten und nicht wie im westgermanischen Auslaute regelmässig geschwunden ist), z. B.

Aind. *snušá*, gr. νυός (*σνυσός), lat. *nurus*: ahd. *snura*, ags. *snoru*, aisl. *snør* 'Schnur'.

Aind. *mą̄sám* 'Fleisch', lat. *membrum* (**mēms-ro-*) 'Glied': got. *mimz* 'Fleisch'.

Aind. *áyas* 'Metall', lat. *æs*: got. *aiz*, aisl. *eir*, ags. *ár*, ahd. *ēr* 'Erz, Bronze'.

Aind. *rájas* 'Düsterkeit' (gr. ἔρεβος?): got. *riqiz*, aisl. *røkkr* 'Finsternis'.

Aind. *vŕkas*, gr. λύκος: got. *wulfs* (aus **wulfaz*), aisl. *ulfr* (urnord. *-wuląfR*, *-wolafR*), ahd. *wolf* 'Wolf'.

Aind. *bhára-si*, gr. φέρει-ς: aisl. *ber-r* 'trägst'.

Lat. *is* 'der': got. *iz-ei* 'derjenige welcher', aisl. *er* 'welcher'.

Durch wechselnde Betonung verwandter Wörter entstehen wie in den vorigen Fällen Doppelformen (*s* : *z*), z. B.

Ahd. *rīsan* 'fallen', prät. sg. *reis*: pl. *rirum*, part. prät. *gi-riran*.

Ahd. *friosan*, ags. *fréosan*, aisl. *friósa* 'frieren', prät. *frōs*, *fréas*, *fraus*: pl. *frurum*, *fruron*, *frørom*, part. *gi-froran*, *froren*, *frørenn*. Ebenso gehen ahd. *kiosan*, ags. *céosan*, aisl. *kiósa* 'wählen', ahd. *fir-liosan*, ags. *for-léosan* 'verlieren, *dréosan* 'fallen', *hréosan* 'fallen'.

Ahd. *lesan* 'lesen', prät. *las*: pl. *lārum*, part. *gi-leran*. Ebenso ahd., ags. *wesan*, aisl. *vesa* (durch Ausgleichung *vera*) 'sein', ahd. *(gi-)nesan* 'genesen'.

Got. *ga-dars* 'wage', ags. *dearst* 'wagest': pl. *durron* (got. analogisch *ga-daúrsum*) 'wagen'.

Got. *slēpan* 'schlafen': prät. *sai-zlēp* 'schlief'.

Aisl. *sá* 'säen': prät. *sera* (**se-zōm*) 'säte'.

Got. *lais* 'weiss': as. *lērian*, ahd. *lēren* 'lehren', d. h. 'wissen lassen'.

Aisl. *þysia* : *þyria* 'hervorstürzen'.

Got. dat. sg. *anza*: aisl. dat. sg. *áse* (**ansē*) 'Balken'.

Aschwed. pl. *røsar*: aisl. pl. *hrørar* 'Weiche'.

Mhd. *verse* 'junge Kuh': ahd. *farro*, aisl. *farre* 'Stier'.

Mhd. *bars*, ags. *bears*: aschwed. *agh-borre* 'Barsch'.

Aisl. *visna*, ahd. *wesanēn*: nschwed. dial. (Dalarna) *winna* 'verwelken', ags. *weornian* 'verdorben werden'.

Got. *ga-þairsan* 'verdorren': aisl. *þerra* 'trocknen'. Ebenso got. *þaúrsus*: ahd. *durri*, aisl. *þurr* 'dürr' und nnorw. dial. *tusna* (**þursnōn*): aisl. *þorna* (**þorznōn*) 'verdorren'.

Ahd. *tusig*, ags. *dysiȝ* 'thöricht', nhd. *dusel* 'Schwindel': mhd. *tōr*, *tōre* 'Thor'.

Ahd. *sahs*, aisl. *sax* 'Schwert': ahd. *mezzi-ra(h)s* neben analogischem *mezzi-sahs* (ags. *mete-seax*) 'Messer'.

Got. *batists*, aisl. *beztr* 'bester': *betre*, got. *batiza* 'besser'. Ebenso got. *maists*, aisl. *mestr* 'grösster': *meire*, got. *maiza* 'grösser' u. dgl.

Aisl. *ysia* 'Feuer': ahd., aisl. *eim-yria* 'heisse Asche'.

Ahd. *haso*, nnorw. dial. *jase* (**hesan-*, Lidén, Sv. Landsm. XII, 1, S. 57): aind. *çaçá-*, ags. *hara*, aisl. *here* 'Hase'.

Got. *-basi*, ndl. *bes*: ahd. *beri*, aisl. *ber* 'Beere'.

Got. *kas* (gen. *kasis*): aisl. *ker*, aschwed. *kar*, *kæralde* 'Gefäss'.

Ahd. *glas*, ags. *ȝlæs*: aisl. *gler*, aschwed. *glar* 'Glas', ags. *ȝlæren* 'gläsern'.

Got. *raus* (dat. *rausa*): ahd. *rōr*, aisl. *røyrr* 'Rohr'.

Got. *ausō*: ahd. *ōra*, ags. *éare*, aisl. *øyra* 'Ohr'.

Mndd. *ose*, nhd. *öse*: ahd. *ōri*, nhd. *öhr* 'Öhr, Öse'.

Ags. *ræsn*: got. *razn*, ags. *ærn* (**rænn*), aisl. *rann* 'Haus'.

Ahd. *mios*, *mos*, ags. *méos*, aisl. *mose* 'Moor': *mýrr* 'Sumpf'.

Aisl. *þurs* 'Riese': *þorre* (**þorzan-*) 'Januar', d. h. 'Riesenmonat'.

Aisl. *hroste* 'gemeischtes Malz': *hrøra*, ags. *hréran* ,rühren'.

Aind. *dviš*, lat. *bis*, mhd. *zwis*, got. *twis-*, aisl. *tysuar*: ahd. *zwiro(r)* 'zweimal'. Ebenso aisl. *þrysuar*: ahd. *driror* 'dreimal'.

Nnorw. dial. *gysja* : *gyrja* 'Schlamm'.

Aind. *pāršṇiš*, ahd. *fersana*, as. *fersan*, ags. *fyrsn*: got. *fairzna* 'Ferse'.

Got. *asans* 'Ernte', *asneis* 'Tagelöhner', ahd. *esni*, ags. *esne* 'Knecht': ahd. *aran* 'Ernte', aisl. *ǫnn* (**aznu*), aschwed. *an(n)* 'Ackerbau'.

Gr. (aus dem Germ. entlehnt) γαῖσος 'Spiess', got. (latinisiert) *Hario-gaisus*, wandalisch *Hōha-geis*, *Gōda-gisl* Personennamen, aisl. *geisl*, ahd. *geisala* 'Geissel': ahd., as. *gēr*, aisl. *geirr* 'Ger', *Her-geirr* Personenname.

Aisl. *hiarse* 'Scheitel', ndl. *hersen* 'Hirn': aind. *çīršán*- 'Kopf', aisl. *hiarne* (**herznan-*), ahd. *hirni* (**hirznia-*) 'Hirn'.

Got. *wairsiza*, ags. *wiersa* 'schlechter', aisl. *versna* 'schlechter werden': *verre* (**u̯erzizan-*) 'schlechter', ags. *wierresta* 'schlechtest'.

Afr. *lēssa*, ags. *lǽssa* 'weniger': afr. *lērest*, ags. *lǽresta* (häufiger analogisch *lǽsesta*, *lǽsta*) 'wenigst'.

Ndl. *ijser*, ahd. *īsan*, got. *eisarn*, aisl. *ísarn*: ags. *īren*, aisl. *iarn* (**eran* < **izan-*, s. Noreen, Arkiv IV, 110 Note) 'Eisen'.

Got. *uns*, *unsis*, ahd. *uns*, aisl. *ós*, *ǿs*, *oss*, *øss* 'uns': nom. pl. m. *órer* (**unzarai-*; analogisch *osser*) 'die unsrigen'.

Lit. *klausýti* 'hören', ahd. *hlosēn* 'horchen', mhd. *lūschen* 'lauschen', aisl. *hlust* 'das äussere Ohr', ags. *hlyst* 'Gehör': aisl. *hløra* 'lauschen', *hlýr* 'Wange'.

Ags. *ȝlysnian* 'blitzen, blinzeln': aisl. *glyrna* 'Auge' (Hellquist, Arkiv VII, 53).

Ahd. *morsāri* 'Mörser', d. h. 'Zermalmer', mhd. *zermürsen* 'zerdrücken': got. *marzjan* 'ärgern', ahd. *merren* 'hindern'.

Das Suffix germ. *-is-*, *-as-*, *-us-*, *-s-* : *-iz-*, *-az-*, *-uz-*, z. B. in ahd. *lefs* : *leffur*, as. *lepor* 'Lippe'; aisl. *iǫls-tr, ils-tre* 'Weide', ndl. *els*: ags. *alor*, ahd. *elira*, aisl. *ǫlr* 'Erle'; aisl. pl. *hǿns*: ahd. *huonir* 'Hühner'; got. *ahs*, aisl. *ax*: ahd. *ehir*, ags. *éar* 'Ähre'; aisl. *sax*, ahd. *sahs* : *sahar* 'Schwert'; ahd. *nihhus*: ags. *nicor* 'Krokodil', aisl. *nykr* 'Flusspferd'; ahd. *ackus*, ags. *æx*, aisl. *øx*: got. *aqizi* 'Axt'; ahd., as. *felis*: aisl. *fiall* (**felaz*) 'Felsen'; aisl. *heils-a* 'Glück wünschen': *heill*, ags. *hǽl*, *hálor* 'Glück'.

Anm. 4. Dem Anschein nach hat derselbe Übergang bisweilen auch im Wortanlaut stattgefunden, s. Bugge, a. a. O. Zur Erklärung s. Anm. 1 oben. Die am ehesten annehmbaren Beispiele dürften sein:

Ags., aisl. *sót*: mndd. *rōt*, ahd. *ruoz* 'Russ'.

Asl. *sukno* 'Wollenzeug', polnisch *suknia*: ahd. *roc(k)*, ags. *roc(c)* 'Rock'.

Aind. *syū́man-*: ahd. *riumo*, as. *riomo*, ags. *réoma* 'Riemen'. Ebenso von dem Wurzelvariant (vgl. § 22) *seịm* (: *seụm* in aisl. *saumr*, ahd. *soum* u. a., s. S. 68) gr. ἱμάς 'Riemen', aisl. *síma* 'Strick': *reim* 'Riemen'.

Ahd. *swehhan*, ags. *sweccan* 'riechen', as. *swek*, ags. *swæc* 'Geruch': mit Wurzelvariation (*seụg* : *sụeg*, s. § 30) ahd. *riohhan*, ags. *réocan*, aisl. *riúka*, mndd. *rūken* 'riechen, rauchen'.

Aind. *suši-rás*: got. *raus* (statt **zaus!?*), ahd. *rōr*, aisl. *røyrr*, mhd. *rær-l* 'Rohr'.

§ 39. ÜBERGANG DER STIMMHAFTEN SPIRANTEN IN MEDIÆ.

Die nach § 34 und § 38 entstandenen urgerm. Spiranten *ƀ*, *đ*, *ȝ* sind in allen germ. Sprachen schon vorhistorisch zu *b*, *d*, *g* geworden, wenn sie unmittelbar nach homorganem Nasal (*m*, *n*, *ŋ*) standen. Zwar treten in allen germ. Sprachen *b* und *d* (nur in gewissen Sprachen auch *g*) statt *ƀ* und *đ* (*ȝ*) auch in anderen Stellungen – besonders anlautend und in der Verbindung *ld* — auf, aber dieser Übergang ist sicherlich erst in historischer Zeit und also einzelsprachlich vollzogen worden. S. Paul, Beitr. I, 147; Wimmer, Die Runenschrift, S. 108, 220 ff.

1. ƀ > b, z. B.

Aind. *jámbhas*, gr. γόμφος 'Pflock, Zahn': ahd. *kamb*, ags. *comb*, aisl. *kambr*.

Ags. *fífel* (**fimf-*) 'Untier, Thor, Riese', aisl. pl. *fífl-megér* 'Riesensöhne': *fimbol-vetr* 'Riesenwinter'.

2. đ > d, z. B. (vgl. § 43, 1, b)

Aind. *bándhuš* 'Verwandter', gr. πενθερός 'Schwiegervater', lat. *of-fendimentum* 'Binde': got. *bindan*, ahd. *bintan*, aisl. *binda* 'binden'.

Aind. *ádharas* (**n̥dhér-*) 'der untere': got., as. *undar*, aisl. *under* 'unter'.

Aind. *átha* (**n̥thá*): ahd. *unta*, ags. *and* 'und'.

Aind. *ánti*, gr. ἀντί 'gegen', lat. *ante* 'vor': got. *and* 'an, auf, in', *anda-*, aisl. *and-*, ahd. *ant-* 'gegen-'.

Aind. *matíš* 'Sinn', lat. *mens* (gen. *mentis*) 'Gemüt, Verstand': got. *ga-munds* Gedächtnis'.

Lit. *ántis*, lat. *anas* (gen. *anatis*): aisl. *ǫnd* (vgl. jedoch § 21, 1).

Lat. *ventus*: got. *winds*, ahd. *wint*, aisl. *vindr* 'Wind'.

Gr. gen. sg. φέροντος, lat. gen. sg. *ferentis*: got. *baírands*, aisl. *berande* 'tragend'.

Gr. ἐλάτη 'Fichte', lit. *lentà* 'Brett': ags., aisl. *lind*, ahd. *lintea* 'Linde' (aisl. auch 'Schild').

Lat. *frons* (gen. *frontis*) 'Stirn', messapisch βρέντιον 'Elenkopf', βρένδος: nschwed. dial. *brind*, *brinde* 'Elentier' (vgl. Johansson, Beiträge zur griechischen Sprachkunde, S. 116).

Got. *finþan*, ahd. *findan*, aisl. *finna* 'finden', prät. sg. got. *fanþ*, ahd. *fand*, aisl. *fann*: pl. ahd. *funtum*, aisl. *fundom* (analogisch *funnom*), part. prät. ahd. *gi-funtan*, aisl. *fundenn* (analogisch *funnenn*).

Ahd. *kind* (**kinþa-*) 'Kind', aisl. *-kunnr* '-stammend': ahd. *kint* 'Kind', aisl. *kundr* 'Sohn' (vgl. aind. *jātás* 'Sohn').

Ags. *óđ* (**anþ*), got. *unþa-þliuhan* 'entfliehen', aisl. *unninge* 'entwischter Sklave': got., aisl. *und* 'zu, bis, zu — hin', aisl. *und-inge* 'entwischter Sklave', afr. *und-flia* 'entfliehen'.

Aisl. *grunnr*: aschwed. *grund* 'Grund des Meeres', aisl. *grund* 'Boden', got. *grundu-waddjus* 'Grundmauer', ahd. *grunt* 'Grund'.

Got. *sinþs*, aisl. *sinn* 'Reise': got. *sandjan*, ahd. *senten*, aisl. *senda* 'senden'.

Got. *anþar*, aisl. *annarr*, ahd. *ander* 'ein anderer': *antar-isc* 'fremd'.

Aind. *antyas* 'am Ende befindlich', aisl. *enne*, ahd. *endi* 'Stirn', *endi-tago* 'letzter Tag': *enti*, aisl. *ender* 'Ende'.

Lat.-germ. *Thuringi* : *Hermun-duri* Völkernamen.

Ags. *éðian* (**anþian*) 'atmen', *or-uð*: aisl. *ør-ende*, *ande*, *ǫnd* 'Atem'.

Aisl. *synd* (**suniðō*): ahd. *suntea* 'Sünde'.

Lat. *contrā*: adän., aschwed. *handær*, got. *hindar* 'jenseits', agutn. *handar-mair* 'noch weiter hin'.

Lat. *lentus* 'biegsam, geschmeidig', aisl. *linnr*, ahd. *lind* 'Schlange', *linde*, as. *līthi*, ags. *líðe* 'weich': aisl. *linde* 'Band', ahd. *lint* 'Schlange'.

Aisl. *rífann-skinna* eine Vogelart: *rífande* 'kratzend'.

3. ʒ > *g*, z. B. (vgl. § 7, wo viele Beispiele schon angeführt worden sind)

Gr. ἐλαφρός (**elŋghrós*): ahd. *lungar*, ags. *lunʒor* 'schnell'.

Gr. ὀμφή 'Stimme': ahd. *sang*, aisl. *sǫngr*, got. *saggws* 'Gesang'.

Aind. *aŋkás*, gr. ὄγκος, lat. *uncus* 'Haken, Widerhaken': ahd. *ango*, ags. *onga*, aisl. *ange* 'Stachel', *ǫngoll*, ahd. *angul*, ags. *onʒel* 'Angel'.

Aind. *yuvaçás*, lat. *juvencus*: got. *juggs*, ahd. *jung*, aisl. *ungr* 'jung'.

§ 40. SONSTIGE VERSCHIEBUNGEN DER ARTIKULATIONSART.

1. Ieur. *z* wird unmittelbar vor einem nach § 37 entstandenen *p*, *t*, *k*, *q* zu *s* verschoben. S. Kluge, K. Z. XXV, 313 f., P. Grundr. I, 329; Kögel, Beitr. VII, 192; v. Bradke, K. Z. XXVIII, 295 ff. Wir behandeln hier jeden Fall für sich. Also:

a) *zb* > *sp*. Nur unsichere Beispiele wie lat. *arbor* 'Baum': ahd. *aspa*, aisl. *ǫsp* 'Espe' (vgl. Tamm, Etymologisk svensk ordbok, S. 16).

b) *zd* > *st*, z. B.

Gr. ὄζος (**ozdos*): got. *asts*, ahd. *ast* 'Ast'.

Aind. *nīḍás* (**nizdos*), lat. *nīdus*: ahd., ags. *nest* 'Nest'.

Aind. *hēḍás* 'Zorn': ahd. *geist*, ags. *ʒást* 'Geist'.

Aind. *mēdas* 'Fett': ahd. *mast*, ags. *mæst* 'Mast, Futter'.

Lat. *lædere* (**laizd-*): aisl. *lesta* (**laistun*) 'misshandeln'.

Lat. *pēdere* (**pezd-*), gr. βδεῖν (**pzde-*), asl. *pezdětī*: mhd. *visten* 'fisten'.

Aind. *krīḍati* 'tanzt': aisl. *hrista* 'schütteln' (s. Johansson, Beitr. XV, 229).

Lat. *hordeum* (**ghr̥zd-*): ahd. *gersta* 'Gerste'.

Lat. *mālus* (< **mādus?* < **mazdos*): ahd. *mast*, ags. *mæst*, aisl. *mastr* 'Mastbaum, Stange'.

Lat. *nōdus*: agutn. *nast*, *nestli*, aisl. *nist*, *niste* 'Heftnadel, Mantelschnalle', ahd. *nusta* 'Verknüpfung', *nestila* 'Bandschleife', aisl. *nista* 'zusammenheften'.

Lat. *turdus* (**tr̥zdos*), lit. *s-trāzdas*: aisl. *þrǫstr*, mhd. *drostel* 'Drossel'.

Vgl. dagegen die Verbindung *zdh* > *zđ*, z. B. in asl. *brāzdā* 'Furche', lat. *fastigium* (**bharzdh-?*) 'Kante': ags. *breard*, ahd. *brart*, ags. *breord*, aschwed. *brædder* 'Rand'; lat. *hasta* (**ghazdhā*) 'Speer': got. *gazds*, aisl. *gaddr* 'Stachel', *gedda* 'Hecht', ahd. *gartia* 'Gerte'; u. a. s. § 52, 1.

c) *zʒ*, *zg*, *zq* (welche von diesen ieur. Verbindungen den betreffenden germ. Beispielen zu Grunde liegt, ist oft unmöglich zu entscheiden, weshalb wir die drei Fälle hier nicht sondern) > *sk*, *sq*, z. B.

Asl. *mězgā* 'Baumsaft': mhd. *meisch* 'Meisch', mengl. *māschien* 'mischen'. Hierher wohl auch gr. μίσγειν: ags. *miscian*, ahd. *misken* 'mischen'.

Lat. *virga* (**u̯izgā?*) 'Ruthe': ahd. *wisc* 'Wisch', aisl. *visk* 'Bündel'.

Gr. ἄσβο-λος 'Russ': aisl. *aska*, ahd. *asca* 'Asche' (vgl. unten).

Lit. *mãzgas* 'Knoten': ahd. *masca*, *māsca*, ags. *mǣsce*, aisl. *mǫskue* 'Masche'.

Lit. *brùzgas* 'Gestrüpp': aisl. *bruskr* 'Haarbüschel', nhd. *brüsch* 'Mäusedorn, Ruscus aculeatus' (s. Hellquist, Etymologische Bemerkungen, S. VI).

Vgl. dagegen die Verbindung *zʒh* (*zgh*, *žgh*) > *zʒ*, z. B. in aind. *majján-*, asl. *mozgŭ*: ahd., as. *marg*, ags. *mearʒ*, aisl. *mergr*, aschwed. *miærgher* 'Mark'; ieur. **azghō-* (vgl. oben und § 51, 3): got. *azgō* 'Asche'.

2. Urgerm. *m* wird unmittelbar vor *n* unter noch nicht sicher ermittelten Umständen (vgl. § 44, 5) zu *ƀ*; s. u. a. Kluge, Nominale Stammbildungslehre, § 150; Möller, Zur althochdeutschen Alliterationspoesie, S. 74 f. Note; Johansson, Beitr. XV, 230; Laistner, Germanische Völkernamen, S. 10 ff.; Bremer, ZfdPh. XXII, 251 Note, ZfdA. XXXVII, 11 f. Beispiele sind:

Got. *himins* (vgl. ahd. *himil*, *humil* 'Himmel', gr. *κμέλεϑρον* 'Dach'), aisl. *himenn*: dat. sg. *hifne*, ags. (mit nach den urspr. synkopierten Kasus verallgemeinertem *ƀ*) *heofon*, as. *heƀan* 'Himmel'.

Aisl. *geime* (**gai̯man-*): ags. *ʒeofon*, as. *geƀan* 'Meer'.

Gr. *στόμα* (**stomn̥-*) 'Mund', ahd. *stimna*. as. *stemna*, ags. *stemn* : *stefn*, afr. *stifne*, got. *stibna* 'Stimme'.

Gr. *στάμνος* 'Weinkrug, Ständer', lat. *stāmen* 'Aufzug am Webestuhl', got. *stōma* 'Stoff', ags. *stemn* : *stefn*, *stæfn*, aisl. *stafn* 'Stamm, Steven'.

Gr. *ὄνομα*, lat. *nōmen*, got. *namō*, ahd. *namo*: aisl. *nafn*, aschwed. run. *naƀn* 'Name'.

Lat.-germ. gen. pl. *Damniorum*: ags. *Defna scīr* 'Devonshire'.

Lat.-germ. pl. *Semnones*: Gr.-germ. *Σίβινοι* Völkername.

Gr.-germ. pl. *Δουλγούμνιοι*: Lat.-germ. *Dulgubini* (oder *Dulgubnii*) Völkername.

Aind. *samaná*, aisl. *saman* 'zusammen', ahd. *samanōn*, ags. *samnian* 'sammeln': aisl. *safn* 'Sammlung'.

Lat. *im-itāri* 'gleichkommen', *im-āgo* 'Ebenbild', ags. *emn*: got. *ibns*, ahd. *eban*, as. *eƀan*, aisl. *iafn*, ags. *efn* 'eben'?

Lat. *fēmina*, afr. (aus dem Lat. entlehnt?) *fēmne, fāmne, fōmne : fōvne* 'Weib'.

Das Suffix lat. *-umnia* (z. B. *calumnia* 'Kabale'): got. *-ubni* (z. B. *fraistubni* 'Versuchung', *witubni* 'Wissenschaft', *fastubni* 'Fasten'), das unter Umständen in *-ufni* übergegangen zu sein scheint (z. B. *wundufni* 'Wunde', *waldufni* 'Gewalt').

Umgekehrt scheint *ƀn* bisweilen zu *mn* geworden zu sein, z. B. lat. *crepāre* 'klappern, knarren', aisl. *hrafn*, urnord. *harabanaʀ*, ahd. *hraban*, ags. *hræfn* : *hræm* (**hramn*, s. § 44, 5), *hrem(n)*, ahd. *hram* (Holthausen, K. Z. XXVII, 623); urgerm. **u̯æƀno* (neben **u̯æpno-*, aisl. *vápn*, ags. *wǽpn*, got. pl. *wēpna*): aisl. *vámn*, aschwed. *vam(p)n*, Hildebrandslied *wāmbn*, ags. *wǽmn* 'Waffe'. Jedoch dürfte dieser Übergang später und einzelsprachlich sein; vgl. anorw. *hǫmn* aus *hǫfn* 'Hafen' u. dgl. (Noreen, Aisl. Gr.², § 182, 2; Sievers, Ags. Gr.², § 193, 2).

3. Möglicherweise ist ieur. *m* anlautend vor *r* zu urgerm. *ƀ* geworden (s. Johansson, K. Z. XXX, 445 ff.; Osthoff, M. U. V, 123 ff.; Hirt, I. F., I, 475), aber die betreffenden Beispiele sind sämtlich etwas unsicher, wie

Lit. *mérkti* 'zublinzeln', gr. ἀμαρύσσω 'funkle', got. *maúrgins*, as. *morgan*, aisl. *morgenn* 'Tagesanbruch': *briá, brá* 'funkeln', *braga* 'flammen', *bregđa* 'ans Licht ziehen', mhd. *brehen* 'glänzen', got. *braƕ* 'Blinken'.

Gr. βρένθος (**mrendhos*) 'stolz': ags. *bront*, aisl. *brattr*, aschwed. *branter* 'steil'.

Gr. βρεχμός 'Vorderkopf': ags. *bræȝen*, mndd. *bregen* 'Gehirn'.

Gr. βρῑ́θω 'strotzen', βρῑθύς 'schwer, wuchtvoll': got. *braids*, aisl. *breiđr*, ags. *brád* 'breit'?

Lat. *mare*, got. *marei*, aisl. *marr*, ags. *mere* 'Meer': mndd. *brakig*, engl. *brack* 'Salzwasser', ndl. *brack* 'salzig'.

4. Vielleicht wird urgerm. *ȝ* + *h*, wo diese Laute durch Synkope zusammentreffen (s. § 9, 2) zu *k* (s. Noreen, Arkiv III, 17 f.; vgl. jedoch Persson, Wz., S. 136 Note, 214 Note und unten § 49, 2, c), z. B.

Mhd. *hūren*, ndl. *hurken*: aisl. *kúra*, mengl. *couren* 'kauern'.

Aisl. *hnekkia* 'stossen': aschwed. *knækker*, nnorw. dial. *knekk* 'Stoss'.

Aisl. *hnykkia*, agutn. *nykkia*: nschwed. *knycka* 'zücken'.

Aisl. *hnióskr*: nschwed. dial. *knöske* 'Schwammzunder'.

Ags. *hnǽȝan* (**hnaįįōn*), mndl. *neien* (vgl. § 38 Anm. 3): nschwed. dial. *knäjje* 'wiehern'.

Ahd. *nagan* (aus **hnaȝan?*, vgl. § 9, 2): ahd., as. *knagan* 'nagen'? (vgl. § 51, 3).

Aisl. *hneppr*, aschwed. *næpper*, *napper*: nhd. *knapp* 'knapp'.

Aisl. *hnípa* 'beklommen sein', *hnipenn* 'beklommen', nschwed. *näpen* 'schmal, zart, nett', lit. *knēbti*, mengl. *nipen*, ndl. *nijpen* 'kneifen', nndd. *nīpe* 'knapp': *knīpen*, ndl. *knijpen* 'kneifen'?

Anm. Der von Kluge, Nominale Stammbildungslehre, S. IX, P. Grundr. I, 332 angenommene Übergang von *n* in *l* nach unbetontem *i* ist hinfällig. Von den angeführten Beispielen setzen einige einen schon ieur. Suffixwechsel voraus: z. B. *l* in ahd. *himil*, *humil* 'Himmel' ist nicht aus dem *n* in got. *himins* entstanden, sondern entspricht dem *l* in gr. *κμέλ-εθρον* 'Dach' (s. weiter § 53, 1). In anderen Fällen hat zwar ein Übergang — jedoch wohl nicht lautlicher Natur, sondern vielmehr eine morphologische Substitution eines Suffixes durch ein anderes — stattgefunden, dies aber erst in historischer Zeit und nur in gewissen, besonders westgermanischen, Dialekten; z. B. ahd. *kumil* : *kumin* (aus lat. *cumīnum* entlehnt) 'Kümmel'; ahd. *orgela* : *organa* (aus lat. pl. *organa*) 'Orgel'; mhd. *kuchel*: ahd. *kuhhina* (aus lat. *coquīna*) 'Küche' ahd. *lāgila* (aus lat. *lagēna*) 'Legel': got. *asilus* (aus lat. *asinus*) 'Esel'; ? got. *katils*, aisl. *ketell*, ahd. *kezzil* (aus lat. *catillus* oder ein ganz verschiedenes Wort?): *kezzīn* (aus lat. *catīnus*) 'Kessel'.

B. VERSCHIEBUNG DER ARTIKULATIONSSTELLE.

§ 41. ÜBERGANG DER LABIALISIERTEN GUTTURALE IN NICHT LABIALISIERTE.

Nicht nur sind im Urgermanischen die ieur. Palatale mit den nicht labialisierten Gutturalen unterschiedslos zusammengefallen (Beispiele s. oben §§ 34—37, 3 und 4), sondern auch zum Teil die labialisierten Gutturale, indem sie in gewissen Stellungen ihre Labialisierung eingebüsst haben und zwar teils vor allen labialen oder labialisierten Sonanten — d. h. ieur. *u* (germ. *u, o*), *ū*, *o* (germ. *a*), *ō*, *l̥ m̥*, *n̥*, *r̥* (deren labialisierte Natur aus der germ. Vertretung durch *ul*, *lu*, *ol*, *lo* u. s. w., s. § 3, hervorgeht) und *ə* vor *l*, *m*, *n*, *r*, *u̯* (germ. *u,o* vor *l*, *m*, *n*, *r*, *u̯*) —, teils vor *i̯* (vgl. lat. *sequor : socius*, *queo : inciens*, *frequēns : farcio* u. dgl.); ferner — ohne ersichtliche Regel — vor anderen Konsonanten (wohl nur wenn ein ieur. *u*, *ū*, *o*, *ō* folgte?) so wie vielleicht im Auslaut. Demnach fehlt die Labialisierung vor demjenigen germ. *a*, das aus ieur. *o* entstanden ist, bleibt aber vor demjenigen, welches einem ieur. *a* entspricht, (z. B. gr. *βαφῆναι* 'eingetaucht werden': aschwed. *kwaf* 'Tiefe', *kwæfia* 'ersticken', aisl. *kuęfia* 'hinunter tauchen' neben *kefia*, nach prät. *kóf* umgebildet); ebenso fehlt die Labialisierung vor dem altererbten *ō*, bleibt aber vor dem aus ieur. *ā* entstandenen (z. B. aind. *kās-* 'husten': ags. *hwósta* 'Husten', *hwésan* aus **hwōsian* 'keuchen'). Dies zeigt, dass der Schwund der Labialisierung älter ist als die Übergänge ieur. *o* > germ. *a* und ieur. *ā* > germ. *ō*. Vgl. Kluge, Beitr. zur Geschichte der germ. Conj., S. 42, P. Grundr. I, 331; Möller, Englische Studien III, 153, Beitr. VII, 482; Bezzenberger, Bezz. B. V, 175 f.; Osthoff, Beitr. VIII, 256 ff., 281 ff.; Noreen, Arkiv III, 22 f.; Brugmann, Grundr. I, 328 ff., 332 f.; Bechtel, Hauptprobl., S. 68, 71, 341 ff.

Dagegen wo die Labialisierung nicht nach obiger Regel verschwand (z. B. vor ieur. *ă*, *ĕ*, *ĭ*), löst sie sich allmählig von dem Gutturale ab und wird zu einem selbständigen, demselben nachfolgenden *u̯*, eine Entwicklung, die indessen kaum schon in „urgermanischer" Zeit abgeschlossen worden ist, da ja das Gotische aller Wahrscheinlichkeit nach noch nur labialisiertes *k* und *h* (in der gewöhnlichen Transskription *q* und *ƕ* geschrieben) gegenüber dem *ku̯* und *hu̯* der übrigen germ. Sprachen, aufzuweisen hat; s. Collitz, ZfdPh. XII, 481 f.; Braune, Beitr. XII, 216 ff., Got. Gr.[3], § 59 und § 63. Wo also in einer Gruppe von verwandten Formen oder Wörter ein ursprünglich labialisierter Guttural, in Folge eines Ablautes oder sonstiger Ursachen, bald in solcher Stellung stand, dass die Labialisierung beibehalten werden, bald in solcher Stellung, dass sie schwinden sollte, entsteht eine Art 'grammatischen Wechsels', so dass *q* (*ku̯*) und *k*, ferner *ƕ* (*hu̯*) und *h*, endlich *ʒu̯* (oder nach § 39, *ʒ gu̯*) und *ʒ* (oder *g*) einander gegenüber stehen, wobei jedoch natürlich oft die ursprünglichen lautgesetzlichen Verhältnisse durch Ausgleichung zerstört worden sind. Da unter Umständen *q* durch *p* und *ƕ* durch *f* vertreten werden (s. § 42), und *ʒu̯* in den weitaus meisten Fällen zu *u̯* vereinfacht wird (s. § 48, C, 5), so kann dieser Wechsel auch als ein Nebeneinanderstehen eines *p* und *k*, *f* und *h*, *u̯* und *g* auftreten. Indem ich an die genannten Paragraphen verweise, teile ich hier nur sonstige Beispiele mit und behandle dabei jeden der drei Fälle für sich.

1. Ieur. *q* oder *qh* (germ. *ƕ*) > germ. *h*, *ʒ* (§ 38, 3), *g* (§ 39, 3), z. B.

Gr. *ἕπομαι*, lat. *sequor* 'folge', *socius* 'Genosse': ags. *secʒ* (**saʒi̯az*), aisl. *seggr* 'Geselle'.

Lat. *aqua* 'Wasser'; *Æger* (**ǣʒi̯az*) 'Meer, Gott des Meeres'.

Lat. *neque*: got. *nih* 'auch nicht'.

Aind. *vr̥kīš*: aisl. *ylgr* (**u̯ulʒi̯ō-*) 'Wölfin'.

Aind. *nakhás*, lat. *unguis* 'Nagel', *ungula* 'Huf': ahd. *nagal*, aisl. *nagl* (**naʒlo-*) 'Nagel'.

Beispiele des germ. Wechsels *ƕ* : *h* (*ʒ*, *g*) sind:

Got. *ƕis* 'wessen', *ƕē* 'wie', ahd. *hwer*: aschwed. *har* (analogisch *hwar* wie got. *ƕas*), anorw. *hærr* (anal. *huærr*) 'wer', *hú* 'wie', *há* (neben analogischem *huat*) 'was'.

Aisl. *huellr* 'laut tönend': mhd. *hall* 'Schall, Hall' (wozu analogisch ahd. *hellan* statt **hwellan* 'ertönen' nach prät. *hall*, pl. *hullum*).

Ags. *hwisprian*, *hwiskrian*, aisl. *huískra*, *huísla*, ahd. *hwispalōn* 'flüstern', ags. *hwistlian* 'pfeifen': ahd. *heisi*, ags. *hás* (ieur. **qoi̯s-*) 'heiser'.

Aisl. *huerfa* (prät. analogisch *huarf* statt **harf*), ahd. *hwerfan* 'sich drehen', got. *ƕairban* (wonach analogisch *ƕarbōn*), as. *hwerƀan* 'hin- und hergehen': nschwed. *härfvel* (**harƀila-*) 'Haspel', *härfva* (**harƀiōn-*) 'Fitze am Haspel', *harf*, aisl. *herfe* 'Egge'.

Aisl. *huel* 'Rad' (vgl. gr. τέλος, τέλσον 'Wende'): *hals* 'Hals, Dreher, Wirbel' (vgl. asl. *kolo* 'Rad', lat. *colus* 'Spinnrocken', *collum* aus **qolsum* 'Hals', gr. πόλος 'Drehachse').

Got. *ƕeilan* 'weilen', aisl. *huíla* 'Bett', *huílđ* 'Ruhe' (vgl. lat. *quiēs* 'Ruhe'): got. *haims* (lit. *kaĩmas*) 'Dorf', ahd. *heim* 'Wohnort', *heimuoti* 'Heimat', aisl. *heimr* 'Welt, Wohnung' (vgl. asl. *po-kojĭ* 'Ruhe').

Got. *saiƕis* 'siehst' (wonach *saiƕa* 'sehe'): ahd. *sehan* 'sehen', ags. *sǽʒon*, aschwed. *sāghom* 'sahen'.

Got. *aƕa* 'Wasser': ahd. *aha* (nhd. *Salz-ach* u. dgl.) 'Fluss', aschwed. *agh-borre* 'Barsch'.

2. Ieur. *g̨* (germ. *q*) > germ. *k*, z. B.

Aind. *gāúš*, gr. βοῦς: as., aschwed. *kō*, ahd. *kuo*, ags. *cú*, aisl. *kýr* 'Kuh'.

Aind. *gavīnī-*, gr. βουβών 'Schamdrüse': aisl. *kaun* 'Geschwür, Geschwulst'.

Aind. *gurúš*, gr. βαρύς, lat. *grāvis*: got. *kaúrus* 'schwer'.

Gr. κολοβός 'gestutzt': got. *halks* 'dürftig'.

Gr. ἄσβο-λος 'Russ': aisl. *aska*, ahd. *asca* 'Asche'.

Aind. *añjana-*, lat. *unguen* 'Salbe': ahd. *anko* 'Butter'.

Gr. βρόχος 'Schlinge', βρόγχος, βρόχθος 'Kehle': mhd. *krage* 'Hals, Kragen', mengl. *crawe* 'Kropf'.

Beispiele des germ. Wechsels *q* : *k* sind:

Got. *qiman*, ahd. *queman*: as., ags. *cuman*, aisl. *koma* 'kommen', ahd. *kumft* 'Zusammenkunft'.

Got. *qēns*, *qinō*, aisl. *kuǽn* : *kona* (aber gen. pl. *kuinna*) 'Weib'.

Ahd. *queran* 'klagen, seufzen': *kara* 'Klage'.

Got. *-qairnus*, aisl. *kuern*: mhd. *kurn*, *kürne* 'Mühle'.

Got. *qairrus*, aisl. *kuirr*, aschwed. *kuær*: mhd. *kürre* (aisl. *kyrr?*) 'sanftmütig'.

Ahd. *quarter* : *kortar*, ags. *corđer* 'Herde'.

Ahd. *querdar* : *korder* 'Köder'.

Nschwed. dial. (Dalarna) *skwella* 'wiederhallen', ahd. **squellan* (in ital. *squillare* 'schallen' entlehnt), analogisch (nach dem prät.) *skellan* 'schallen': aisl. *skǫll* 'Gelächter', *skal* (analogisch *skual*) 'Plauderei', ahd. *scal(l)* 'Schall'.

Nschwed. dial. *skvälpa*: aschwed. *skalpa* (analogisch *skwalpa*) 'plätschern, platschen'.

Aisl. *mǫskue* (**mozgen-*): ahd. *masca* (**mozgon-*, vgl. lit. *māzgas* 'Knoten') 'Masche'.

Got. *stigqiþ* 'stösst' wonach analogisch inf. *stigqan*, aisl. *støkkua*, agutn. *stinqua*: aschwed. *stinku* (analogisch *stiunka*, *stionka*) 'prallen'.

Aisl. (einmal belegt) *strýkua*: ags. *strīcan* 'streichen', aschwed. *hūþ-strīka* 'prügeln' (vgl. § 22, S. 67).

Nschwed. dial. (Dalarna) *lǣka*, einem aisl. **løykua* entsprechend: aschwed. *lēka*, aisl. *leika* 'spielen', got. *laikan* (vgl. lit. *láigyti*) 'springen'.

Aisl. *ýkua* (**u̯īku̯-*): as. *wīkan* 'weichen'.

Aisl. *sýkua*: ags. *swīcan* 'im Stiche lassen'.

3. Ieur. *gh* (germ. *ʒu̯*) > germ. *ʒ*, *g* (§ 39, 3), z. B.

Gr. θείνω (aor. ἔπεφνον), lat. *of-fendo* 'schlage': aisl. *gandr* 'Stock, Stecken' (s. Hellquist, Etymologische Bemerkungen, S. V f.), *gunnr*, ahd. *gundea* 'Schlacht'.

Apreuss. *wagnis*, gr. (Hesych.) ὀφνίς: ahd. *waganso* 'Pflugschar'.

Gr. πόθος (**ghodhos*) 'Verlangen': aisl. *geð* (**ghodhi̯om*) 'Gemüt' (vgl. § 34, 5 und § 33, 28).

Gr. ἐλαφρός: ahd. *lungar*, ags. *lunʒor* 'schnell'.

Gr. ἐλαχύς 'leicht': ahd. *lungun*, ags. *lunʒen* 'Lunge'.

Beispiele des germ. Wechsels *ʒu̯* : *ʒ* (*g*) sind:

Got. *siggwiþ* 'singt', wonach inf. *siggwan* (vgl. gr. ὀμφή 'Stimme'), aisl. *syngua*: ahd., as. *singan*, ags. *sinʒan* 'singen'.

Aisl. *slyngua*: ahd. *slingan*, ags. *slinʒan* 'schleudern'.

Aisl. *lyng* (dat. *lyngue*), aschwed. *liung* (**lingu̯-*) 'Heidekraut': nschwed. *lingon* 'Preisselbeere'.

Aschwed. *stiunger* (**stingu̯-*) : *stinger* 'Stich, Krankheit'.

§ 42. ÜBERGANG DER LABIALISIERTEN GUTTURALE IN LABIALE.

Die ieur. labialisierten Gutturale werden im Germanischen — sofern sie nicht nach § 41 ihre Labialisierung aufgegeben haben — bisweilen zu reinen Labialen. Der Übergang ist vielleicht jünger als die Lautverschiebung, sicher aber älter als der Eintritt des Verner'schen Gesetzes (s. § 38, 1, S. 125). Über den Umfang und die Tragweite des anzunehmenden Lautgesetzes gehen die Ansichten weit auseinander. Während mehrere Gelehrten dem betreffenden Übergang einen grossen Spielraum zumessen, schränken einige sein Gebiet sehr ein, ja leugnen, dass es überhaupt ein derartiges urgerm. Lautgesetz gegeben habe. S. einerseits Fick, K. Z. XXI, 14, Bezz. B. V, 169 ff.; Hildebrand, Deutsches Wörterbuch V, 5; Bechtel, Über die Bezeichnungen der sinnlichen Wahrnehmungen, S. 74, Hauptprobl., S. 340, 343 Note, 352, 372 Note; Bezzenberger, Bezz. B. V, 170 ff.; Noreen, Beitr. VII, 434, Sy. Landsm. I, 697, Arkiv III, 18 Note; Kluge, Beitr. VIII, 526, XI, 560 ff., P. Grundr, I, 331 f.; Kauffmann, Beitr. XII, 511 f., 521 ff.; Brugmann, Grundr. I, 331; Johansson, Beitr. XIV, 314 ff., 328 f.; Bugge, Bezz. B. XIV, 65 f.; andererseits Persson, Wz., S. (165, 193,) 215 f. Note, 219 Note und besonders Bartholomæ, Studien zur indogermanischen Sprachgeschichte II, 13 ff. Note. Am sichersten erwiesen ist der Übergang bei ieur. *q* und *qh*, urgerm. *ƕ*, das vielleicht überall wo es in unmittelbarer Verbindung mit *l*, *n* oder *r* stand, zu *f* (woraus bisweilen *ƀ* nach § 38, 1) wurde. Dagegen bei ieur. *g*, urgerm. *q* sind die einigermassen sicheren Beispiele eines Überganges in *p* seltener und dürften nur für die Verbindung urgerm. *qn* > *pn* (woraus oft *pp*, s. § 44, 1, *p*, s. § 46, 1) stichhaltig sein. Was endlich ieur. *gh*, urgerm. *ʒu̯* betrifft, so scheinen sichere Beispiele eines Überganges in *ƀ* (*b* § 39, 1) ganz zu fehlen, was vielleicht darin seinen Grund hat, dass urgerm. *ʒu̯* in den meisten Fällen zu *u̯* vereinfacht worden ist (s. § 48, C, 5), ein Vorgang, der vielleicht so früh eingetreten ist, dass kein Übergang *ʒu̯*

> *ƀ* mehr stattfinden konnte, ausser in den wenigen Fällen, wo *ȝ* nicht schwand (z. B. in der Verbindung *nȝu̯*, woraus nach § 39, 3 *ngu̯* wurde). Wir unterscheiden demnach folgende mehr oder weniger sicheren Fälle:

1. *hv* > *f* (*ƀ* § 38, 1), z. B.

Aind. *ki-knasa-* 'Teile des zerriebenen Korns': nschwed. *fnas* (neben dial. *knas* < *ȝ-hnas-*?, s. § 40, 4) 'etwas Abgeriebenes'.

Aind. *ul-ūka-*, lat. *ul-ucus* (vgl. ahd. *ūwila* 'Eule' < **ūȝu̯ilā-*, s. § 48, C, 5): ahd. *ūfo* (**ūqn-*), ags. *úf*, aisl. *úfr* 'Uhu'.

Aind. *yákr̥t*, gr. *ἧπαρ*, lat. *jecur* (**li̯ĕqr̥*; vgl. nschwed. dial. *lȳr* < **liȝu̯ri-*): ahd. *lebara, libera*, ags. *lifer*, aisl. *lifr* 'Leber'.

Weil nach § 41 ieur. *q* unter Umständen auch durch germ. *h* (*ȝ*) vertreten wird, kommen im Germanischen oft *f* (*ƀ*) und *h* (*ȝ*) neben einander in verwandten Wörtern und Formen zu stehen, und durch Ausgleichung sind Doppelformen entstanden wie z. B.

Aisl. *hniósa*, ahd. *niosan* 'niesen': ags. *fnéosan*, ndl. *fniezen*, nschwed. *fnȳsa* 'schnauben'; wohl durch Ausgleichung einer Flexion **fneosan : *hnaus* (s. S. 143).

Aisl. *hnióskr*, nschwed. dial. *knöske* (s. § 40, 4): aisl. *fnióskr*, nschwed. *fnöske* (**fnuskia-*) 'Schwammzunder' aus urspr. **fneoska- : *(ȝ-)hnuskia-*.

Aisl. *hnykr : fnykr*, aschwed. *fnuk*, *fnok* 'Stank, Schmutz'.

Got. *aúhns*, aschwed. *ugn*, anorw. *ogn* (vgl. gr. *ἰπνός* < **uqnos*): ahd. *ofan*, aisl. *ofn* 'Ofen' aus urspr. **ohno- : *ufne-*.

Ahd. *rogan*, *rogo*, aisl. *hrogn*: ngutn. *rumn*, nschwed. *rom* (**hrofn-*) 'Rogen'.

As. *tweho*, ahd. *zweho : zwīfo* 'Zweifel' aus **tu̯ehan : *tu̯īfn-*, ieur. **du̯ĭq(o)n-*.

Ahd. *zōha* (**tau̯hōn-*): mhd. *zūp* (**tūƀn-*) 'Hündin'.

Nhd. dial. *fuchsē* 'fünfzehn' (vgl. aind. *páñca*, gr. *πέντε*, lat. *quīnque* < **penqe*): ahd. *finf*, *funf*, got. *fimf* 'fünf'.

Finn. (urnord.) *kakra*, agutn. *hagri* (**haȝrán-*; vgl.

lat. *avēna* < **qhaqhes-nā-?*): as. *havoro, haƀoro*, ahd. *habarò* (**háfren-, *haƀrén-*) 'Hafer'.

Mhd. *hoger*: ahd. *hofar*, ags. *hofer* (vgl. lit. *kaukarà* 'Hügel' oder zu lit. *kuprà?*) 'Höcker'.

Got. *ga-tarhjan* 'auszeichnen' (vgl. gr. Hesych. *δρωπάζειν* 'anblicken', *δρώπ-τειν* 'durchschauen'): ahd. *zorft* (analogisch *zoraht*, ags. *torht*) 'hell, klar'.

Engl. *harrow* (ags. **hearʒe*): aisl. *herfe*, nschwed. *harf* 'Egge' (vgl. § 41, 1).

Aschwed. *sughl : sufl*, mndd. *suf(f)el* 'Zuspeise, Fleisch'.

Aisl. *ylgr*: mhd. *wülpe* 'Wölfin' aus urspr. nom. **wulfī́* > **wulƀī* (aind. *vr̥kī́-*): gen. **wulhi̯ṓs* > **wulʒi̯ṓs* (aind. *vr̥kyā́-*); dazu got. *wulfs*, ahd. *wolf*, aisl. *ulfr* 'Wolf' aus **wólho- : *wúlfe-* (aind. *vŕ̥kas*).

Zweifelhaft ist die Erklärung, wo nicht wie in den vorigen Beispielen ein *l*, *n*, *r* mit im Spiele ist, z. B.

Ags. *hweohl* (**ƕehlo-*), aisl. *hiól* (**ƕeʒu̯le-*): afr. *fial* (zunächst aus **feul-*) 'Rad'. Sind die Wörter unverwandt?

Aisl. *ux*, nfr. *oeksan*: aisl. *ups*, ags. *efese* 'Traufdach', ahd. *obisa*, got. *ubizwa* 'Vorhalle'. Ist *ks* aus *ps* entstanden?

Aind. *catvā́ras*, gr. *τέσσαρες*, lat. *quatuor*: got. *fidwōr*, ahd. *fiuwar*, aisl. *fiórer* 'vier'. Ist *f-* aus 'fünf' entlehnt?

Anm. 1. Dagegen sicher nicht hierher gehörig sind wohl Fälle wie aisl. *skeifr*, mhd. *schief* 'schief' zu lat. *Scīpio* 'der schiefe' und gr. *σκίμπτειν* 'lehnen', also nicht identisch, nur wurzelverwandt mit mhd. *schieg* 'schief'. Ebenso zu beurteilen sind wohl ahd. *sweiban* 'aufhören', ahd. *swiftōn* 'ruhig sein': *swīgēn*, ags. *swiʒian* 'schweigen'; ahd. *stiften* 'gründen, anstiften' (zu mhd. *stīf* 'steif', lat. *stīpes* 'Stamm'): aisl. *stétt* (**stiht-*) 'Fundament', ags. *stihtan* 'anordnen' (zu got. *stiks* 'Zeitpunkt', gr. *στίζειν* 'stechen', lat. *in-stīgāre* 'anstacheln'), u. a. m.

2. $q > p$, z. B.

Aind. *chā́ga-* (*schēgo-*) 'Bock': as. *scāp*, ags. *sceáp*, ahd. *scāf* (**skǣp-* < **schēgn-*) 'Schaf'.

Lit. *żaginỹs* 'Pfahl' (*żãgrė* 'Gabelholz am Pfluge'), ahd. *slito-kuohha*, mndd. *kōke* (**kōkōn-*): nhd. *kufe* (**kōp-* < **gā́gn-*) 'Schlittenschnabel'.

Aschwed. *vākn* (und *vāgn*), finn. (urnord.) *vaakuna*, anorw. (selten) *vákn*, nisl. (sehr selten) *vókn*: aisl. *vápn*, ags. *wǽpn*, ahd. *wāfan*, *waffan*, got. pl. *wēpna* 'Waffen'.

Aisl. *sókn*, agutn. *sōgn*: aschwed. *sōpn* 'Gefolge, Versammlung, Gemeinde' u. a.

Aisl. (aschwed.) *sýkn* (*dagr*) '(Tag) auf dem man gerichtlich belangen darf': agutn. *sypn*.

Ngutn. *gaukn*: aisl. *gaupn*, ahd. *goufan* 'Höhlung beider Hände'.

Anorw. *stiúk-*, *stiúg-móđer*: aschwed. *stiūp-*, *stiūf-mōþir*, ags. *stéop-módor* 'Stiefmutter'.

Unsicher sind Fälle wie die folgenden, wo man vielleicht ebenso gut Ausbildung derselben Wurzel durch verschiedene Determinative (vgl. gr. ἐρείκω 'zerbreche': ἐρείπω 'werfe nieder' u. dgl.) wie Entstehung des *p* aus *qn* annehmen können dürfte:

Lit. *svaĩgti* 'schwanken', ags. *swícan*, ahd. *swīhhōn* 'schweifen', aisl. *sýkua* 'verlassen': *sueipa*, ags. *swápan*, ahd. *sweifan* 'schwingen'.

Ahd. *kriohhan*, mengl. *crūchen*: as. *kriupan*, ags. *créopan*, aisl. *kriúpa* 'kriechen'.

Lat. *sūgere*, ags. *súcan* 'saugen': *súpan*, ahd. *sūfan*, aisl. *súpa* (aus ieur. **sūpn-'* zu aind. *sū́pa-* 'Brühe'?) 'saufen'.

Ahd. *slīhhan* 'schleichen' (vgl. lett. *slaika* 'Schlitten'): *slīfan*, ags. *slípan* 'gleiten', aisl. *sleipr* 'schlüpfrig'.

Mhd. *slūchen* 'schlucken' (d. h. 'hereingleiten lassen'; vgl. lett. *schlukt* 'glitschen'): got. *sliupan*, ahd. *sliofan*, ags. *slūpan* 'schlüpfen'.

Gr. κρώζω 'krähe', aisl. *hrókr*, ahd. *hruoh* 'Art Krähe': got. *hrōps*, aisl. *hróp* 'Ruf, Geschrei' (zu lat. *crepo* 'knarre'?).

Lat. *stinguo* 'stachele, reize', got. *stigqan*, aisl. *støkkua* 'stossen': gr. στέμβω 'trete mit Füssen, misshandle', ahd. *stampfōn*, aisl. *stappa* 'stampfen'.

Gr. σκάζω (**skn̥gi̯ō*) 'hinke', σκαμβός (**skangos*) 'krumm, schief', aisl. *skakkr* 'hinkend, schief': nschwed. *skumpa* 'humpen'.

Ahd. *hinkan* 'hinken': nhd. *humpen*.

Got. *sigqan* 'sinken', nschwed. *sank* 'sumpfig': mhd. *sumpf* 'Sumpf'.

Mhd. *strunc* : *strumpf* 'Stummel, Stumpf'.

Ags. *scrincan* 'schrumpfen', aisl. *skrukka* 'Runzel', pl. *skrykker* 'Wellenbewegungen', aschwed. *skrunkin* 'eingeschrumpft, runzelig': mhd. *schrimpfen* 'runzeln', aisl. *skreppa* 'entschlüpfen'.

Aisl. *hrøkkua* 'runzeln', mhd. *runke* 'Runzel': ags. *ȝehrumpen* 'runzelig', ahd. *rimpfan* 'runzeln'.

Ags. *crincan* 'fallen, niedersinken', *cranc* 'gebrechlich', ahd. *krankolōn* 'straucheln': ags. *crimpan*, ahd. *krimpfan* 'schrumpfen', aisl. *kroppenn* 'eingeschrumpft'.

Aisl. *skrokkr : skreppa* 'Ranzen'.

Ags. *husc : hosp* 'Hohn'.

Lat. *niger* 'schwarz': ags. *nípan* 'finster werden'.

Vgl. noch gr. *λάζομαι*, *λαμβάνω* 'greife': ags. *ȝe-limp* 'falscher Griff', *ȝe-limpan* 'sich zutragen, ein guter Griff sein', ahd. *gi-limpf* 'Angemessenheit', nschwed. *s-lump* 'Zufall'.

Anm. 2. Ganz unklar sind Fälle wie aisl. *huískra*, ags. *hwiscrian : hwisprian*, ahd. *hwispalōn* 'flüstern'; lat. *posco* 'fordere', ahd. *forscōn : forspōn* 'forschen'; gr. *ἐρεύγειν*, lat. *ē-rūgere* 'speien', *ructāre*, ags. *roccettan* 'rülpsen', *ed-roccian*, ahd. *ita-rucken* 'wiederkauen': aisl. *ropa*, nschwed. *rapa* 'rülpsen'; mhd. *weter-leich*, nnorw. dial. *veder-leik*: aisl. *leiptr* 'Blitz, Wetterleuchten'. Wahrscheinlich nicht hierher gehörig sind Fälle wie aind. *glōcati* 'raubt, stiehlt': aisl. *plokka* 'pflücken'; aind. *gláha-* 'Einsatz': as. *plegan* 'einstehen für'; asl. *grŭdŭ*: ags. *prút*, *préde*, aisl. *prúðr* 'stolz'.

Anm. 3. In den wenigen Fällen, wo man einen Übergang *ȝu* > *b* (*b*) anzunehmen geneigt sein könnte, dürfte eher eine Ausbildung derselben Wurzel durch verschiedene Determinative vorliegen, z. B. ags. *clinȝan* 'sich anklammern, kleben, sich zusammenziehen', ahd. *klunga* 'Knäuel', aisl. *klengiask* 'sich anklammern': ags. *climban*, ahd. *klimban* (vgl. aisl. *klífa*) 'klettern', aisl. *klumba* 'Knäuel, Keule', *klǫmbr* 'Klammer'; aisl. *kranga* 'krängen', *kringla*, mhd. *kring* 'Kreis', ags. *crinȝan* 'sich winden': *crumb*, ahd. *krumb* 'krumm'.

§ 43. SONSTIGE VERSCHIEBUNGEN DER ARTIKULATIONSSTELLE.

1. *m* (ursprüngliches oder aus *m̥* entstandenes, s. § 3, 2, a) wird zu *n* in folgenden Fällen:

a) In germ. betontem Auslaut (vgl. § 48, A, 1), z. B.

Aind. (vedisch) *saptá* (**septm̥*), gr. *ἑπτά*, lat. *septem* : got., ahd. *sibun*, ags. *seofon*, Lex Salica *septun*, aschwed. *siū* 'sieben'.

Lat. *tum*: got. *þan*, ags. *þon* 'dann'.

Lat. *quum* 'wenn': got. *ƕan* 'wann'.

b) Unmittelbar vor einem (nach § 34, 2 oder § 38, 2 entstandenen) *đ*, woraus später (nach § 39, 2) *d* geworden ist (s. Noreen, Arkiv III, 39 Note; Brugmann, Grundr. I, 182), z. B.

Aisl. *symia, suim(m)a*, ags., ahd. *swimman* 'schwimmen': ags., aisl. *sund* 'Schwimmen, Sund'.

Got. *skaman* 'schämen', as., ahd. *scama*, ags. *sceomu*, aisl. *skǫmm*: got. *skanda*, ahd. *scanta*, ags. *sceond* 'Schande', ahd. *scant* 'entehrt'.

Ahd. *kumft* (**kumþi-*), mndd. *kumpst*, *komst* 'Ankunft', got. *ga-qumþs*: aisl. *sam-kund* 'Zusammenkunft'.

Ags. *rima*, *reoma*, ahd. *ramft* : *ranta*, ags. *rond*, aisl. *rǫnd* 'Rand', ahd. *rinta*, ags. *rind* 'Rinde'.

Ahd. *breman* 'brummen, summen', mengl. *brim* 'Glut', aisl. *brim* 'Brandung', nhd. *brunft*: aisl. *brundr* 'Brunft'.

Gr. ἄμαθος (**samadhos*), nhd. dial. *sampt*: aisl. *sandr*, ags., as. *sand*, ahd. *sant* 'Sand'.

Gr. κεμάς 'Gazelle', ahd. *gamiza* 'Gemse' (s. § 38 Anm. 3): aisl., ags. *hind*, ahd. *hinta* 'Hinde'.

Lat. *centum* (**cm̥tóm*), lit. *szim̃tas*: got. *hund*, ahd. *hunt*, aisl. *hund-rađ* 'Hundert'.

Lat. *lumbus* (**lomdhos*): ahd. *lentin*, ags. *lenden*, aisl. *lend* 'Lende', pl. *lunder* 'Schinken'; anders Schmidt, Plur., S. 6 f. Note.

Aisl. *skammr* 'kurz': *skunda*, *skynda* 'beschleunigen'.

Anm. 1. Derselbe Übergang ist vor *s* eingetreten in ahd. *dinstar* (**temsros*, s. § 47, 1) 'finster', wie aus der Vergleichung mit aind. *támisrā* 'finstere Nacht', lit. *tamsùs* 'finster', as. *thimm* 'düster', ahd. *demar* 'Dämmerung' hervorgeht. Anders aber ist *ms* behandelt worden in got. *ams* 'Schulter', *mimz* 'Fleisch' (vgl. § 8, S. 27).

Anm. 2. Der entgegengesetzte Übergang *n* > *m* im In- und Auslaut durch assimilatorischen Einfluss eines anlautenden Labials wird von Kluge, Nominale Stammbildungslehre, S. IX f., P. Grundr. I, 332 angenommen; dies ohne Zweifel mit Unrecht, wie schon aus dem Umstande hervorgeht, dass Nebenformen mit *n* statt des zu erwartenden *m* nichtsdestoweniger vorkommen. Ohne Zweifel sind in den meisten Fällen schon ieur. Doppelformen (eine mit *n* und eine mit *m*) vorhanden gewesen, z. B. aind. *budhnás*, aisl. *botn*: gr. πυθμήν, ahd. *bodam*, ags. *bođem*, *botm*

'Boden', u. a. (s. weiter § 54, 2). Damit sei nicht verneint, dass vielleicht der betreffende Übergang im Althochdeutschen (wenigstens dialektisch) in historischer Zeit stattgefunden habe, z. B. in ahd. *piligrīm* 'Pilger' aus lat. *peregrīnus* 'Fremder' entlehnt, ahd. *pflūmo* aus lat. *prūnum* 'Pflaume', mhd. *pfrieme* gegenüber ags. *préon*, aisl. *prjónn* 'Pfriem'.

2. Palatales und gutturales *n* werden zu *m* unmittelbar vor einem (nach § 42 entstandenen) Labial, z. B. aind. *páñca*, gr. πέντε, lat. *quīnque* (ieur. **penqe*): got. *fimf* (ahd. *finf* aus **fimf*) 'fünf', aisl. *fimte* (**fimftē*) 'fünfte'. Sonstige mehr oder minder unsichere Beispiele s. § 42, 2 (vgl. auch Anm. 3).

3. *u̯* wird bisweilen — nach noch unbekannter Regel — zu *ʒ* intersonantisch, wenigstens nach *u*; s. Bugge, Beitr. XIII, 504 ff.; Kluge, P. Grundr. I, 334. Beispiele sind:

Aind. *yúvan-*, lat. *juvenis* 'jung', *juventa*: as. *juguth*, ags. *ʒeoʒuđ*, ahd. *jugund* (ieur. **i̯uu̯n̥tā*) 'Jugend', *jugiro* 'jünger'; vgl. dagegen got. *junda* 'Jugend', *juggs* (ieur. **i̯uu̯n̥cos*) 'jung', *jūhiza* 'jünger', s. § 8 und § 7, 3.

Gr. μυῖα, aisl. *mý* (**mūi̯ō-*): as. *muggia*, aschwed. *myggia* (**muʒi̯ōn-*), nschwed. *mygg* (**muʒi̯ō-*) 'Mücke' durch Ausgleichung einer ursprünglichen Flexion nom. **muu̯ī* (> **muʒī*): gen. **mūi̯ōz* (wie got. *mawi* : *maujos* u. dgl.).

Asl. *brŭvĭ* 'Brücke, Braue', gall. *brīva* (**bhrēu̯-*), aisl. *brú* 'Brücke', *brǫ́* (**bhrēu̯ā* > **ƀrǣu̯ō*) 'Wimper', ags. *bréw*, ahd. *brāwa*, aind. *bhrūš*, gr. ὀ-φρῦς 'Braue': as. *bruggia*, aisl. *bryggia* (**ƀruʒi̯ōn-*), ags. *brycʒ* (**ƀruʒi̯ō-*, aus **ƀruu̯ī* > **ƀruʒī* : **ƀrūi̯ōz* ausgeglichen) 'Brücke'.

Gr. ἠέλιος, ἥλιος, dor. ἀϝέλιος (**sāu̯eli̯os*), got. *sauil* (vgl. § 10, 2): ags. *syʒel* (**suu̯il-*) 'Sonne', got. *sugil* 'die Rune *s*'.

Lat. *sūs*, aisl. *sýr*, ahd., ags. *sú* : *suʒu* (**suu̯ō*) 'Sau'.

Dass derselbe Übergang auch nach anderen Sonanten als *u* stattfinde, könnten vielleicht folgende zwei Beispiele wahrscheinlich machen:

Aind. *náva*, lat. *novem*, ahd. (selten) *niwan*: as. *nigun*, afr. *niugun*, ags. *niʒon* 'neun'.

Aind. *mīvāmi* 'dränge, drücke', aisl. *mývell*, *myell*, *mýll* (**mīu̯ilos*) 'Ball': nschwed. dial. *miggel* 'Schneeball' (vgl. jedoch § 47, 2, S. 168).

C. QUANTITATIVE ERSCHEINUNGEN.

§ 44. ASSIMILATION.

1. Ieur. *bn*, *bhn*, *pn*, *phn* treten im Germanischen alle als *pp* (woraus unter Umständen *p*, s. § 46, 1) auf, wenn der nach *n* folgende Sonant in ieur. Zeit den Hauptton hatte; s. Wenker, Über die Verschiebung des Stammsilbenauslautes im Germanischen (Bonn, 1876); Bezzenberger, Gött. gel. Anzeigen 1876, S. 1374; Paul, Beitr. VII, 133 f.; Osthoff, Beitr. VIII, 297 f., M. U. IV, 178; Kluge, Beitr. IX, 149 ff., P. Grundr. I, 336; Kauffmann, Beitr. XII, 504 ff.; Brugmann, Grundr. I, 390, 393. Näheres über den Verlauf der Entwicklung ist noch nicht sicher ermittelt worden (vgl. § 35). Beispiele sind u. a.:

Aind. *chup-* 'berühren', got. *skiuban*, ahd. *skioban*, ags. *scúfan*, aisl. *skúfa*, aschwed. *skiūva* 'schieben', ahd. *scūfala*: nndd. *schuppe* 'Schaufel', ahd. *scupfa* 'Schaukelbrett', nschwed. dial. *skoppa*, *skuppa* 'Schooss, Knie', mhd. *schupf* 'schaukelnde Bewegung'.

Asl. *kypětī*: mhd. *hopfen*, *hupfen*, ags. *hoppian*, aisl. *hoppa* 'hüpfen'.

Lat. *Scīpiō* 'der schiefe' (vgl. gr. σκίμπτω 'lehne'), aisl. *skeifr*, mhd. *schief*: nhd. dial. *schepp* 'schief'.

Mhd. *snūfen* 'schnaufen', *snūben* 'schnarchen', nndd. *snūven*, ndl. *snuiven* 'schnauben', aschwed. *sniūva*: mhd. *snupfe* 'Schnupfen', aisl. *snoppa* 'Schnauze', aschwed. *snuppa* 'schluchzen'.

Mhd. *knübel* 'Knöchel', nschwed. dial. *knöva* 'zusammendrücken': nndd. *knop(p)* 'Knospe', ahd. *knopf* 'Knoten', ags. *cnæp(p)*, aisl. *knappr* 'Knopf'.

Ags. *dýfan* 'tauchen', ahd. *tobal* 'Thal': *topf* 'Topf', ags. *doppa* 'Taucher' (Wasservogel).

Aschwed. *slipa*, *slæpa* 'schleppen', aisl. *sleipr* 'schlüpfrig', mndd. *slipen* 'schleifen', ahd. *slīfan*: *slipfen* 'gleiten', aisl. *sleppa*, aschwed. *slippa* 'entschlüpfen', nhd. *schlipferig*.

Got. *hlaupan*, ags. *hléapan*, aisl. *hlaupa* 'laufen': ndän. *loppe*, aschwed. *loppa* 'Floh'.

Gr. *βρέφος* 'Frucht im Mutterleibe', aisl. *krof*, nschwed. *kräfva*: ags. *crop(p)*, ahd. *kropf* 'Kropf', aisl. *kroppr* 'Rumpf, Leib' (Johansson, Bezz. B. XVIII, 21).

Ahd. *obana*, aisl. *ofan* 'von oben': as., ags., aisl. *uppe* 'auf, oben', *upp*, *úp*, got. *iup* 'aufwärts', aschwed. *yppin*, *uppin* 'offen' (Johansson, Beitr. XV, 240 ff.).

2. Ieur. *dn*, *dhn*, *tn*, *thn* treten im Germ. alle als *tt* (woraus unter Umständen *t*, s. § 46, 2) auf, wenn der nach *n* folgende Sonant in ieur. Zeit den Hauptton trug; s. die oben unter 1 zitierte Literatur. Beispiele sind u. a.:

Ahd. *knodo*, *knoto*: ags. *cnotta* 'Knoten', aisl. *knǫttr* 'Ball', pl. *ú-knytter* 'böse Streiche', mhd. *knotze* 'Knorre'.

Ahd. *huot*, ags. *hód* : *hæt(t)*, aisl. *hǫttr* 'Hut'.

Lat. *fūtis* 'Wassergeschirr', got. *bauds* 'taub, stumm' (eig. 'stumpf'), aisl. *buþkr*, ahd. *botaha* 'Bottich', *butin(u)*: mhd. *bütte*, aisl. *bytta* 'Bütte', nnorw. dial. *butt* 'Stück Holz', nndd. *butt* 'stumpf, plump' (s. Lidén, Uppsalastudier, S. 84 f.).

Ahd. *kataro* : *kazza*, ags. *cat(t)*, aisl. *kǫttr* 'Kater, Katze'.

Got. *sneiþan*, aisl. *sníða*, ahd. *snīdan* 'schneiden': *snizzen* 'schnitzen'.

Got. *stautan*, ahd. *stōzan* 'stossen': mhd. *stutzen* 'stutzen', ndl., nndd. *stotteren* 'stottern'.

Aisl. *iǫtonn*, aschwed. *iætun* : *iætte* 'Riese'.

3. Ieur. *ʒn*, *gn*, *ǥn*, *ʒhn*, *ghn*, *ǥhn*, *cn*, *kn*, *qn*, *chn*, *khn*, *qhn* treten im Germ. alle als *kk* (woraus unter Umständen *k*, s. § 46, 3) auf, wenn der nach *n* folgende Sonant in ieur. Zeit den Hauptton trug; s. die oben unter 1 zitierte Literatur. Beispiele sind u. a.:

Lit. *lugnas* 'gebogen, krumm': aisl. *lokkr*, ags. *loc(c)*, ahd. *loc* (gen. *lockes*) 'Locke'.

Lat. *stagnum* 'stehendes Wasser' (vgl. aisl. *stake* 'Stecken'): aisl. *stakkr* 'Heuschober'.

Gr. *λιχνεύειν* (vgl. got. *bi-laigōn*): ahd. *leckōn*, as. *likkoian*, ags. *liccian* 'lecken'.

Gr. *λίχνος*: mhd. *s-lec* (gen. *sleckes*) 'Leckermaul' (vgl. aisl. *sleikia* 'lecken' und § 57, 1, d).

Aind. *stighnṓmi* 'hüpfe', asl. *stĭgnąti* 'eilen' (vgl. aisl. *stíga*, got. *steigan* 'steigen'), ahd. *steigal* : *steckal* 'steil'.

Aisl. *húka*, mhd. *hūchen* 'kauern': nhd. *hocken*.

Gr. *γύγης* ein Wasservogel, lit. *gužatys* 'Storch', ags. *cýcen*, mndl., mndd. *kūken* 'Küchlein', aisl. *kiúk-lingr* 'Gänseküchlein': *kokkr*, ags. *coc(c)* 'Hahn' (s. Lidén, Uppsalastudier, S. 92 f.).

Aind. *praçnin-* (vgl. got. *fraíhnan* 'fragen'): ags. *fricca* 'Herold'.

Lit. *smùkti* 'gleiten', asl. *smūcati* 'kriechen', aisl. *smiúga*, ags. *smúȝan* 'schmiegen': *smoc(c)*, aisl. *smokkr*, ahd. *smocko* 'Hemd', *smucken* 'anziehen, schmücken'.

Aisl. *fliúga*, ags. *fléoȝan*, ahd. *fliogan* 'fliegen': *flocko* 'Schneeflocke', ags. *floc(c)*, aisl. *flokkr* 'Schwarm, Schar'.

Aisl. *liúga*, ahd. *liogan* 'lügen': *lucki* 'lügenhaft', *lockōn*, *lucken*, aisl. *lokka* 'verlocken, verführen'.

Ags. *hníȝan*, aisl. *hníga*, ahd. *nīgan* 'sich neigen': *nicken* 'nicken'.

Got. *biugan*, ags. *búȝan*, ahd. *biogan* 'biegen', *buhil* 'Hügel, Bühl', aisl. *bogenn* 'gebogen', *boge* 'Bogen': mhd. *bücken* 'bücken', ags. *bucca*, aisl. *bukkr*, *bokkr* 'Bock' d. h. 'Krumhorn'.

Got. *tiuhan*, ahd. *ziohan* 'ziehen', *zug* 'Zug': *zockōn*, *zucken* 'zucken, zücken'.

Aisl. *hrúga*: ags. *hrycce* 'Haufen'.

Got. *brikan*, ags. *brecan* 'brechen': ahd. *brocko* 'Brocken', aisl. *Brokkr* mythischer Schmied (s. Hellquist, Arkiv VII, 51).

Mhd. *bloch : bloc(k)*, mndd. *block* 'Block, Klotz, Bohle, Stock', nschwed. dial. *block-dum* 'stockdumm' (s. Tamm, Etymologisk svensk ordbok, S. 43 f.).

Gr. *λύγδην* 'schluchzend', aschwed. *slūka*, mhd. *slūchen : slucken* 'schlucken'.

4. *ln* wird überall zu *ll* (s. u. a. Kluge, P. Grundr. I, 335; Kauffmann, Beitr. XII, 519), z. B.

Aind. *gṛṇámi*: aisl. *kalla* 'rufe'.

Aind. *pūrṇás*, lit. *pìlnas*: got. *fulls*, as., ags. *ful(l)*, aisl. *fullr* 'voll'.

Aind. *ū́rṇā*, lit. *vìlna*: got. *wulla*, ahd. *wolla*, aisl. *ull* 'Wolle'.

Asl. *vlŭna* (**ṷḷnā*), lit. *vilnìs*: ahd. *wella* 'Welle', *wellan* 'wälzen', *wallan* 'wallen', aisl. *vella* (vgl. ohne *n*-Ableitung got. *wulan*?; vgl. jedoch S. 102) 'sieden'.

Lit. *kálnas* 'Berg', lat. *collis* (**colnis*): ags. *hyl(l)* 'Hügel'.

Aind. *sthāṇúš* (**sthēlnus*) 'starr, unbeweglich': ahd. *stilli* 'stille', *stal(l)* 'Stall, Stelle', *stellen* 'stellen'.

Aind. *sthū́ṇā* 'Säule': ahd. *stollo* 'Stolle'.

Lat. *pellis* (**pelnis*) 'Haut', gr. *πέλλα* (**pelnā*) 'Leder': ags., ahd. *fel(l)* 'Fell', aisl. *fiall* 'Schuppe', got. *þrūts-fill* (vgl. gr. *ἐρυσί-πελας*) 'Aussatz'.

Aisl. *bolr* 'Rumpf': *bolle*, ags., ahd. *bolla* 'Bowle' u. a. m.; s. § 31, 3, a.

Got. pl. *ala-mans* 'alle Menschen', ahd. *ala-wār* 'ganz wahr': got. *alls*, aisl. *allr*, ags. *eal(l)* 'all'.

Aisl. *telia*, ahd. *zellen* (**taljan*) 'zählen': *zol(l)*, aisl. *tollr* 'Zoll', d. h. 'das gezählte'.

Ahd. *melo*, ags. *melu*, aisl. *miǫl* 'Mehl': *miǫll* 'neugefallener Schnee'.

5. *mn* wird unter noch nicht ermittelten Umständen, aber sehr oft, zu *mm* assimiliert (über eine andere Entwicklung s. § 40, 2); s. Kluge, Beitr. IX, 168; v. Fierlinger, K. Z. XXVII, 559; Noreen, Aisl. Gr.[2], § 252, 2; Kauffmann, Beitr. XII, 519. Z. B.

Ags. *stemn*, as. *stemna*, ahd. *stimna* (got. *stibna* u. a., s. § 40, 2, S. 140): ahd. *stimma*, as. *stemma* 'Stimme'.

Aisl. *hrafn* u. a. (s. § 40, 2, S. 141): ahd. *hram(m)*, ags. *hræm*, *hrem* (gen. *hremmes*) aus **hramn* 'Rabe'.

Gr. *στάμνος* 'Ständer', ags. *stemn* 'Stamm', aschwed. *stæmna* : *stæmma*, aisl. *stemma* 'stauen', ahd. *stemmen* 'stemmen, stehen machen', *stam* (gen. *stammes*) 'Stamm'.

Got. *namnjan*, ahd. *nemnen*: (alemannisch) *nemmen* 'nennen'.

Aisl. *symia*, *suima* : *suimma*, ahd., as., ags. *swimman* 'schwimmen' (vgl. got. *swamms* 'Schwamm'), wohl durch Ausgleichung einer Flexion *swimman* (**swimnan* mit präsensbildendem *n* wie got. *fraihnan*: prät. *frah*, aisl. *fregna*: prät. *frá*): prät. *swam*.

Got. *sniumundō* 'eilends' (vgl. *sniumjan* 'eilen', aisl. *snema* 'früh'): aisl. *snimma* 'früh'.

Viele Beispiele sind derartig, dass etymologisch entsprechende Formen mit *mn* fehlen, weshalb der Verdacht nicht ausgeschlossen bleibt, dass hie und da eine Assimilation *mu̯* > *mm* (vgl. 6 unten) vorliegen dürfte; auch könnte vielleicht bisweilen *mm* eine einzelsprachliche Dehnung eines *m* sein. Solche mehr oder minder unklare Fälle sind u. a.:

Ahd. *un-gi-stuomi* 'ungestüm, unbehindert', *stam(al)*, ags. *stamor*, aisl. *stamr : stammr*, ahd. *stamm-ēr*, got. *stamms* 'stotternd', ahd. *stumm-ēr* 'stumm'.

Ahd., as. *gram*, aisl. *gramr* 'zornig', *grimr : grimmr*, ahd. *grimmi* 'grimm'.

Nschwed. *rām* 'unverfälscht, gediegen', aschwed. *ramber* (pl. *ramir*), aisl. *ramr : rammr* 'stark', ags. *ram(m)* 'Ramme', ahd. *rammo* 'Widder'.

Ahd. *rama* 'Stütze', ndl. *raam* 'Rahmen' (vgl. got. *hramjan* 'kreuzigen', d. h. 'an ein Gestell heften'?), nschwed. *rām*, aschwed. *ramber* (pl. *ramar*): aisl. *hrammr* 'Bärenpfote'.

Aisl. *gam-le* 'Adler', nschwed. *gām*, aschwed. *gamber*, pl. *gamar : gammar* 'Geier', aisl. *gammr* ein Vogel.

Ahd. *ham-al : hamm-ēr* 'verstümmelt'.

Vgl. noch aisl. *skam(m)r* 'kurz', *glam(m)* 'Lärm', *hlum(m)r* 'Handhabe des Ruders', *hrum(m)r* 'schwach', *Hem(m)ingr* Personenname u. a.

Anm. 1. Noch eine andere und zwar gerade entgegengesetzte Behandlung der Verbindung *mn* scheint vorzuliegen in dem westgermanischen Suffix *-unniō-*, das dann aus *-umniā-* (z. B. in lat. *cal-umnia*) entstanden wäre; s. Kluge, Nominale Stammbildungslehre, § 150. Demnach würde z. B. ags. *fæsten*, as. *fastunnia* 'Fasten' dem gleichbedeutenden got. *fastubni* (aus **-umni*, s. § 40, 2, S. 141) entsprechen u. a. dgl. Ob auch aisl. *hinna* 'Häutchen' neben einmal belegtem *himna* (zu *himenn* 'Himmel', *hamr* 'Hülle', gr. *κμέλεθρον* 'Dach'; anders Lidén, Språkvetenskapliga Sällskapets förhandlingar 1891—94, S. 75 ff.) und ahd. *nennen* neben seltenerem *nemnen* (got. *namnjan*) 'nennen' in derselben Weise zu beurteilen sind? (vgl. Noreen, Arkiv VIII, 147).

Anm. 2. Die von mehreren Gelehrten (z. B. Kögel, ZfdA. XXXIII, 22 f.; Kauffmann, Beitr. XII, 519; Kluge, P. Grundr. I, 335; Laistner, Germanische Völkernamen, S. 26) angenommene Assimilation *rn* > *rr* existiert wahrscheinlich nicht; wenigstens sind die bis jetzt vorgebrachten Beispiele anders und zwar in verschiedener Weise zu erklären. So z. B. sind got. *fairneis*, ahd. *firni* 'alt' und got. *fairra*, ahd. *ferro*, aisl. *fiarre*, *firre* 'entfernt' von einander zu scheiden, indem dieses eine Komparativbildung mit dem *-r*-Suffix (in got. *aftra*, ahd. *aftro*, *fordro* u. dgl.) ist und also einem aind. **páraras* entspricht, das sich zu dem faktischen *paramás* (aschwed. *fiærme*) verhält wie aind. *úparas* : *upamás* u. a. dgl. Ebensowenig ist got. *stairnō*, aisl. *stiarna*, ahd. *sterno* mit ahd. *sterro*, ags. *steorra* 'Stern' völlig identisch, sondern das Verhältnis ist nach § 53, 2 unten zu beurteilen (s. Johansson, Bezz. B. XVIII, 18 f.). Endlich, um noch ein Beispiel vorzuführen, verhält sich aisl. *orre* 'Birkhahn' (urgerm. **urzēn*, gr. ἄρσην, aind. *vŗšan-* 'männlich', s. Hellquist, Etymologische Bemerkungen, S. VIII) zu nschwed., ndän. dial. *orne* (**urzn-*) 'männliches Schwein' (vgl. lat. *verres*) wie aisl. *hiarse* 'Scheitel' zu *hiarne* (**herzn-*) 'Hirn', aisl. *hane* zu agutn. *hanni* 'Hahn', got. *qinō* zu aschwed. *kwinna* 'Weib', aschwed. *fina* zu mndd. *finne* 'Flosse', aschwed. *Biari* zu aisl. *Biarne*, aisl. *Are* zu *Arne* Personennamen u. dgl.; d. h. das stammschliessende *n* jener Formen ist in diesen von den synkopierten Kasus (wie z. B. got. gen. pl. *abnē*, *watnē* u. dgl.) aus durch das ganze Paradigma gedrungen.

6. *nu̯* wird überall zu *nn*; s. Kuhn, K. Z. II, 463; Sievers, Beitr. V, 149; Bechtel, ZfdA. XXIX, 367; Kluge, P. Grundr. I, 335. Beispiele sind u. a.:

Aind. *hánuš*, gr. γένυς 'Kinnlade', lat. (*dentes*) *genu-īni* 'Backen(zähne)': got. *kinnus*, ahd. *kinni*, aisl. *kinn* 'Kinn, Wange' (vgl. ohne die *u̯*-Ableitung lat. *gena*, ags. *cin*).

Gr. *μινύ-θω*, lat. *minuo* 'vermindere': got. *minniza*, ahd. *minniro* 'minder'.

Gr. τανύω 'dehne aus', aind. *tanúš* (fem. *tanvī́*), lat. *tenuis*: ahd. *dunni*, aisl. *þunnr* 'dünn'.

Aind. *dhánvā* 'Bogen': ahd. *tanna* 'Tanne'.

Lat. *anus* 'altes Weib': ahd. *anna* 'Weib'.

Aind. *vanṓmi* (3. pl. *vanvánti*) 'gewinne': got. *ga-winnan* 'sich plagen', ahd. *gi-winnan* 'gewinnen', aisl. *vinna* 'leisten'.

Aind. *manutḗ* 'meint': got. *ufar-munnōn* 'vergessen'.

Aisl. *brenna* 'brennen' und *renna* 'rennen' neben selteneren *brinna* und *rinna* durch Ausgleichung einer ieur. Flexion 1. sg. **bhrenéumi* (vgl. aisl. *brune* 'Brunst'), **renéumi* (vgl. aisl. *rune* 'Rinnen'): 3. pl. **bhŗenvónti*, **renvónti* (nach Ljungstedt; vgl. Noreen, Aisl. Gr.², § 139, 2).

Anm. 3. Got. *manna* 'Mann, Mensch' gehört nicht (wie jedoch gewöhnlich angenommen wird) hierher, sondern *mann-* verhält sich zu *man-* in got. *mana-sēds*, ahd. *mana-kunni* 'Menschengeschlecht', anorw. *œin-mane*, *øy-mane* (*øy-* aus **ai̯u̯a-*, gr. οἶϝος 'einsam') 'Einsiedler', got. *ga-man* 'Mitmensch' wie agutn. *hanni* zu aisl. *hane* 'Hahn' u. s. w. (s. oben Anm. 2 Schluss); d. h. *manna* (statt **mana*) hat sein *nn* aus Formen wie gen. pl. *mannē*, dat. pl. *mannam* (vgl. *abnē*, *abnam* u. dgl.)

entlehnt. Pl. got. *mans* steht für **man-ns*, gebildet wie aisl. *menn* aus **man-niR*, *yxn* aus **ux-niR* (: got. *aúhsans* = gr. ἄρνες : ἄκμονες, s. Noreen, P. Grundr. I, 495). Aisl. sg. *maðr* < *mannr* verhält sich zu *-mane* (in *œinmane* u. a.) wie aisl. *hrogn*: ahd. *(h)rogo* 'Rogen', aisl. *hrafn*: ahd. *(h)rabo* 'Rabe', aisl. *kvern* 'Mühle': aind. *grắvan-* 'Stein zum Pressen' u. a. m. (s. Noreen, a. O.).

Anm. 4. Eine Assimilation *nm* > *mm* dürfte vielleicht anzunehmen sein auf Grund der Entsprechungen gr. κνήμη 'Unterschenkel', air. *cnáim* 'Knie': ahd. *hamma* 'Schenkel', ags. *hamm* 'Kniekehle' und gr. κνημός: nndd. *hamm* 'Bergwald' (über den Ablaut vgl. S. 90 oben); s. v. Fierlinger, K. Z. XXVII, 559.

Anm. 5. Einige Gelehrten (z. B. Kluge, Etym. Wtb. unter *bellen*; Johansson, Gött. gel. Anzeigen 1890, S 767; Bechtel, Hauptprobl., S. 384) nehmen an, dass germ. *lz* (nach § 38, 4 aus *ls* entstanden) zu *ll* assimiliert wird. Ein sicheres Beispiel giebt es kaum; am ehesten aind. *bhaṣás* 'bellend', lit. *balsas* 'Stimme': ags., ahd. *bellan* 'bellen'.

Anm. 6. Dass, wie mehrere Gelehrten (Kluge, Beitr. VIII, 521, P. Grundr. I, 335; Osthoff, Perf., S. 428 Note; Streitberg, Beitr. XV, 505) wollen, germ. *zm* zu *mm* assimiliert wäre, ist durchaus unsicher, da die betreffenden Beispiele sich anders erklären lassen. Ebenso unsicher ist die von Osthoff, Perf., S. 561 ff. angenommene Assimilation *ts* > *ss*.

§ 45. DEHNUNG KONSONANTISCHER VOKALE.

Intersonantisches *i̯* oder *u̯* wird nach kurzem (und nach der urgerm. Betonung) starktonigem Vokal gedehnt; s. Holtzmann, Altdeutsche Grammatik I, 109; Zimmer, ZfdA. XIX, 405, K. Z. XXXII, 219 Note; Kluge, Germ. Conj., S. 127, P. Grundr. I, 334; Schmidt, AfdA. VI, 125; Paul, Beitr. VII, 165; Bezzenberger, Gött. gel. Anzeigen 1879, Nr. 26; Kögel, Beitr. IX, 523 ff.; Platt, Englische Studien VI, 292; Bechtel, Gött. gel. Nachrichten 1885, S. 235 ff.; Brate, Bezz. B. XIII, 33 ff.; Noreen, Aisl. Gr.², § 246, § 253, 6 und 7; Streitberg, Beitr. XIV, 179 f., Zur germ. Sprachgeschichte, S. 102. Aus *i̯i̯* wird dann im Nordischen *ggi̯*, im Gotischen *ddj*; aus *u̯u̯* wird in beiden diesen Sprachgruppen *ggu̯* (got. *ggw* geschrieben). Im Westgermanischen treten die Verbindungen *ii̯i̯* und *uu̯u̯* als *īj*, resp. *ūw* auf.

Die durch Beispiele vertretenen Kombinationen und Fälle sind die folgenden:

I. *i* > *ii* (nord. *ggi*, got. *ddj*):

1. *ai* > *aii*, z. B.

Got. *twai*, aisl. *tueir*, gen. aind. *dváyōs*: got. *twaddjē*, aisl. *tueggia*, ahd. *zweijo* 'zwei'.

Got. *bai*: aisl. gen. *beggia* 'beide'.

Aind. *dháyāmi* 'sauge', asl. *doją* 'säuge': got. *daddjan*, aschwed. *dæggia* 'säugen'.

Gr. *ᾠόν* (**ōiom*): krimgotisch *ada* (**addja-*), aisl. *egg* (dat. pl. *eggiom*), ags. *ǽȝ* (**aij-*), ahd., as. *ei* 'Ei'.

Aind. *trāyatē* 'schützt': aschwed. *þrægge* (gen. *þræggia*) 'Obdach' (Bugge, Nordisk Tidskrift for Filologi, Ny Række III, 272).

Lat. *viēre* 'flechten', aisl. *vi-đer* 'Weidebusch': got. *waddjus*, aisl. *veggr* (gen. *veggiar*), as. *wei*, ags. *wǽȝ* 'Wand', d. h. 'Flechtwerk'.

Gr. *σκοιός* 'schattig': aisl. *skegg* (**skaiia-*) 'Bart', d. h. 'Schattierung'.

Ahd. *Haijo* Mannsname, aisl. *sókn-heggr* (gen. pl. *-heggia*) 'Kriegsmann'.

Ags. *hnǽȝan*, aisl. *gneggia* 'wiehern' (vgl. § 50 Anm. 2).

2. *ii* > *iii* (wgerm. *ij*), z. B.

Aind. *priyā́* 'Gattin': aisl. *Frigg*, ahd. *Frīja* 'Wotans Gattin', ags. *frīȝe-dæȝ* 'Freitag'.

Aind. *áyāt*: got. *iddja*, ags. *éo-de* (**ījo-*), mhd. *g-ie* (**ga-īja*) 'ging'.

Gen. got. *þrijē*, ahd. *drīo* : *drījo*, aisl. *þriggia* 'drei' (vielleicht nach *tueggia* 'zwei' analogisch umgebildet).

II. *u* > *uu* (nord., got. *ggu*):

1. *au* > *auu*, z. B.

Lat. *cū-do* 'schlage', asl. *kovą* 'schmiede': aisl. *hǫggua*, ahd. *houwan*, ags. *héawan* 'hauen'.

Aind. *dhav-* 'fliessen: aisl. *dǫgg* (gen. *dǫgguar*), ahd. *tou* (gen. *touwes*), ags. *déaw* 'Tau'.

Ags. *ȝlówan*, aisl. *glóa* 'leuchten, glühen', nschwed. *glō* 'scharf anblicken': got. *glaggwus*, aisl. *glǫggr*, *gløggr* (pl. *glægguer*), ahd. *glouwēr*, ags. *ȝléaw* 'hell, klar, deutlich, scharfsichtig, genau, karg'.

Lat. *novā-cula* (**snov-*) 'Scheermesser': aisl. *snǫggr*, *snøggr* (pl. *-uer*) 'geschoren, kahl, dünnhaarig, knapp'.

Got. *sniwan* 'eilen': aisl. *snøggr* 'hurtig' (mit dem vorigen identisch?)

Gr. *κνύω* 'kratze', *κνόος* 'Reiben des Rades': aisl. *hnǫggua* 'stossen', *hnøggr* (pl. *-uer*), ags. *hnéaw*, mhd. *nouwe* 'knapp, knickerig, genau'.

Aisl. *rýia* 'rupfen': *rǫgg* (gen. *rǫgguar*) 'grobe Haare'.

Aisl. *sko-đa*: ahd. *scouwōn* 'schauen' (vgl. 3 unten).

2. *eu̯* > *eu̯u̯*, z. B.

Got. *trauan*, aisl. *trúa* 'glauben', *trúr* : *tryggr* (pl. *-uer*), got. *triggws*, ahd. *gi-triuwi*, ags. *tréowe* 'treu'.

Aisl. *bro-đ* 'Brühe': aschwed. *bryggia* (aus **bryggwa* umgebildet), ahd. *briuwan*, ags. *bréowan* 'brauen'.

Aisl. *bió-rr*, ahd. *bio-r*, ags. *béo-r* 'Bier': *béow*, aisl. *bygg* (dat. *byggue*), aschwed. *biug(g)* 'Gerste'.

Aisl. *búa* : *byggua* 'wohnen'.

Lit. *stōvěti* 'stehen', asl. *stāvītī* 'hemmen', ags. *stów* 'Stätte': aisl. *styggr* (pl. *-uer*) 'unwillig'.

Got. *sniwan*: ags. *snéowan* 'eilen'.

Aisl. *hryggua* 'betrübt machen', ahd. *(h)riuwan*, ags. *hréowan* 'ärgern'.

Got. *bliggwan*, ahd. *bliuwan*, ags. *bléowan* 'prügeln'.

3. *uu̯* > *uu̯u̯* (wgerm. *ūw*), z. B.

Got. prät. pl. *bluggwum*, part. prät. *bluggwans* zu *bliggwan* (s. 2 oben); ebenso aisl. *bruggenn* 'gebraut' (vgl. 2 oben).

Got. *skuggwa*, aisl. *skugg-siá* 'Spiegel', *skygna* (**skuggwinōn?*) 'spähen', *skugge*, ahd. *scūwo*, ags. *scúwa* 'Schatten' (vgl. 1 oben).

Aisl. *ugla* (**uggwilōn?*), ahd. *ūwila* 'Eule'.

Mhd. *kūwen* 'kauen', nschwed. *kugg* 'Zahn am Rade'.

Aisl. *glóa* 'leuchten': *gluggr* 'Lichtöffnung' (vgl. 1 oben).

Aisl. *gnúa*: aschwed. *gnugga* 'schaben, reiben'.

Aisl. *sýr* (**sū-*): nschwed. *sugga* 'Sau'.

Nschwed. *lō* : *lugg* 'Zotte'.

Aisl. *snúa* 'drehen': *snugga* 'schielend spähen' (vgl. 1 oben).

Aisl. *hió* 'hieb': pl. *hiuggom* (vgl. 1 oben).

§ 46. KÜRZUNG DER GEMINATEN.

Urgerm. Geminata wird unmittelbar nach einem andern Konsonanten sowie nach langem Sonanten verkürzt; s. Osthoff, M. U. IV, 77, 91, 104, Beitr. VIII, 297 ff.; Kluge, Beitr. IX, 152, 183, P. Grundr. I, 336; Kauffmann, Beitr. XII, 504 ff.; Hellquist, Arkiv VII, 14 f. Die sicher belegten Fälle sind:

1. *pp* (nach § 44, 1 entstanden) > *p*, z. B.

Ahd. *knopf* 'Knoten', nndd. *knop(p)* 'Knospe' (vgl. mit Wurzelvariation nach § 58, 3, a aisl. *knappr*, ags. *cnæpp* 'Knopf'): ndl. *knoop* 'Knoten', mhd. *knouf* 'Knopf' aus einem ablautenden Paradigma **knoppa-* : **knaup(p)a-*.

Ahd. *obana*, as. *oban(a)*, ags. *ufan*, aisl. *ofan* 'von oben', aisl. *uppe* 'oben', ags., aisl. *upp* : *úp* 'hinauf', ahd. *ūf*, as. *ūp*, ags. *úp* 'auf', got. *iup* 'nach oben' (s. Johansson, Beitr. XV, 240 ff.).

Asl. *kūpŭ*, lit. *kaũpas*: ahd. *hūfo*, *houf*, ags. *héap*, as. *hōp* 'Haufen' aus **hūfan-* : **haup(p)-* < **kaupn-* (vgl. got. *watō*: aisl. *vatn* u. dgl.).

Ags. *wǽmn*, aisl. *vámn*, aschwed. *vāmpn* (s. § 40, 2), nhd. dial. *wappen*: ahd. *wāfan* (und durch Ausgleichung *waffan*), aisl. *vápn*, got. pl. *wēpna* 'Waffe' aus **wǣbna-* : **wappa-* ausgeglichen.

Nschwed. dial. *somn*: aschwed. *sōpn* 'Gemeinde' aus **sōbn-* : *sōp(p)-*.

Nnorw. dial. *gauvn*, nschwed. dial. (Vörå) *jöfl* (s. § 53, 1): aisl. *gaupn*, ahd. *goufan* 'Höhlung beider Hände'.

Aschwed. *stiūf-*, anorw. *stýf-*: aisl. *stiúp-*, ags. *stéop-*, ahd. *stiuf-* 'Stief(vater, -mutter u. s. w.)' aus **steuban-* : **steup(p)-*.

Aisl. *karfe*: ags. *carp*, ahd. *karpfo* 'Karpfen' aus **karban-* : *karp(p)-*.

Ahd. *scarf* : *scarpf*, ags. *scearp*, aisl. *skarpr* 'scharf' (vgl. S. 89 f.).

Aisl. *gialfr*: ags. *ȝilp*, mhd. *gelpf* 'Lärm'.

Ahd. *krumb* : *krumpf* 'krumm'.

Aschwed. *stumble*, ahd. *stumbal* : *stumpf* 'Stumpf'.

2. *tt* (nach § 44, 2 entstanden) > *t*, z. B.

Aind. *çvítnas* (vgl. *çvētás*), afr., as. *hwitt*: got. *ƕeits*, aisl. *huítr*, ahd. *wīz* 'weiss', *weizzi*, got. *ƕaiteis*, aisl. *hueite*, nschwed. dial. *waite* (*h*u̯ītia*-) 'Weizen'.

Ahd. *knodo*, *knoto* 'Knoten', mhd. *knotze* 'Knorre', ags. *cnotta* 'Knoten' (vgl. aisl. pl. *ú-knytter* 'böse Streiche' und mit Wurzelvariation nach § 58, 3, a *knǫttr* 'Ball'): aisl. *knútr* 'Knoten' aus **knóþan-*, **knuđén-*, **knutt-'* : **knūt(t)-'*.

Mhd. *klotz* (**klotta-*): ahd. *klōz* (**klau̯ta-*) 'Klotz, Kloss', ndl. *kloot*, mndd. *klūte* 'Kugel'. Oder zu § 44, 2?

Ags. *snott* 'Nasenschleim' (vgl. ahd. *snūden* 'schnauben'): mhd. *snūzen*, aisl. *snýta* 'schneuzen', nndd. *snūte* 'Schnauze'.

Nndd. *blutt* 'bloss, nackt' (vgl. ohne *n*-Ableitung aisl. *blauđr*, ags. *bléađ*, ahd. *blōdi* 'schwach, blöde'): mhd. *blōz* 'entblösst', ags. *bléat* 'arm', aisl. *blautr* 'weich, nass, zart'.

Aisl. *geldr* 'gelt', *gelda* 'kastrieren' (vgl. got. *gilþa* 'Sichel'), aschwed. *galder*, ahd. *galt* 'gelt': *galza*. aisl. *gǫltr* (**ʒaltuz* < **gholtnús*) 'geschnittenes Schwein', *gyltr* 'Sau'.

Mhd. *glander*: ahd. *glanz* aus **ʒlant(t)a-* 'glänzend'. Oder zu § 51, 2?.

Got. *hinþan* 'fangen': ags. *hunta* 'Jäger'. Oder zu § 49, 2, b?.

3. *kk* (nach § 44, 3 entstanden) > *k*, z. B.

Aisl. *hrúga* 'Haufen', nschwed. *råge* 'Aufmass', ags. *hrycce* : *hréac* 'Haufen', aisl. *hraukr* 'Garbenhaufen', nschwed. *rūka* 'Haufen' aus **hrūʒán-*, *-ón-* : **hrau̯k(k)-* aus **krou̯kn-'* (oder **krou̯ghn-'*); vgl. aisl. *hroke* 'Aufmass' aus durch Ausgleichung entstandenem **hrokan-* (oder zu § 51, 3).

Ahd. *krāgo*: aisl. *krákr* (und durch Ausgleichung *krake*), *krókr* 'Haken'.

Got. *hōha* 'Pflug', ahd. *hāgo*: aisl. *hákr* (und durch Ausgleichung *hake*), ags. *hóc* 'Haken'.

Lat. *graculus* 'Dohle', ahd. *kragil* 'schwatzhaft', nhd. dial. *krāge*: aisl. *krákr*, *kráka* 'Krähe'.

Ags. *snæʒel*, aisl. *snigell* 'Schnecke', mhd. *snāke* (**snāggō*) 'Mücke': aisl. *snákr*, *snókr* 'Ringelnatter'.

Lat. *vīcus*, got. *weihs*: ags. *wíc* 'Dorf'?

Gr. *πυκνά*: mndd. *vāke* 'oft'.

Ags. *hóh* : *hóc-or* 'Hohn'.

Mhd. *kluog*: nndd. *klōk*, aisl. *klókr* 'klug'.

Mhd. *schieg* 'schief': aisl. *skeik-a* 'schief gehen'.

Ags. *froȝȝa*: aisl. *fraukr* 'Frosch'.

Ags. *cróȝ*, ahd. *kruog* 'Krug, Flasche', aisl. *krukka* 'Topf', ags. *crocca* : *crúce*, mhd. *krūche*, as. *krūka* 'Krug, Topf, Kruke'.

Aisl. *fliúga* 'fliegen', *flokkr*, ahd. *flocko*: (mit Wurzelvariation nach § 58, 3, a) aisl. *flóke* 'Flocke' (oder zu ags. *flacor* 'flatternd', aisl. *flǫkra* 'flattern', mhd. *vlackern* 'flackern'?).

Ags. *flicce*, aisl. *flikke* 'Speckseite', *flekkr*, ahd. *flec(k)*, *flecko* 'Fleck, Stückchen': aisl. *flik* 'Stück Zeug'?

Anorw. *stiúg-* : *stiúk-móđer* 'Stiefmutter'?

Got. *tiuhan*, ahd. *ziohan* 'ziehen': nschwed. dial. *tauk* aus **tau̯k(k)ōn* 'schinden'.

Gr. δείκνυμι, ahd. *zeigōm* 'zeige', aschwed., aisl. *iar-tign*, *-tegn* 'Wahrzeichen': *teikn*, got. *taikns*, ags. *tácn*, as. *tēkan* 'Zeichen' durch Ausgleichung eines ablautenden Paradigmas **tiȝán-* : **tai̯k(k)á-* (in finn.-urnord. *taika* 'Zeichen', vgl. ags. *tǽcean* 'lehren') aus **doi̯cnó-*.

Got. *faihō*: ags. *fácen*, as. *fēkan* 'Betrug', aisl. *feikn* 'Verderben' aus **fai̯hōn-* : **fai̯k(k)-*.

Agutn. *sōgn*: aschwed. *sōkn*, aisl. *sókn* 'Gemeinde' (vgl. 1 oben).

Anorw. *sýgn* (*dagr*): aisl. *sýkn* (*dagr*) '(Tag) auf dem man gerichtlich belangen darf'.

Aschwed. *vāgn* : *vākn*, anorw. *vákn*, nisl. *vókn*, finn. (urnord.) *vaakuna* 'Waffe' (vgl. 1 oben).

Got. *augjan*, as. *ōgian* 'zeigen': *b-ōkan*, ags. *b-éacen*, ahd. *b-ouhhan* 'Zeichen', mndl. *b-āken* 'Bake' < **-au̯kna-*, durch Ausgleichung eines **-au̯ȝan-* : **-au̯k(k)-* entstanden (vgl. S. 126).

Aschwed. *binge* 'Haufen', ahd. *bungo* (u. a., s. S. 100): mengl. *bunche* 'Knolle', mndd. *bunk* 'Knochen', aschwed. *bunke* 'Haufen' aus **ƀingan-* : **ƀunk(k)-* (s. Tamm, Etymologisk svensk ordbok, S. 71).

Ndl. *bingel*, *bengel*, mhd. *bengel* 'Bengel', aisl. *banga* 'schlagen', mhd. *bunge*, aschwed. *bunga* 'Trommel': *banka*, *bunka*, mhd. *punken* 'prügeln', ndl. *bink* 'Prügel, Bengel', *bonk* 'Tölpel'.

Ags. *holh* 'Höhlung, Loch': aisl. *holkr* 'Zwinge' (s. Hellquist, Arkiv VII, 14 f.).

Aisl. *bolgenn* 'aufgeschwollen': *bulkr* 'Schiffsladung'.

Got. *bairgan*, ahd. *bergan*, aisl. *biarga* 'bergen': *bǫrkr* (**bhorghnús*) 'Rinde' (Hellquist, ib. S. 15).

4. *ss* (nach § 52, 2 entstanden) > *s*, z. B.

Got. *witan* 'wissen', *wissa* 'wusste', *miþ-wissei* 'Gewissen', as. *wiss*, aisl. *viss* 'gewiss': *víss* (pl. *víser*), as., ahd., ags. *wís* 'weise', aisl. *vísa*, ahd. *wīsen* 'weisen', got. *ga-weisōn* 'besuchen' (eig. 'besehen'), ahd. *wīsa*, ags. *wíse*, aisl. *-vís* 'Art und Weise', *vísa* '(in gewisser Form abgefasstes) Lied'.

Got. *giutan* 'giessen', ahd. *gussia* 'Überschwemmung': nisl. *Geysir* eine Sprudelquelle.

Got. *blōtan* 'opfern': *blōstreis* (**ƀlōsr*- § 47, 1 < **ƀlōssr-*) 'Opferer', ahd. *bluostar* 'Opfer'.

Ags. *fóda*, *fódor* : *fóstor* (**fōsra-* < **fōssra-*), aisl. *fóstr* 'Nahrung'.

Got. *gild* : *gilstr* (**ʒilsra-* < **ʒilssra-*) 'Abgabe'.

Ahd. *funden*, ags. *fundian* 'eilen': *fús* (**funsa-* < **funssa-*). aisl. *fúss* 'eilig'.

Aind. *çá-çvant-*, gr. πᾶς (gen. παντός) 'vollständig, ganz', asl. *svętŭ* 'heilig', aisl. *hund-* 'sehr' (z. B. *hund-víss* 'sehr weise' = gr. πάν-σοφος, s. Falk, Akademiske Afhandlinger til Prof. Dr. S. Bugge, S. 15): got. *hunsl* (**hunssla-*) 'Opfer', ags. *húsl* 'Sakrament'.

Sonstige Beispiele in grosser Menge s. § 52, 2.

Anm. Vielleicht ist Läffler im Rechte, wenn er (Arkiv I, 266 ff.) annimmt, dass urgerm. *u̯u̯* unmittelbar nach schwachtonigem *a* (und wohl auch übrigen Vokalen?) zu *u̯* verkürzt worden ist. Beispiele dieser Erscheinung wären vor Allem:

Lat. *paucus*, ahd. *fōh* (**fáu̯ho-*): got. pl. *fawai*, urnord. *faua-*, aisl. *fár* (**fau̯é-* < **fau̯u̯é-* < **fau̯ʒu̯é-*, s. § 48, C, 5) 'gering an Zahl'.

Got. *hauhs* (vgl. lit. *kaũkas* 'Beule'), as., ahd. *hōh*, ags. *héah*, aisl. *hór* (**hau̯ho-*), agutn. *haugr* (**hau̯ʒó-*): aisl. *hár* (**hau̯ʒu̯é-*) 'hoch'.

D. SONSTIGE LAUTGESETZE DER KONSONANTEN.

§ 47. EINSCHUB VON KONSONANTEN.

1. Zwischen *s* und *r* oder *r̥* wird *t* eingeschoben, z. B.

a) Vor *r*:

Aind. *srávami*, gr. ῥέω (**sreu̯ō*) 'fliesse', air. *srúaim* (**srou̯men*): aisl. *straumr*, ags. *stréam*, ahd. *stroum*, mhd. *strūm*, (mit Wurzelvariation) *strām* 'Strom', *strǣjen* 'spritzen'.

Aind. *sraj-* 'Gewinde' (vgl. ohne *s* *rajju-* 'Strick'?): ahd. *stricken* 'flechten, schnüren', *stric(k)* 'Strick'?

Aind. *usrá*, lit. *auszrà* 'Morgenröte': ags. *Eóstræ* 'Göttin des Frühlings', pl. *éastro*, ahd. pl. *ōstarūn* 'Ostern'.

Aind. *támisrā* 'finstere Nacht', lat. pl. *tenebræ* (**temesræ*) 'Finsternis': ahd. *dinstar* 'finster' (dazu ? *finstar* 'finster', as. *finistar* 'Finsternis' mit unerklärtem *f-*, s. § 54, 1).

Aind. dat. sg. *svasrī*: dat. sg. got. *swistr*, aisl. *systr*, ags. *sweostor* 'Schwester'.

Lit. pl. *nasraĩ* 'Maul': nndd. *nuster* 'Nüster' (vgl. alt nhd. *nuseln* 'näseln')?

Got. *blōstreis* 'Opferer', ahd. *bluostar* 'Opfer' aus **ƀlōsr-*, s. § 46, 4 und § 52, 2. Ebenso got. *gilstr* 'Abgabe' und aisl. *fóstr*, ags. *fóstor* 'Nahrung' s. ibid.

b) Vor *r̥* (also ehe der urgerm. Svarabhaktivokal nach § 3, 4 entwickelt worden ist):

Aind. *sarāmi* 'eile', gr. ὁρμή (**sormā*) 'Angriff': ahd. *sturm*, ags. *storm*, aisl. *stormr* (**sr̥mos*) 'Sturm'.

Aisl. *serđa* 'Unzucht treiben': part. prät. *strođenn* (**sr̥dhénos*) neben analogischem *sorđenn*.

2. Vor *u̯* scheint bisweilen *k* eingeschoben worden zu sein (s. Bugge, Beitr. XIII, 515), z. B.

Aind. *jīvás*, asl. *živŭ*, lat. *vīvus*? (vgl. unten), got. *qius* (gen. *qiwis*): aisl. *kuikr* (pl. *kuikuer* > *kuikkuer*), ags. *cwicu*, ahd. *quec* 'lebendig, lebhaft', aisl. *kueykua* 'beleben'.

Aind. *dēvá*, gr. δαϝήρ (**daiu̯ēr*), lat. *lēvir*: ags. *tácor*, ahd. *zeihhur* 'Schwager'.

Aind. *nāúš*, gr. ναῦς, lat. *nāvis*, aisl. *nór* 'Schiff', nnorw.

dial. *nō, nū* 'ausgehöhlter Baumstamm': aisl. *nǫkkue*, ags. *naca*, ahd. *nahho* 'Kahn'.

Got. *speiwan*, as., ahd., ags. *spīwan* 'speien': got. *spai(s)kuldr*, ahd. *speihhila* 'Speichel', nhd. *spucken*.

Aind. *pīvā*, gr. πίων 'fett': aisl. *s-pik*, ags. *s-pic*, ahd. *s-pec(k)* 'Speck'.

Ags. *hēawan*, ahd. *houwan* 'hauen', *houwa* 'Hacke': mhd. *hacken*, ags. *hæccean* 'hacken'.

Aisl. *knúe*, nschwed. *knōge* (aschwed. **knōwe*- < **knōe*; vgl. § 10, 2?): nnorw. dial. *knjūke*, nschwed. dial. (Dalarna) *kniuekel* (< **kniōkul*-), ags. *cnucel* 'Knöchel', aschwed. *knoka*, mhd. *knoche* 'Knochen'.

Indessen ist es sehr wohl möglich, dass hier ein schon ieur. Wechsel zwischen Formen mit und ohne Guttural vorliegt, etwa wie lat. *vīxī, vīctum* (und *vīvo* aus **gvīgvo?*) 'leben' neben aind. *jīvás* (und lat. *vīvus* aus **gvīvus?* oder vielleicht aus **gvīgvus*, dann mit aisl. *kuikr* zu vergleichen) 'lebendig', gr. βίος 'Leben' u. a. (s. oben) stehen. Vgl. noch Fälle wie aind. *mēhāmi*, aisl. *míg*, gr. ὀμιχέω 'harne': μιϝαίνω 'verunreinige' oder lit. *mìgti* 'drücken, schlafen', asl. *mīžą* 'schliesse die Augen' (und nschwed. dial. *miggel* 'Schneeball'? vgl. § 43, 3): aind. *mīvāmi* 'dränge', gr. μύω 'schliesse die Augen' (und aisl. *mýell* aus **mīu̯ilaz* 'Ball'?); s. Bugge, Sv. Landsm. IV, 261.

Anm. Ob die Gruppe *mr* schon vor der Lautverschiebung zu *mbr* wurde, woraus dann nach § 37, 1 *mpr*, wie Osthoff (M. U. V, 124; dagegen Johansson, IF. III, 240) auf Grund des einzigen Beispiels ndl., aschwed. *amper*, aisl. *apr* (< **appr*) 'scharf, bitter', ags. *ompre*, ahd. *ampfaro* 'Ampfer' (vgl. lat. *amārus* 'bitter', aind. *amlás* 'sauer') annimmt, bleibt unsicher, da sonstige Beispiele des postulierten Überganges bis jetzt nicht ermittelt worden sind. Dagegen steht es fest, dass weit später die Verbindung *mr* gemeingermanisch, aber wahrscheinlich einzelsprachlich, unter noch nicht ermittelten Umständen zu *mbr* wurde, wie z. B. in got. *timbrjan* (neben gewöhnlichem *timrjan*), aisl. *timbra*, ags. *timbrian*, as. *timbrōn*, ahd. *zimbarōn* 'zimmern' zu gr. δέμω 'baue'. Andere derartigen Fälle sind: ahd. *timber* (vgl. ags. *dimm*) 'dunkel', gr. θέμερο: 'ernst'; aisl. *gambr* (gen. *gambrs*) neben *gammr* (gen. *gamms*) ein Vogel (Geier?); aisl. *klǫmbr* neben mhd. *klam(m)er* 'Klammer'. Ob auch *ml* unter denselben Umständen zu *mbl* geworden ist?; z. B. ags. *simble* neben *simle* 'immer': ags. *cumbol* 'Feldzeichen', aisl. *kumbl* neben *kuml* 'Grabhügel'; ags.

symbel, aisl. *sumbl* 'Gelage' zu lat. *simul* 'zugleich, zusammen', mhd. *semelen* 'sammeln', aisl. *ein-samall* 'einsam' u. a.

§ 48. WEGFALL VON KONSONANTEN.

A. Im Auslaut:

1. In ursprünglichem (d. h. ieur.) Auslaut — ausser nach germ. haupttonigem kurzem Vokal, vgl. § 43, 1, a und v. Helten, Beitr. XV, 473 ff.) — schwindet *m* (und wohl auch *n*, aber sichere Beispiele fehlen), Nasalierung eines unmittelbar vorhergehenden Vokals hinterlassend, z. B.

Urnord. nom. ack. sg. ntr. *horna* 'Horn', *hlaiwa* 'Grab' aus **hornam*, **hlaiṷam*; vgl. aind. *yugám*, gr. ζυγόν, lat. *jugum* 'Joch'.

Urnord. ack. sg. m. *staina* 'Stein', *wraita* 'Ritzung' aus **stainam*, **ṷraitam*; vgl. aind. *áçvam*, gr. ἵππον, lat. *equum* 'Pferd'.

Urnord. *-ka* aus **(e)kam*, vgl. aind. *ahám*, gr. ἐγών 'ich'.

Ack. sg. f. got. *þō*, aisl. *þá* aus **þōm*, aind. *tám*, gr. τήν, lat. *is-tam* 'die(jenige), diese'; ebenso got. *ƕō*: lat. *quam* 'welche'.

Gen. pl. m. got. *wulfē*, aisl. *ulfa*, ahd. *wolfo* aus **ṷulfǽm*, **-ōm* 'der Wölfe'; vgl. aind. *vṛ́kām*, gr. λύκων 'der Wölfe', lat. *deum* 'der Götter'.

Anm. 1. In got. (ahd.) *niun* 'neun' dürfte *-n* von *niunda* (nach § 43, 1, b entstanden) 'neunte' (s. Osthoff, M. U. IV, 131 f.), *sibun* (s. § 43, 1, a und § 48, B, 2, c) 'sieben' und *taihun* (s. 2, b unten) 'zehn' entlehnt worden sein, da ieur. **neṷṃ* (lat. *novem*) urgerm. **neu* (s. C, 4 unten) ergeben musste.

2. Ziemlich spät schwinden in ursprünglichem Auslaut die nach § 37, 2 und 35, 2 (38, 2 und 39, 2) aus ieur. *d* und *t* (für *dh* und *th* fehlen Beispiele) entstandenen urgerm. *t*, *þ* (*đ*, *d*); s. Leskien, Germania XVII, 374; Paul, Beitr. II, 340; Tamm, Beitr. VI, 400 ff.; Schmidt, K. Z. XXVI, 345 f., Plur., S. 178 ff.; Platt, Beitr. IX, 368 f.; Kluge, P. Grundr. I, 360, 390 f.; Noreen, Arkiv III, 26 Note; Brugmann, Grundr. I, 515 f.; Mahlow, AEO, S. 158; Brate, Äldre Vestmannalagens ljudlära, S. 64 Note, 66 f.; Falk,

Arkiv IV, 354; Hellquist, Arkiv VII, 16, 22, 31, 38, 165 f.; Johansson, Beiträge zur griechischen Sprachkunde, S. 118 f.; Jellinek, Beiträge zur Erklärung der germ. Flexion, S. 60 ff.; v. Helten, Beitr. XV, 474 ff., XVI, 310 ff.; Möller, ZfdPh. XXV, 373 Note.

a) Ieur. *d* ist geschwunden. Beispiele sind sehr selten, wie got. *ƕa*: aind. *kad*, lat. *quod* 'welches' oder got. *þamma* 'dem', wenn diese Form dem aind. abl. *tásmād* entspricht (vgl. Brugmann, Grundr. II, 784 f.).

Anm. 2. Wenn der auslautende Dental in einigen Partikeln geblieben ist, z. B. aind. *ud*: got., aisl. *út*, ahd. *ūz* 'hinaus' oder lat. *ad*: got., aisl. *at*, ahd. *az-* 'zu, bei', so ist dies Verhältnis wohl dem Einfluss der vielen Zusammensetzungen zuzuschreiben, die diese Partikel als erstes Glied enthielten, und in welchen der Dental also inlautend stand; s. Kock, Om några atona, S. 32 ff.

b) Ieur. *t* ist geschwunden, z. B.

Aind. *áyāt*: got. *iddja* u. a. (s. § 45, I, 2) 'ging.

Lat. *velīt* 'er wolle': got. *wili* 'er will'.

Aind. *daçát* (**dékm̥t*), lit. pl. *dẽszimt-s*, asl. pl. *desęt-e*, got. *-taíhund* (aus den obliquen Kasus ausgegangen): *taíhun*, ags. *tíen* 'zehn' (anders Brugmann, M. U. V, 55).

Aind. *dan* (**dont*), lat. *dent-*, aisl. *tǫnn* (**tanþu-*), got. *tunþ-us*, as. *tand*, ags. *tóð*, ahd. *zand* (nach den obl. Kasus): *zan* (urgerm. nom. sg. **tan[þ]*) 'Zahn'.

Lat. *pon-s* (**pont-s*; vgl. gr. *πάτ-ος* aus **pn̥t-*): mhd. *ban* (**ban[þ]*, vgl. § 38 Anm. 1, S. 126) 'Weg, Bahn'.

Aind. *nápāt* 'Enkel' (vgl. *naptī́*, lat. *neptis*, ags., ahd. *nift*, aisl. *nipt* 'Nichte'): ahd. *nefo*, aisl. *nefe* 'Neffe'.

Lit. *mė́nů* (**mēnōt*) 'Mond', got. *mēnōþs*, aisl. *mónoðr*, ahd. *mānōd* 'Monat', *mānōd-siuh*, ags. *mónað-séoc* 'lunaticus': got. *mēna*, aisl. *máne*, ahd. *māno* 'Mond, Monat' durch Ausgleichung einer urgerm. Flexion kas. obl. **mǣnōþ-*: nom. **mǣnō[þ]*. In derselben Weise sind Doppelformen mit und ohne Dental auch in folgenden Fällen (von denen jedoch einige vielleicht auch anders erklärt werden können) entstanden:

Aisl. *-ǫlð*, *ǫlð-r* (gen. *ǫlðrs*) 'Zeche, Rausch', ags. *ealoð*:

ealu (aber kas. obl. *ealođ*), aisl. *ǫl*, aschwed. *øl* (aber dat. pl. noch einmal *øldum*) 'Bier'.

Ahd. *helid*, aisl. *hǫlđ-r* (gen. *hǫlđs*), ags. *hæleđ* : *hæle*, aisl. *hal-r* 'Held, freier Mann, freier Grundbesitzer'.

Ahd. *werid* 'Insel', ags. *warođ*, *wearđ* : *wær* 'Ufer', aisl. *ver*, *vǫr* 'Platz an der See'.

Got. *fahēþs*: ags. *ʒe-féa*, ahd. *gi-feho* 'Freude'.

Ndl. *eelt*: ags. *ile*, aisl. *il* 'Fusssohle'.

Aschwed. *ēþ-sōrþ*, *-sørþ* : *søre* 'Eidschwur'.

Ahd. *ferid*: aisl. *far* 'Fahrzeug'.

Ahd. *hemid-i*, ags. *hemeđ-e* 'Hemd': aisl. *ham-r* 'Hülle', nisl. *hem* 'Eisrinde'.

Aisl. *alađ* 'Nahrung', *elđ-e* 'Zucht': *ale-dýr* 'Haustier', *ale-biǫrn* 'zahmer Bär'.

Aisl. *skarđ* 'Kluft': *sker* 'Klippe'.

Got. *mitaþs* 'Mass', as., ags. *metod*, aisl. *miǫtođr* 'Messer, Schöpfer, Schicksal': *miǫt*, ags. *met*, pl. *meotu* 'Mass'.

Ahd. *skeffid*, aisl. *skǫpođr* 'Schöpfer, Erzeuger': pl. *skǫp* 'Schicksal, Zeugungsteile' (eig. 'Schöpfung, Erzeugung').

Aisl. *efađ-samr* 'zweifelhaft': aisl. *if*, *ife*, *ef*, *efe*, aschwed. *iæf* 'Zweifel'.

Ahd. *hulid* 'Hülle', aisl. *huleđs-hialmr* 'Tarnkappe', *hulđa* 'Decke', *hulđ* 'Zauberin', eig. '(sich) einhüllende', nnorw. dial. *huld-ra* 'Hexe': ags. *hulu* 'Hülle'.

Aisl. *unađ(r)*, *ynđ-e* 'Genuss': *Una-vágar* mythischer Ortsname.

Aisl. *munađ(r)*, *munođ* 'Wonne': *muna-fullr* 'wonnevoll'.

Aisl. *bautođr* 'wer schlägt': *bauta-steinn* 'Kriegerdenkmal'.

Got. *witōþ* 'Gesetz', urnord. *witađa-* 'Bundes-', aisl. *vitađs-giafe* 'zuverlässiger Geber': *vita-fé* 'rechtmässiger Besitz'.

Aisl. *fagnađr* 'Freude': *fagna-fundr* 'freudevolle Begegnung'.

Aisl. *leikand-e* : *leika* (**laįkan[þ]*) 'Spielzeug'.

As., ahd. *āband*: ags. *ǽfen*, *ǽften-* (aisl. *aptan-n*) 'Abend' (vgl. B, 2, c unten).

Ahd. *arnōt* (**aznōđ-*), mhd. *ernd-e* (**aznid-*), aschwed.

und (**aznađ-*) : *an(n)*, aisl. *ǫnn* (**aznōđ*) 'Ernte' (vgl. ahd. *aran*, *arin*, got. *asans*).

B. In interkonsonantischer Stellung:

1. Ieur. palatale und gutturale Explosivlaute schwinden — sehr frühe? — zwischen anlautendem *s* (und wohl auch *z*, wenn dies überhaupt in solcher Stellung vorkam) und *l* (auch *l̥*?), *n* (*n̥*?; wohl auch *m*, aber sichere Beispiele fehlen); s. v. Fierlinger, K. Z. XXVII, 191 ff., 480 f.; Johansson, Beitr. XIV, 289 ff. Z. B.

Lit. *skélti*, aisl. *skilia* 'spalten', got. *skilja* 'Fleischer': ahd. *slīzan*, ags. *slítan*, aisl. *slíta* 'zerreissen'.

Lat. *claudere*: ahd. *sliozan*, afr. *slūta* (neben unerklärtem *sklūta*) 'schliessen' (vgl. § 57, 1, d).

Ags. *hlinc* 'Hügel', aisl. *hlykkr* (**hlunki-*) 'Krümmung': *slakke* (**s-*[*k*]*lankan-*) 'Bergabhang'.

Aisl. *hliđ*: aschwed. *slind* 'Seite' (vgl. § 58, 1).

Lit. *skelḗti* 'schuldig sein', *skōlà*, as., ahd. *sculd* 'Schuld', got. *skulan*, aisl. *skolo*, afr. *skela*, ahd. *scolan* neben afr. *sela*, ahd. *solan* 'sollen' durch Ausgleichung einer ursprünglichen Flexion ahd. inf. *scolan*, präs. sg. *scal*: pl. *sulum* (aus **slum*?), prät. *solta* (urgerm. **solđ-* aus ieur. **skl̥t-'*?); vgl. nschwed. dial. *sa* 'soll', prät. *sulle*, und das nicht genügend erklärte (vgl. Bugge, Beitr. XIV, 295 f. Note) agutn. und nschwed. dial. (Dalarna) *al* 'soll', pl. *ulum*.

Got. *dis-hniupan* 'zerreissen', aschwed. *niūpa* 'kneifen', ags. *á-hnéapan* 'abpflücken': aisl. *snøypa* 'kastrieren'.

Aisl. *hniósa*: mengl. *snēsen* 'niesen'.

Aisl. *hnióskr*: nschwed. dial. *sniosk* 'Zunder'.

Aisl. *hnykr* : *snykr* 'Stank'.

Anm. 3. Über ahd. *forscōn* 'forschen' aus ieur. **pr̥c-schō-* s. C, 2 unten.

2. Ieur. dentale Explosivlaute schwinden urgermanisch —. aber ziemlich spät? — in folgenden Konsonantengruppen; s. Kluge, Beitr. VIII, 518, IX, 185 f., X, 444, Anglia IV, 105, P. Grundr. I, 333, 404, Wörterbuch, passim; Sievers, Beitr. V, 119; Froedhe, Bezz. B. XVI, 197; Kögel, AfdA. XIX, 5; Hellquist, Arkiv VII, 37; Brugmann, M. U. V, 36 Note, Grundr. II, 478 f.; Lidén, Uppsalastudier, S. 95, Språkvetenskapliga Sällskapets förhandlingar 1891—94, S. 76 ff.

a) Zwischen *n* und *i̯*, z. B.

Aind. *satyás* (**sn̥ti̯os*) 'wirklich': got. *sunjis* 'wahr' (vgl. ags. *sóđ*, aisl. *sađr*, *sannr* aus **sanþaz*).

Lat. *præ-sentia* (**-sn̥ti̯ā*) 'Gegenwart': got. *sunja* 'Wahrheit' (eig. 'Dasein'), *bi-sunja-nē* 'rings herum'.

Aind. *pathyā́* (**pn̥thi̯ā*) 'Bahn': mhd. *büne* (**bunđiō*) 'Bühne' (vgl. § 38, Anm. 1, S. 126).

Ahd. *sunte(a)*: ags. *synn* 'Sünde' durch Ausgleichung einer urspr. Flexion nom. **sundī*: gen. **suni̯ōz* (< **sunđi̯ōz*; vgl. aisl. *synđ* aus **suniđi*). Vgl. folg. Beispiel.

Got. *bandi*, ags. *bend* : *benn* 'Band'.

Aisl. *tindr*, mhd. *zint*: ahd. *zinna* 'Zinne, Zacke'.

Ahd. *wrendo*: ags. *wrenna* 'Zaunkönig'.

Got. nom. sg. f. *hafjandei* 'hebend': ahd. *hefianna* 'Hebamme'.

Ahd. *Hruodant*, *Waltant* Mannsnamen: *Hruodun*, *Waltun* Frauennamen.

Got. *ga-minþi*, aisl. *minne* (**ʒa-minþia-*) 'Gedächtnis': pl. *miniar* 'Gaben zum Andenken', ahd., as. *minn(i)a* 'Liebe, Erinnerung'.

Anm. 4. Über scheinbare Ausnahmen, wie got. *sandjan*, aisl. *senda* 'senden', got. *tandjan* 'zünden' u. dgl., wo *i̯* später in den Infinitiv hineingekommen ist, s. Streitberg, Zur germ. Sprachgeschichte, S. 15 ff.

b) Zwischen zwei *n*, z. B.

Got. *winþjan* 'worfeln', lat. *vannus* (**u̯ant-nos*): ahd. *wanna* (**u̯anþ-nō*) 'Wanne'.

Lat. *sentio* 'fühle', air. *sét*, got. *sinþs* 'Weg', *sandjan* 'senden': ahd. *sinnan* (**sinþ-nan*) 'reisen'.

Got. *tandjan* 'anzünden', ahd. *zundēn* 'glühen': mhd. *zinnen* 'brennen'.

Lat. *centum*, got. *hund* u. a. (s. § 35, 3) 'Hundert': ahd. *hunno* 'Centurion'.

Gr. *ὀδόντ-*, ahd. *zand* u. a. (s. § 35, 2) 'Zahn': *zannēn* 'die Zähne fletschen'.

Lit. pl. *szveñdrai* (**ku̯endh-rā-*) 'Typha latifolia', lat. *combr-ētum* 'Juncus maximus (?)': aisl. *huǫnn* (**ku̯ondh-nā-*) 'Angelica archangelica'.

Anm. 5. Einzelsprachlich entstanden sind die Gruppen *nþn*, *ndn* in Fällen wie got. *swinþnan* 'stark werden', *tundnan* 'entzündet werden' u. dgl.

c) Zwischen *p* und *m̥* oder *n̥* (also vor dem Übergang *m̥*, *n̥* > *um*, *un*, s. § 3, 2 und 3), z. B.

Lat. *septem* u. a. (s. § 38, 1) aus **septm̥*: got., ahd. *sibun*, ags. *seofon*, aschwed. *siū* (**sebun*) aus **sepm̥* 'sieben'. Dabei macht *septun* in der Lex Salica Schwierigkeiten.

Aisl. *aptann*, aschwed. *afton*, ags. *ǽften- : ǽfen*, as., ahd. *āband* 'Abend' von einem ursprünglichen Wechsel nom. **aftan* (**əptónt*, s. oben A, 2, b): obl. kas. **ǣbund-* (**ēptn̥t-'*).

Anm. 6. Zwischen anlautendem Guttural und *r* scheint *t* geschwunden zu sein in mhd. *rūte* 'Viereck', wenn aus **hrūta* < ieur. **q(t)rūtā* zu lat. *quatuor* u. a. 'vier'.

3. Ieur. *u̯* scheint im Germ. zwischen einem beliebigen Konsonanten und *i̯* zu schwinden; s. Mahlow, AEO, S. 30; Osthoff, Beitr. VIII, 281; Kluge, P. Grundr. I, 334; Schmidt, Plur., S. 6 Note. Beispiele wären etwa:

Aind. *pitr̥vyas*: ahd. *fatureo* 'Vaterbruder'.

Got. *hardu-s* 'hart': ack. *hardjana* aus **hard[u̯]i̯a-* u. a. dgl.

C. In übrigen Stellungen:

1. Ieur. dentale Explosivlaute sind urgerm. vor *s* + Konsonant geschwunden; s. Kluge, Beitr. IX, 195 f., P. Grundr. I, 326; Brugmann, Grundr. II, 1036 f.; Streitberg, IF.Anz. II, 50. Z. B.

Got. *watō*, ahd. *wazzar*, aisl. *vatn* 'Wasser', *vátr*, ags. *wǽt* 'nass': ahd., ags. *wascan*, aisl. *vaska* 'waschen'.

Mndl. *krīten*, mhd. *krīzen : krīschen* 'kreischen'.

Aisl. *hrióta*, ags. *hrútan* 'schnarchen': mhd. *rūschen* 'rauschen'.

Aisl. *lúta*, ags. *lútan* 'sich neigen', ahd. *lūzzēn : lōskēn* (*loskēn?*), mndl. *lūschen* 'verborgen sein'.

Ags. *wrídan* 'wachsen (?)': got. *ga-wrisqan* 'Frucht bringen', aisl. *roskenn* 'gewachsen'.

Got. *hrōt*: as. *hrōst* 'Dach'.

Got. *rauds*, aisl. *rauðr* u. a. (s. § 34, 2) 'rot': as., ahd. *rost*, ags. *rúst* 'Rost' u. a. (s. § 58, 3, a).

Aisl. *hrióða* 'rein machen', *hroðenn* 'geputzt', ags. *hréodan* 'schmücken': *hyrst* 'Schmuck, Rüstung', ahd. *rust* 'Rüstung'.

Got. *hlaþan*, aisl. *hlaða*, ahd. *(h)ladan* 'laden': *(h)last*, ags. *hlæst* 'Ladung, Last'.

Got. *beidan*, aisl. *bíða* 'warten': got. *us-beisns* 'Geduld'.

Got. *biudan*, aisl. *bióða* 'bieten': got. *ana-būsns* 'Gebot'.

Ags. *on-drǽdan* 'fürchten': *on-drésn* 'Furcht'.

Ags. *wríðan*, aisl. *ríða* 'drehen': ags. *wrásen*, ahd. *reisan* 'Knoten'.

Aisl. *brióta*, ags. *bréotan* 'brechen': ahd. *brōsma*, as. *brōsmo* 'Brocken, Brosame'.

Ahd. *rōt* u. a. (s. § 34, 2) 'rot': *ros(a)mo* 'Röte'.

Anm. 7. Vielleicht gehören hierher auch die in § 35 Anm. angeführten Beispiele.

2. Ieur. palatale und gutturale Explosivlaute sind ebenso urgerm. vor *s* + Konsonant geschwunden; s. Kluge, Nominale Stammbildungslehre, § 209. Wörterbuch, passim; Brugmann, a. a. O.; Streitberg, a. a. O. Z. B.

Got. *wakan*, aisl. *vaka*, ahd. *wahhēn* 'wachen': aisl. *vaskr* 'keck, kühn'.

Got. *ligan*, ahd. *ligen*, *liggen* 'liegen': *lescan* 'erlöschen' (eig. 'sich legen').

Got. *waúrkjan*, aisl. *yrkia* 'würken': got. *waúrstw* 'Arbeit'.

Gr. *πυγμη* 'Faust', *πύξ* 'mit der Faust': ahd. *fūst*, ags. *fýst* 'Faust'.

Ahd. *foraha* 'Föhre', got. *fairguni* 'Berg' (s. S. 131): ahd. *forst* 'Wald'.

Ahd. *lahan*, ags. *léan* 'tadeln': ahd. *lastar*, aisl. *lǫstr* 'Laster'.

Lat. pl. *fraces*, aisl. *dregg*, nhd. *trecher*: ags. pl. *dærstan*, ahd. pl. *trestir*, *truos(a)na*, ags. *drósn*, mndl. *droesene*, ndl. *droesem* 'Trester, Treber, Hefe'.

Anm. 8. Unerklärt bleiben Fälle wie got. *maihstus* mit erhaltenem Guttural gegen ahd. *mist* 'Mist' (und ags. *mist* 'Nebel'?).

Anm. 9. Ganz unklar ist die Behandlung der urgerm. Gruppe *fst* (ieur. *pst*), indem sie bald erhalten wird, bald als *st* (vgl. 1 und 2 oben) auftritt, bald endlich als *ft* (wenn diese Form nicht etwa ein anderes Suffix — *t*, nicht *st* — voraussetzt), z. B. got. *haifsts* 'Zank, Streit': ags. *hǽste*, ahd. *heisti* : *heiftig* 'heftig', aisl. *heipt* 'bittrer Hass, Rache': lit. *kùpstas* 'Erdhöcker': mhd. *hūste* 'Hauste, Garbenhaufen' (vgl. ahd. *hūfo* 'Haufen' u. a.); aisl. *Bý-leistr* : *-leiptr* Bruder Loke's (vgl. *leiptr* 'Blitz'?).

3. *i̯* schwindet lautgesetzlich vor *i*, wird aber oft analogisch wieder eingeführt; s. Mahlow, AEO, S. 43 f.; Osthoff, M. U. IV, 27; Kluge, Nominale Stammbildungslehre, § 14; Kauffmann, Beitr. XII, 539; Streitberg, ib. XIV, 165 ff., XV, 489 ff.; Jellinek, ib. XV, 287 ff., XVI, 318 ff.; v. Helten, ib. XVI, 272 ff.; Sievers, ib. XVI, 567 f.; z. B.

Aind. *tráyas* (**trei̯es*), gr. kretisch *τρέες*, asl. *trĭje*: got. *þreis* (**þrii̯iz*), aisl. *þrír*, ahd. *drī*.

Aind. *priyás* 'beliebt': got. *freis*, ags., as., ahd. *frī* 'frei'.

Aisl. präs. ind. *ligg* (*bið*, *sit*), *-r*, *-r*, *-iom*, *-eð*, *-ia* aus **lizi̯ō*, **-i̯iʀ* u. s. w.: got. *liga* (*bida*, *sita*), *-is*, *-iþ*, *-am*, *-iþ*, *-and* aus **lizō*, **-iz* u. s. w. durch Ausgleichung einer ursprünglichen, im ältesten Ahd. (*liggu*, *ligis*, *ligit*, *liggemēs* u. s. w.) noch bewahrten Flexion urgerm. **lizi̯ō* : **liziz* (auch im aschwed. *ligher* neben analogischem *ligger* erhalten) u. s. w. 'liege (bitte, sitze), liegst u. s. w.'.

Got. *arbja*, aschwed. *ærve*: aisl. *arfe* 'Erbe' aus urspr. **arbi̯an-* (analogisch **arban-*) : **arbin-*. Ebenso verhalten sich got. *gudja*: aisl. *goðe*, *guðe* 'Priester'; ahd. *grāfio* : *grāfo* 'Graf'; u. a. m.

Anm. 10. Kaum ist *i̯* vor *e* geschwunden in ahd. *Zio*, aisl. *Týr* (kaum **tiu̯ʀ* < **t[i̯]eu̯z*), das eher lat. *dīvus*, aind. *dēvas* 'göttlich, Gott' als gr. *Ζεύς*, aind. *Dyāúš* entspricht, s. Bremer, IF. III, 301 f.; dagegen Streitberg, Zur germ. Sprachgeschichte, S. 72 (vgl. Bremer, Beitr. XI, 40 f.). Ahd. *lebara* 'Leber' ist wohl nicht mit Streitberg, a. a. O., aus ieur. **li̯ēqr̥t* herzuleiten; eher dann aus einer mit **li̯ēq-* im lat. *jecur* nach § 31 ablautenden Wurzelsilbe **liq-*, die ohne *a*-Umlaut in ahd. *libera*, ags. *lifer*, aisl. *lifr* vorliegt (vgl. § 6, 4, S. 21).

Anm. 11. Durch kein sicheres Beispiel gestützt ist das von Brugmann, Grundr. II, 1294 Note eventuell angenommene Lautgesetz, nach welchem intervokalisches *i̯* in unbetonter Silbe geschwunden wäre.

4. *u̯* schwindet lautgesetzlich vor *u* (vielleicht auch zwischen langem Vokal und *i̯*, vgl. B, 3 oben), wird aber oft analogisch wieder eingeführt; s. Mahlow, AEO, S. 43 f.; Osthoff, M. U. IV, 306, 312, 316, Beitr. (VIII, 285 ff.),

XIII, 454; Kögel, Beitr. IX, 510 ff.; Kluge, P. Grundr. I, 334. Z. B.

Aind. *yuvaçás* (**i̯uu̯u̯cós*), lat. *juvencus*: got. *juggs* (< **i̯ūngaz* < **i̯u[u̯]unʒoz*, s. § 8, S. 28), ahd. *jung*, aisl. *ungr* 'jung'.

Lat. *juventa* (**i̯uu̯n̥tá*): got. *jundu* (< **i̯ūndō* < **i̯u[u̯]undō*) 'Jugend'.

Aind. *náva* (**neu̯m̥*), gr. *ἐν-νέϝα*, lat. *novem*: got., ahd. *niun* (**ne[u̯]un-*, s. Anm. 1 oben), aisl. *níu* 'neun'.

Ahd. *spīwan* 'speien': 3. pl. prät. ind. *spiun* (aber got. *spiwun* nach *speiwan*, *spaiw*).

Ahd. *wolf* (got. *wulfs*, sowie aisl. *Bryni-olfr*, *Heri-olfr*, durch einzelsprachliche Entwicklung aus **wolfaz*) 'Wolf': got. *Ansi-ulf*, *Atha-ulf*, ahd. *Arn-ulf*, *Liud-ulf* u. a. Mannsnamen derselben Art.

Lat. *avuncu-lus*: ahd. *ōheim* (**a[u̯]u[n]ha-i̯maz*, vgl. § 7, 3), ags. *éam* 'Oheim'?

(Ahd. *krāwa* : *krāia* 'Krähe' aus urspr. **krǣu̯ī* : **krǣ-[u̯]i̯ōz*? Got. *taui*: gen. *tōjis* 'Werk' aus urspr. **tōu̯ī* : **tō-[u̯]i̯ez*? Vgl. § 10, 2 und 3).

5. In der Verbindung *ʒu̯* (über deren Entstehung s. § 34, 5 und § 38, 4) schwindet *ʒ*, wenn der nächst vorhergehende Sonant nach der ieur. Betonung nicht den Hauptakzent trug ('Sievers' Regel'). S. u. a. Sievers, Beitr. V, 149; Paul, ib. VI, 538, 541 f.; Osthoff, ib. VIII, 256 ff.; v. Bahder, Die Verbalabstracta im Germ., S. 133 f.; Läffler, Arkiv I, 266 ff.; Kluge, P. Grundr. I, 331; Laistner, ZfdA. XXXII, 145 ff. Bei wechselnder Betonung innerhalb einer Gruppe verwandter Wörter oder Formen entstehen oft Doppelformen mit und ohne *ʒ*. Aus der grossen Menge hierher gehöriger Beispiele seien erwähnt:

Asl. *sněgŭ* (**snoi̯ghos*), gr. ack. sg. *νίφα* (**snigʷm̥*), lat. *nix* (**snighs*), gen. *nivis*: got. *snaiws* (**snai̯ʒu̯iz*), ags. *snáw*, aisl. *snǽr*, gen. *snǽvar* 'Schnee', ags., ahd. *snīwan* 'schneien', aisl. *snivenn* 'beschneit'.

Gr. *νεφρός* (**neghrós*), prænestinisch pl. *nebrundines*: ahd. *nioro* (**neʒu̯rén-*), aisl. *nýra*, aschwed. *niūre* 'Niere'.

Av. *magu*, got. *magus*, aisl. *mǫgr* 'Sohn, Jüngling': got. *mawi* (**maʒu̯ī*), aisl. *mǽr*, *møy-la*, ags. *méowle* 'Tochter, Mädchen'.

As. *hnīgan*, aisl. *hníga*: got. *hneiwan* 'sich neigen', *hnaiwjan* 'erniedrigen'.

Got. *bagms* (vgl. aschwed. *bagn* 'Baumstamm', s. § 54, 2): ahd. *boum* (**baʒu̯m-*, s. § 41, S. 144), as. *bōm*, ags. *béam* 'Baum'.

Ahd. *triogan*, as. *bi-driogan* 'betrügen', *gi-drōg*, aisl. *draugr* 'Gespenst': *draumr* (*đrau̯ʒu̯m-*), as. *drōm*, ahd. *troum* 'Traum' (oder zu got. *driugan*, ags. *dréoʒan* 'vollführen, durchleben': *dréam*, as. *drōm* 'Freude, Jubel, Lärm, Gesang u. dgl.'?).

Aisl. *fliúga*, ags. *fléoʒan*, ahd. *fliogan* 'fliegen': ags. *fléam* 'Flucht', aisl. *flaumr* 'Schwarm'.

Ahd. *degan*, ags. *þeʒen*, aisl. *þegn* 'freier Mann, Gefolgsmann': *þiónn* (**þeʒu̯n-*), urnord. *þewaR*, got. *þius* (gen. *þiwis*; **þeʒu̯-*), *þēwis* 'Diener', *þiwi*, aisl. *þý* 'Dirne', ahd. *dionōn* 'dienen'.

Ahd. *liogan*, aisl. *liúga* 'lügen', got. *ana-laugns*, ahd. *lougan* 'verborgen': aisl. *laun* (**lau̯ʒu̯n-*) 'Geheimnis' (und *lausong* 'Betrug', *geđ-løyse* 'Falsch', ags. *léas* 'lügnerisch' aus **lau̯ʒu̯es-*?).

Got. *saiƕan*, as., ahd. *sehan* 'sehen', aschwed. prät. pl. *sāghum*, as. *sāgon*, ags. *sǽʒon* 'sahen' (vgl. § 41, 3): part. prät. *ʒe-sewen*, as. *gi-sewen*, ahd. *gi-sewan* 'gesehen', got. *siuns* (**seʒu̯ni-*), aisl. *sión*, *sýn* 'Sehen'.

Got. *leiƕan*, ahd. *līhan* 'leihen': part. prät. *gi-liwan* 'geliehen'.

Ahd. *bi-sīhan* 'seihen': part. prät. *bi-siwan*.

Got. *aƕa* 'Wasser', aisl. *Æger* 'Gott des Meeres' (vgl. § 41, 3): germ.-lat. *Scadin-avia* 'Skandinavien', *Skán-øy* 'Schonen', *øy* (**aʒu̯i̯ō*) 'Insel', ahd. *ouwa* 'Aue'.

Ags. *hweohl*, *hweoʒl* : *hweowol*, aisl. *hiól* (**ƕeʒu̯l-*) 'Rad'.

Gr. *νέκυς* 'Leiche' (germ.-lat. *Nehal-ennia* 'Todesgöttin'?), aisl. *Nagl-far* 'Totenschiff' u. a. (s. S. 132): *nár*, got. *naus* (pl. *naweis*) 'Leiche'.

Got. *tiuhan*, ahd. *ziohan* 'ziehen', aisl. *tygell*, ahd. *zuhil*, *zugil* 'Zügel': *zoum*, as. *tōm*, aisl. *taumr* (**tauʒum*-) 'Zaum'.

Ahd. *mēh* (**maiɦi*-): ags. *mǽw* (**maiʒui*-) 'Möwe'.

Aind. *rēkhā*, mhd. *rīhe*, ahd. *rīga*: ags. *ráw* 'Reihe'.

Ahd. *ebah* : *ebawī* 'Epheu'.

Lat. *æquum* 'was recht und billig ist': ahd. *ēwa*, as. *ēo*, ags. *ǽw* 'Gesetz, Ehe'.

Ahd. *pfluoh*, *pfluog*, aisl. *plógr*: langob.-lat. *plōvum* 'Pflug'.

Ahd. *zehōn* 'färben': *zāwa* 'Farbe'.

Ahd. *fīhala* (**finhl*-, s. § 7, 2 und § 48, C, 6), aschwed. *fǣl*: ahd. *fiola* (**fiʒul*-) 'Feile' (vgl. § 58, 1).

Ahd. *zēha*: mhd. *zēwe* 'Zehe'.

Ahd. *buhil* 'Hügel', aisl. *bóla* (**būhlōn*-) 'Beule': ags. *bȳle* (**būʒuliō*-) 'Schwulst', ahd. *būlla* 'Blatter'.

Ags. *múha*, *múʒa*, aisl. *múge*, aschwed. *mōghe* (aus **mōe* < **mūhe* und **mūʒe* kontaminiert): ags. *múwa* 'Haufen'.

Ags. *ʒeohhol*: aisl. *iól* (**jeʒul*-) 'Weihnachten', *ýler*, got. *jiuleis* 'Weihnachtsmonat'.

Ahd. *zweho*, as. *tweho*: aisl. *týia* (**tuiʒuiōn*-?, vgl. S. 76) 'Zweifel'.

Got. *weihan*, aisl. *vega* u. a. (s. S. 75 f.) 'kämpfen', ahd. *(Ch)lodo-wich*: latinisiert *Clodo-veus* 'Ludwig', urnord. *WiwaR* (vgl. aisl. *Rand-vér* 'Mannsname).

Ahd. *īha*, schweizerisch *īge*, as. *īch*, ags. *eoh* : *íw*, ahd. *īwa* 'Eibe'.

Ahd. *lebara* (s. § 42, 1 und § 38, 1), aisl. *lifr*: nschwed. dial. (Dalarna) *lȳr* (**liʒuri*-) 'Leber'.

Ahd. *gi-zehōn*, ags. *teohhian* 'anordnen', *teoh(h)* 'Gesellschaft', mhd. *zeche* 'Reihenfolge, Gesellschaft, Wirtsrechnung' (gr. δεῖπνον < **deqniom* 'Mahlzeit'): got. *ga-tēwjan* 'verordnen', *tēwa* 'Ordnung', *tēwi* 'Schar von 50 Mann', ags. pl. *ʒetáwa*, *ʒea-t(e)wa*, aisl. pl. *gǫ-tuar* 'Rüstung'.

Got. *augō* 'Auge', *at-augjan*, as. *t-ōgian*, mhd. *z-ougen* : *z-ounen*, ags. *æt-ýwan* u. a. (s. § 9, 1) 'zeigen', ahd. *awizoraht* 'augenscheinlich'.

Aind. *sékas* 'Erguss': got. *saiws*, ahd. *sēo*, aisl. *sǽr* 'See'.

Ags. *rúh*: gen. *rúwes* 'rauh'.

Ags. *þweorh* 'verkehrt', mhd. *twerge* 'Quere', ahd. *dwer(a)h* : *dwer(a)wēr* 'quer, schräg'.

Ags. *horh*: gen. *horwes* 'Schmutz'.

Got. *arƕazna*, ags. *earh* : *earwe* 'Pfeil'.

Got. *fairƕus* 'Welt', as. gen. pl. *firiho*, aisl. pl. *firar* (**firhi-*) : *fyrđar* (**firʒu̯i-đōz*, s. Hellquist, Arkiv VII, 168) 'Männer'.

Ags. *holh*: gen. *holwes* 'Loch'.

Gr. *ἀλκυών* (**su̯alqu-*) 'Eisvogel': ahd. *swalawa*, ags. *swealwe* 'Schwalbe'.

Aisl. *skialgr*, ags. *sceolh*, ahd. *skel(a)h*: gen. *skel(a)wes* 'schief, scheel'.

Got. pl. *tweih-nai* 'je zwei', ags. *twiʒ*, ahd. *zwīg* : *zwī* (**tu̯īʒu̯-*) 'Zweig', aisl. *høy-týia* (**tu̯īʒu̯iōn-*, s. Hellquist, Arkiv VII, 52) 'Heugabel'.

Anm. 12. Ob anlautendes, aus ieur. *gh* entstandenes, *ʒu̯* in derselben Weise vereinfacht wird, bleibt unsicher, da unzweideutige Beispiele bis jetzt fehlen (vgl. jedoch Bechtel, ZfdA. XXIX, 368; Kluge, Beitr. VIII, 516 f.; Hellquist, Arkiv VII, 111). Verhältnismässig sicher dürften sein aind. *háryāmi*, gr. *θέλω*: ahd. *willu*, ags. *wille* 'ich will'; lat. *fas-cis*: aschwed. *vase* 'Bündel'; gr. *φάλλος*: aisl. *vǫlse* 'männliches Glied' (vgl. jedoch S. 96). — Ags. *wand* 'Feldmaus' dürfte nach Ausweis der in nschwed. Dialekten vorkommenden Form *(h)wann* ein älteres **ʒu̯anđuz* (s. Lindgren, Sv. Landsm. XII, 1, S. 109 Note) voraussetzen; dies könnte nach § 38 Anm. 1 und 3 als zweites Glied einer Zusammensetzung entstanden sein und einer selbständigen Form **ƕanþuz* entsprechen.

6. Palatales und gutturales *n* schwinden unmittelbar vor urgerm. *h*; s. Noreen, Arkiv III, 41; Kluge, P. Grundr. I, 356. Beispiele sind in grosser Menge schon oben § 7 mitgeteilt worden. Hier sei nur noch eines nachgetragen: ahd. *fūhti*, ags. *fúht* (*pn̥qtus*) 'feucht' zu aind. *pañka-* 'Sumpf' (s. Lidén, Språkvetenskapliga Sällskapets förhandlingar 1891—94, S. 60).

Anm. 13. Der von Schmidt, Plur., S. 201 angenommene Schwund eines *s* vor *r* existiert nicht, s. Kluge, Wtb. (unter *Auer*) und hierselbst S. 196, Z. 10 von unten.

KAP. 3.

SPUREN INDOEUROPÄISCHER LAUTGESETZE.

A. WECHSEL DER ARTIKULATIONSART.

§ 49. WECHSEL DER UNASPIRIERTEN MEDIÆ UND TENUES.

1. Ieur. Media wird zu Tenuis unmittelbar vor Tenuis und *s*, z. B.

(Lat. *scabo* 'schabe', lit. *skabùs* 'scharf'), got. *ga-skapjan*, ahd. *scaffan*, aisl. *skepia* 'schöpfen, schaffen': got. *ga-skafts* (ieur. **-skaptis*), ags. *ȝe-sceaft* 'Schöpfung, Geschöpf'.

Lat. *por-rigo*, gr. *ὀρέγω*, got. *uf-rakja* 'ausstrecke' u. a. (s. § 37, 3), aisl. *rakr*: lat. *rēctus*, ahd. *reht*, got. *raíhts* 'gerade'.

Gr. *Ϝέργον* 'Werk', got. *waúrkjan* 'würken' u. a. (s. S. 97): prät. *waúrhta*, urnord. *worahto* (aisl. *orta*).

Got. *siuks* (**seu̯gos*), aisl. *siúkr* 'krank': ahd. *suht*, got. *saúhts* 'Krankheit'.

Aisl. *sǿkia* 'suchen': prät. *sótta* (**sōhtōm*); ebenso *þykkia* : *þótta* 'scheinen', *þekkia* : *þátta* 'merken', *þykkr* 'dick': *þéttr* 'dicht' u. a. m.

Lat. *vegēre* 'lebhaft sein' u. a. (s. § 30, S. 88): aind. *vakš-*, got. *wahsjan*, ahd. *wahsan*, aisl. *vaxa* 'wachsen'.

Aisl. *skaka* 'rütteln', ags. *sceacan* 'schwingen, eilen, *sceácére*, ahd. *scāhhāri* 'Räuber': got. *skōhsl* 'Teufel' (s. Hellquist, Arkiv VII, 45).

Anm. 1. Über die weitere Entwicklung des aus *d* + *t* entstehenden *t* + *t* s. § 52, 2.

2. Tenuis und Media wechseln oft im Wurzelauslaute, ohne dass man im Stande ist zu entscheiden, ob dieser Laut unter Umständen aus jenem entstanden ist (oder vielleicht bisweilen umgekehrt), oder ob Fortbildung einer primären Wurzel durch verschiedene 'Wurzeldeterminative' vorliegt. S. u. a. Zimmer, Die Nominalsuffixe *a* und *ā*,

S. 288 f.; Osthoff, M. U. IV, 328, Beitr. VIII, 256 ff., Perf., S. 300, 323, 548; Möller, K. Z. XXIV, 441, 459 ff., 515 ff.; Kluge, Beitr. IX, 180 f.; Bugge, ib. XII, 425; Brugmann, Grundr. I, 348; Persson, Wz., S. 21 f., 42 f., 56 ff., 281, 282; Noreen, Uppsalastudier, S. 196 f.

a) Ieur. *p* (germ. *f, b, ƀ*) : *b* (germ. *p*), z. B.

Asl. *dūp-lĭ* 'hohl', *dūp-ŭkā* 'Loch', ahd. *tobal* 'enges Thal', mndd. *be-doven* 'niedergesunken', ags. *dýfan*, *dúfan*, aisl. *dýfa, døyfa*, aschwed. *dūva* 'tauchen': lit. *dubùs* 'hohl, tief', *daubà* 'enges Thal', ags. *déop*, got. *diups*, aisl. *diúpr* 'tief', as. *dōpian*, got. *daupjan* 'taufen'.

Gr. *σκαπ-άνη* 'Spaten', *σκήπ-ων* 'Stab', lat. *scāpus* 'Schaft', *scap-rēs* 'schäbig', aisl. *skafa* 'schaben', got. *skaban* 'scheeren', ahd. *scaban*: lat. *scabere* 'kratzen', *scabies* 'Schäbigkeit', lit. *skabùs* 'scharf', *skabėti* 'hauen', got. *ga-skapjan*, ahd. *scaffan*, aisl. *skepia*, *skapa* 'verfertigen'.

Ahd. *screfōn* 'einschneiden', ags. *scræf* 'Höhle': lat. *scrobis* 'Grube', ags. *screpan*, aisl. *skrapa* 'kratzen' u. a. m.; vgl. S. 89 f.

Aind. *sthāpáyāmi* 'stelle', lit. *stapytis* 'stille stehen', ahd. *stabēn* 'starr sein', got. *stabs* 'Element', aisl. *stafr* 'Stab': lit. *stābas*, *stŏbras* 'Bildsäule', *stěbas* 'Stab', ahd. *stăfal, stuofa* 'Stufe', *staffo*, ags. *stópol* 'Stapfe', *stapol* 'Stütze, Stapel', aisl. *stǫpoll* 'Stapel, Thurm'. Oder zu § 51, 1?

b) Ieur. *t* (germ. *þ, đ, d*) : *d* (germ. *t*), z. B. (vgl. lat. *mentīri* : *mendax* u. dgl.).

Lit. *prantù* 'lerne', got. *fraþja* 'verstehe', aisl. *fróđr* 'gelehrt': gr. *φράζω* (**phradįō*) 'gebe Nachricht', got. *us-fratwjan* 'klug machen'.

As. *skēthan*, ahd. *skeidan*, got. *skaidan* 'scheiden': aind. *chinádmi* 'schneide ab', lat. *scindō*, gr. *σχίζω* 'spalte', aisl. *skíta*, ahd. *skīzan* 'absondern, scheissen'.

Aind. *çátruš* 'Feind', gr. *κότος* 'Groll', asl. *kotorā* 'Streit', mhd. *hader* 'Zank', aisl. *Hǫđr* mythischer Name, ahd. *Hadubrant* Mannsname, adän. *Hathærs-lēf* Ortsname: got. *hatis*, aisl. *hatr*, ahd. *haz* 'Hass'.

Lat. *scortum* 'Fell', aisl. *skarđr*, ahd. *scart* 'verstümmelt':

lit. *skardyti* 'schroten', ahd. *scurz*, ags. *sceort* 'kurz', aisl. *skyrta* 'Hemd', *skorta* 'fehlen'.

Ahd. *scrintan* 'bersten', *scrunta* 'Riss': lit. *skrándas* 'abgeschabter Pelz', mhd. *schrunz* 'Riss', ndän. *skrante* 'gebrechlich sein'.

Gr. *ἀϝήτης* 'Wind', *ἀϝετμόν* 'Hauch', aisl. *viđra*, mhd. *witeren* 'wittern', ahd. *wadal* 'Wedel': gr. *ἀϝάζω* 'hauche', lit. *vėdinù* 'kühle', ahd. *far-wāzan* 'exsufflare, verdammen'.

Lit. *kretù* 'wackele', ahd. *redan* (**hreþan*) 'sieben' d. h. 'schütteln': gr. *κραδάω* 'schüttele', aisl. *hrata* 'wackeln'.

Mhd. *sprīden*, *sprīten* 'sich ausbreiten', ahd. *spreiten*, ags. *sprǽdan* 'ausbreiten': ahd. *sprīzen*, nschwed. *sprita* 'splittern'.

Ahd. *studen* 'feststellen', ags. *studu*, *studu*, aisl. *stođ* 'Stütze', *styđia*: ahd. *stuzzen*, mndd. *stutten* (nschwed. *stötta*) 'stützen'.

c) Ieur. *c*, *k*, *q* (germ. *h*, *ƕ*, *ʒ*, *ʒṷ*, *ṷ*, *g*, *gṷ*) : *ʒ*, *g*, *g* (germ. *k*, *q*), z. B.

Aind. *páçyāmi*, lat. *-spiciō* 'sehe', ahd. *spehōn* 'spähen', *spāhi*, aisl. *spár* : *spakr* 'klug, vorsichtig, vorsehend', asl. *pāzītī* 'achten auf'.

Aind. *pā́ças* 'Schlinge', ahd. *fāhan* (**fa-n-han*) 'fangen': *fah(h)* 'Reuse, Abteilung', ags. *fæc* 'Zeitabteilung', gr. *πάγη* 'Reuse, Schlinge', *πήγνυμι*, lat. *pango* 'befestige'.

Ahd. *buhil* 'Hügel', *biogan*, ags. *búʒan* 'biegen': *búc*, aisl. *búkr*, ahd. *būh(h)* 'Bauch', d. h. 'Biegung, bauchiges', aind. *bhujā́mi* 'biege ab', gr. *φεύγω*, lat. *fugiō* 'fliehe'.

Aind. *vinákti* 'bewegt sich hin und her', gr. *ϝείκω* 'weiche', lat. pl. *vices*, ahd. *wehsal* 'Wechsel': *winkan* 'schwanken, winken', *wīhhan*, aisl. *víkia*, *ýkua* 'weichen', aind. *vijátē* 'flieht'.

Ahd. *ēwig* (**ai̯ṷi-ʒ-*) 'ewig': got. *ajuk-dūþs* (**ai̯u-k-*, vgl. § 21, 4 und § 29, 2) 'Ewigkeit', ags. *éce* 'ewig'.

Lat. *secō* 'schneide', *secula* 'Sichel', ahd. *sahar* 'Schwertel', *segansa*, aisl. *sigđr* 'Sense', *sǫg* 'Säge': lat. *seges* 'Ernte, Saat', d. h. 'das Abzuschneidende', ags. *sicol*, ahd. *sihhil* 'Sichel', *seh(h)* 'Sech', *suohha* 'Furche, Schneide'. Vgl. mit Wurzelvariation lat. *sīca* 'Dolch': aisl. *sikr* 'Sichel', *sík* 'Graben', d. h. 'Furche'.

Aind. *siñcáti* 'giesst', gr. ἰκ-μάς 'Flüssigkeit', ahd. *sīhan* 'seihen', *sīgan* (s. S. 131), aisl. *síga* 'niederfallen, sinken': got. *siggan* 'sinken', ahd. *seihhen* 'harnen'.

Aisl. *stinga* 'stechen', *stǫng* 'Stange': *støkkua*, got. *stiggan* 'stossen', lat. *in-stinguō* 'treibe an'.

Ags. *wrēon* (**wrinhan*), *wrinȝan*, ahd. *ringan* 'drehen, winden', got. *wruggō* 'Schlinge': gr. ῥέμβω 'drehe', ags. *wrincle* 'Runzel', *wrenc* 'Ränke', ahd. *renki* 'Drehung'.

Lit. *slenkù* 'schleiche', asl. *slękŭ* 'krumm', aisl. *slǫ́* (**slanhō*) 'Blindschleiche', ahd. *slango* 'Schlange', *slingan* 'winden', aisl. *slyngua* 'werfen': mhd. *slanc* 'schlank', ags. *slincan* 'schleichen'.

Ags. *crinȝan* 'niederstürzen, wackeln': *cranc* 'gebrechlich, hinfällig', ahd. *krankolōn* 'straucheln'.

Ahd., as. *swingan*, ags. *swinȝan* '(sich) schwingen', got. *af-swaggwjan* 'schwankend machen': ags. *swincan* 'sich abmühen', *swencean*, ahd. *swenken* 'schlagen', *swank* 'Schwung, Hieb', ndl. *zwenken* 'schwingen'.

Ags. *swonȝor* 'träge, schwerfällig', ahd. *swangar* 'schwanger', d. h. 'ausgebogen', aisl. *suangr* 'hungrig, schlank', d. h. 'eingebogen': mhd. *swanc*, ags. *swoncor* 'schlank'.

Ahd. *klang* 'Klang', *klingan*, aisl. *klingia* 'klingen': engl. *clank*, mhd. *klanc* (gen. *klankes*) 'Klang', *klinke* 'Klinke', *klenken* 'klenken', aisl. *kløkkua* (**klinkuan*) 'wimmern'.

Got., ahd. *hāhan* 'hängen, hangen', aisl. *hanga* 'hangen': *hǫnk* 'Henkel', *hanke* 'Haspen', ahd. *henken* 'henken'.

Lat. *sūcus* 'Saft', ahd. *sūgan*, ags. *súȝan*, aisl. *súga*: lat. *sūgere*, ags. *súcan* 'saugen', air. *súg* 'Saft'.

Aisl. *blígia* 'starr ansehen': *blíkia*, ahd. *blīhhan* 'glänzen'.

Aisl. *suig*, *suige*, *sueigr* 'Kurve, Bogen, Rute', d. h. 'was sich biegt': ags. *swícan* 'schweifen, weichen, im Stiche lassen', ahd. *swīhhōn* 'schweifen', *swīhhan*, aisl. *suíkia*, *sýkua* 'im Stiche lassen'.

Vgl. noch Fälle wie gr. δείκνυμι 'zeige': δεῖγμα 'Beweis', δάκτυλος: lat. *digitus* 'Finger', εἴκοσι: lat. *vīgintī* 'zwanzig', *fulica*: ahd. *belihha* 'Wasserhuhn', *swīgēm*: gr. σīγάω 'schweige'.

Anm. 2. Von den obigen Beispielen sind einige insofern zweideutig, dass urgerm. *ƀ*, *đ*, *ʒ*, *ʒu* (und deren Vertreter) auch aus ieur. *bh*, *dh*, *ʒh*, *gh*, *gh* entstanden sein können, in welchem Falle die betreffenden Beispiele dem § 51 zuzuweisen sind. Ebenso sind urgerm. *p*, *t*, *k*, *q* hie und da zweideutig, indem sie nicht immer notwendig ieur. Mediæ voraussetzen (s. § 44, 1—3 und § 46, 1—3).

Anm. 3. Ob ein ieur. Wechsel von Tenuis und Media auch im Anlaute vorkommt, bleibt sehr unsicher. Wenigstens sind die von Brate, Bezz. B. XIII, 50 f. und Persson, Wz., S. 214 Note angeführten Beispiele nicht überzeugend. Wenn ein derartiger Wechsel wirklich vorkommt, sind vielleicht die im § 40, 4 erwähnten Fälle hierher zu ziehen.

§ 50. WECHSEL DER ASPIRIERTEN MEDIÆ UND UNASPIRIERTEN TENUES.

1. Die Verbindungen *bh, dh*, *ʒh, gh, gh* + *t*(*h*) haben zwei ganz verschiedene Entwicklungen durchgemacht, indem sie teils als *bhdh*, *dhdh* (über dessen weitere Entwicklung s. § 52, 1), *ʒhdh*, *ghdh*, *ghdh*, teils als *pt*, *tt* (über dessen weitere Entwicklung s. § 52, 2), *ct*, *kt*, *qt* auftreten. Jene Vertretung ist vorzugsweise in den arischen Sprachen belegt, diese vorzugsweise in den europäischen. S. Bartholomæ, Arische Forschungen I, 10, 24, K. Z. XXVII, 206 f.; Kluge, Beitr. IX, 153, P. Grundr. I, 327; Schmidt, K. Z. XXVIII, 180 Note; Osthoff, Perf., S. 320 f. Note; Brugmann, Grundr. I, 404 ff. Der Grund der Differenzierung ist noch nicht sicher ermittelt worden. Am wahrscheinlichsten scheint mir, dass die Entwicklung *bht* > *bhdh* u. s. w. einer früheren Epoche gehört als der Übergang *bht* > *pt* u. s. w., welcher bei einem späteren Zusammentreffen eines *bh* mit *t* eingetreten sein dürfte (anders Meringer, ZfdöG. XXXIX, 145). Also z. B. einerseits:

Lat. *habere* (**khabhē-*), ags. *hebbian*, as. *habban* 'haben': prät. *habda*, ags. *hæfde* (**haƀđē-* < **khabhdhē-* < **khabhtē-*).

Got. *hugjan*, as. *huggian* 'denken': prät. *hogda*, got. *ga-hugds* (**huʒđiz* < **kughdhis* < **kughtis*) 'Verstand'.

Andererseits aber z. B.

Air. *gabim* 'nehme', got. *giban*, ahd. *geban* 'geben': *gift* 'Gabe', got. *fra-gifts* (**ʒiftiz* < **gheptis* < **ghebhtis*) 'Verleihung'.

Gr. *ὑφαίνειν*, ahd. *weban* : *wiften* 'weben', aisl. *veptr, veftr* 'Gewebe' (vgl. aber aind. *ubdhás* < **ubhdhás* < **ubhtós* 'gewoben').

Got. *hugjan* 'denken' u. a. (s. oben): ahd. *gi-huht* 'Gedanke', ags. *hyht* 'Hoffnung' (**kughtis*, vgl. oben).

Asl. *mogą*, got. *mag* 'vermag': *mahts*, ahd. *maht* 'Macht'.

Anm. 1. Vor *s* dürften die ieur. aspirierten Mediæ nur durch unaspirierte Tenues vertreten sein. Wenigstens sprechen dafür folgende Beispiele:

Ahd. *weban* 'weben' u. a. (s. oben): *wafsa*, mhd. *wefse*, *wespe*, ags. *wæfs*, engl. *wasp* 'Wespe', lit. *vapsà* 'Bremse'.

Mhd. *knübel* 'Knöchel', mengl. *knobbe* 'Knopf', ndl. *knobbel* 'Knoten': mhd. *knospe* (knufsan-*?) 'Knospe'.**

2. Ein Wechsel *p : bh* (*t : dh*, *c : ʒh* u. s. w.?) scheint bisweilen im Wurzelanlaute vorzukommen, ohne dass man im Stande ist zu entscheiden, ob der eine Laut aus der anderen entstanden ist, oder ob Ausbildung einer primären Wurzel durch verschiedene Präfixe vorliegt; s. Schmidt, Zur Gesch. d. idg. Vocalismus II, 339 f. Note; Bugge, Sv. Landsm. IV, 72 Note, 76 f. Note; Brate (Noreen), Bezz. B. XIII, 46 ff., 50 f.; Laistner, ZfdA. XXXII, 181 ff., 191 f.; Persson, Wz., S. 126 f. Note. Beispiele wären etwa:

Aind. *právatē* 'hüpft', nschwed. dial. (Dalarna) *flukå* : *blukå* 'hüpfen', gr. *φλύειν* 'aufwallen'.

Nisl. *fleygr*: nnorw. dial. *bløyg* 'Keil'.

Nschwed. *fläkta*: nnorw. dial. *blække* 'fächeln, wehen'.

Nschwed. *flåsa* 'schnauben': got. *blēsan*, ahd. *blāsan*, aisl. *blása* 'blasen'.

Aind. *pṛ́çniš*, gr. *περκνός* 'gesprenkelt', engl. *freckle*, aisl. pl. *freknor* 'Sommersprossen', nschwed. dial. *frekne*: nschwed. *bräken*, aisl. *burkne* 'Farnkraut'.

Nschwed. dial. (Dalarna) *frunda* 'summen': lat. *frendo*, *fremo* 'knirsche, brumme', ahd. *breman* 'brummen' u. a. (s. S. 99).

Gr. *πέρδομαι* 'furze', aisl. *freta*, *frata* u. a. (s. S. 89): nschwed. dial. *brata* 'furzen'.

Gr. *πίμ-πρημι* 'brenne', *πρήθω* 'sprühe', aschwed. *fræsa* 'sprühen, sprudeln', mndl. *vradem* 'Dampf', mhd. *vredemen* 'dunsten, dampfen': *brădem* 'Dampf', *brüejen* 'brennen', ahd. *brātan* 'braten', aschwed. *brāþa up* 'hitzig werden', ags. *brǣđ* 'Dampf', aisl. *bráđr* 'hitzig, vorschnell', lat. *fretum* 'Brandung', *fretale* 'Bratgeschirr'.

Nschwed. *s-praka* 'sprühen, prasseln', nhd. dial. *fregeln* : *bregeln* 'sieden, schmoren, rasseln'.

Gr. *πόρκος* ein Tier, lat. *porcus*, ahd. *farah*, ags. *fearh*, nschwed. dial. *farg* 'Ferkel': ags. *bearh*, *bearȝ*, ahd. *barah*, *barug*, aisl. *bǫrgr* 'Barch'.

Anm. 2. Sehr unsicher bleibt es, ob Fälle wie aisl. *hlam* : *glam* 'Lärm', *hlymr* : *glymr* 'Geräusch', ags. *hnǽȝan* : aisl. *gneggia* 'wiehern' (vgl. § 38 Anm. 3) u. dgl. auf einen ieur. Wechsel *c (k)* : *ȝh (gh)* hindeuten.

Anm. 3. Von den obigen Beispielen können einige wohl auch nach § 38 Anm. 1—3 erklärt werden. Umgekehrt sind vielleicht einige dort erwähnte Fälle hierher zu ziehen, wenn überhaupt die Annahme eines ieur. Wechsels *p* : *bh* u. s. w. sich stichhaltig erweisen sollte.

§ 51. WECHSEL DER ASPIRIERTEN UND UNASPIRIERTEN MEDIÆ.

Die Aspiration scheint oft in der (unmittelbaren?) Nachbarschaft eines Nasals geschwunden zu sein, jedoch wohl nur im Inlaut; s. Schmidt, K. Z. XXV, 146 f.; Bugge, Sv. Landsm. IV, 200 f., 263; (Noreen, Arkiv I, 176;) Kluge, K. Z. XXVI, 98 f.; v. Fierlinger, K. Z. XXVII, 478 f. Note; Brugmann, Grundr. I, 348 f.

1. Ieur. *bh* (germ. *ƀ, b*) : *b* (germ. *p*). Germanische Beispiele dieses Falles scheinen zufällig zu fehlen. Vgl. Entsprechungen wie gr. pl. *στέμφυλα* 'ausgepresste Oliven', *ἀ-στεμφής* 'hart', d. h. 'nicht möglich zu pressen': *στέμβω* 'trete mit Füssen', ahd. *stampfōn*, aisl. *stappa* 'stampfen'; oder aisl. *þúfa* 'Hübel': gr. *τύμβος* (vgl. § 58, 1) 'Grabhügel'.

2. Ieur. *dh* (germ. *đ, d*) : *d* (germ. *t*), z. B.

Aind. *budhnás*, gr. *πυθμήν* (über ahd. *bodam*, ags. *bođem* s. § 56): ags. *botm*, aisl. *botn* (vgl. § 54, 2), gr. *πύνδ-αξ* (s. § 58, 1), lat. *fundus* 'Boden'.

Aind. *vadhúš* 'Braut' (über ahd. *widamo*, ags. *weođum* s. § 56): ags. *weotuma*, afr. *wetma*, burg. *witimo*, gr. ἕδνον 'Brautgabe' (vgl. § 54, 2).

Nhd. *grand* 'Sand', ahd. *grint* 'Schorf', ags. *ʒrindan*: ndän. dial. *grotte* (**ʒruntan*) 'mahlen', aisl. *Grotte* mythische Mühle, gr. χέραδος 'Steingriess'.

Ags. *hrindan*, aisl. *hrinda* 'stossen': *Hrotte*, ags. *Hrunting* Schwertnamen.

As., got. *bi-windan* 'umwickeln', ahd. *wintan*, aisl. *vinda* 'winden': *vǫttr* (**u̯antuz*) 'Handschuh'.

Die drei letzten Beispiele können möglicherweise nach § 46, 2 zu erklären sein. Vgl. noch Fälle wie gr. πλίνθος 'Ziegelstein': ags., ndän. *flint* 'Feuerstein'; (eher zu § 46, 2) gr. στόρθη 'Spitze': ags. *steort*, ahd. *sterz*, aisl. *stertr* 'Sterz' u. dgl.

3. Ieur. *ʒh*, *gh*, *g̑h* (germ. *ʒ*, *ʒu̯*, *u̯*, *g*, *gu̯*) : *ʒ*, *g*, *g̑* (germ. *k*, *q*), z. B.

Aind. *mahā́n* 'gross', got., ahd. *magan*, aisl. *mega* 'vermögen, können': aind. *majmán-* 'Kraft', gr. μέγας (fem. μεγάλη), lat. *magnus*, got. *mikils*, ags. *mycel*, aisl. *mikell*, aschwed. *mikin* 'gross', aisl. *miok* 'viel'.

Aind. *ahám*, urnord. *-ʒa*? (s. Noreen, P. Grundr. I, 498, Aisl. Gr.², § 394 Anm. 2): *-ka*, aisl. *ek*, *-k*, got. *ik*, ahd. *ih(ha)*, lat. *ego*, gr. ἐγώ 'ich'.

Ieur. **negh-r-*, gr. νεφρός, prænestinisch pl. *nebrundines*, ahd. *nioro* (**neʒu̯ren-*, s. § 48, C, 5), aisl. *nýra* 'Niere': ieur. **eng-en-* (vgl. § 30, S. 88 und § 53, 2), gr. ἀδήν, lat. *inguen* 'Drüse', nisl. *økkr* (**inqaz*) 'Schwulst', aisl. *økku-enn* 'geschwollen'.

Gr. στείχω 'schreite' u. a. (s. § 34, 4), aisl. *stige*: nschwed. dial. (Dalarna) *stitji* (**stiken-*) 'Leiter'.

Gr. ἐσχάρα 'Herd', got. *azgō*: aisl. *aska*, ahd. *asca* 'Asche', gr. ἄσβο-λος 'Russ'.

Nschwed. *råge*: aisl. *hroke* 'Aufmass'? (vgl. § 46, 3).

Vgl. noch aind. *hánuš*: gr. γένυς 'Kinnlade', lat. *gena* 'Wange', got. *kinnus*, aisl. *kinn*, ags. *cin* 'Backe, Wange'.

Kaum hierher gehören ahd., as. *gnagan* : *knagan* 'nagen'

und aisl. *gneggia*: nschwed. dial. *knäjje* 'wiehern'; s. § 9, 2, § 38 Anm. 3, § 40, 4 und § 50 Anm. 2.

Anm. 1. Bisweilen scheint derselbe Wechsel im Anlaut vorzukommen und zwar ohne dass ein Nasal mit im Spiele ist; s. Schmidt, K. Z. XXV, 146 f.; Brate, Bezz. B. XIII, 49 f.; Laistner, ZfdA. XXXII, 171 ff. Jedoch sind die meisten Beispiele etwas unsicher, in anderen kann vielleicht eine einzelsprachliche Lautentwicklung vorliegen, z. B.

Ahd. *bart*, ags. *beard* (**bhardh-*): lat. *barba* (**bardh-?*) 'Bart'.

Aind. *dhruvás*: gr. δρόος 'fest', got. *triggws*, ahd. *triuwi*, aisl. *tryggr* 'zuverlässig'.

Nschwed. *gröda*: ahd. *krota*, *kreta* 'Kröte'.

Lat. *grāmen*, gr. χόρτος, aisl., ahd., got. *gras* 'Gras', ags. *ȝrówan* 'wachsen': gr. βρύον 'Moos', ahd. *krūt* 'Kraut'?

Got., ahd. *graban*, aisl. *grafa* 'graben': gr. γράφω (**gr̥bh-* oder **gr̥ph-?*) 'ritze, schreibe', ags. *ceorfan*, mhd. *kerben* 'schneiden, kerben', *kerbe*, *kerve* (**gerp-* oder **gerph-*, also nicht hierher) 'Kerbe'.

Anm. 2. Ein ieur. Wechsel von aspirierten und unaspirierten Tenues — unter noch nicht ermittelten Umständen, aber vorzugsweise nach *s* — steht fest, z. B. *ph : p* in gr. φράζω (**phradi̯ō*) 'gebe Nachricht': lit. *prantù* 'lerne', *th : t* in gr. πλάθανον 'Brett': πλατύς 'breit, platt', *ch : c* wohl in aind. *hr̥d*: gr. καρδία, lat. *cor* (gen. *cordis*) 'Herz', aind. *çrad-dádhāmi* 'beherzige' u. a. (s. z. B. Persson, Wz., S. 214 Note). Dieser Wechsel kann aber im Germanischen nicht zum Vorschein kommen, da ja die aspirierten und unaspirierten Tenues hier in gleicher Weise vertreten sind (s. § 35 und § 36). Eine Folge davon ist, dass man in Fällen wie ahd. *flado* 'Kuchen', *fluoder* 'Flunder', mengl. *flaðe* 'Platte' u. a. (s. § 36, 2): aisl. *flatr*, ags. *flat*, ahd. *flaz* 'platt', aisl., ags. *flet*, ahd. *flazzi* 'Fussboden' nicht entscheiden kann, ob ein ieur. Wechsel *th : d* oder *t : d* (s. § 49, 2, b) vorliegt, weil das urgerm. *þ* in ahd. *flado, fluoder*, mengl. *flaðe* ebensowohl dem *th* in aind. *pr̥thúš* 'breit', *práthas* 'Breite', *pr̥thvī́* 'Erde', gr. πλάθανον 'Brett' als dem *t* in gr. πλάτανος 'Platane', πλατύς 'breit, platt', πλάτος 'Breite', lit. *platùs* 'breit' entsprochen kann.

§ 52. WECHSEL DER EXPLOSIVÆ UND SPIRANTEN.

1. *d(h)* + *dh*, sei es ursprünglich oder nach § 50, 1 aus *dh* + *t* entstanden, wird schon in ieur. Zeit zu *zdh*, woraus dann aind. *dh*, gr. σθ, lat. *st* (zunächst aus **sth* < **zdh*), urgerm. *zđ*; s. Bartholomæ, Arische Forschungen I, 24, 176; Brugmann, M. U. III, 144 (vgl. auch die § 50, 1 zitierte Literatur); ganz anders Bechtel, ZfdA. XXI, 214

und nach ihm Meringer, ZfdöG. XXXIX, 147 f. Beispiele sind (vgl. noch S. 139):

Gr. *κεύθειν*, ags. *hýdan* 'verbergen', ahd. *hutta* (**huđịō*) 'Hütte': gr. *κύσθος* 'Höhlung, weibliche Scham', lat. *custōs* 'Wacht, Schutz', got. *huzd*, aisl. *hoddr*, as., ags. *hord*, ahd. *hort* 'Schatz'.

Air. *rádim*, got. *rōdjan*, aisl. *rǿđa* 'sprechen': *rǫdd*, got. *razda* 'Sprache'.

Aind. *ud*, got., aisl. *út* 'hinaus': *oddr*, ahd. *ort* (**uzđaz* < **ud-dh-os*) 'Spitze'; vgl. gr. *ὕσ-τριξ* (statt *-θριξ* nach dem gen. *-τριχος*) 'Stachelschwein', eig. 'Spitzhaar' (**ud-dhrigh-*, vgl. *θρίξ*, gen. *τριχός* 'Haar').

Ahd. *meida*, *mēta*, as. *mēda*, ags. *méd* : *meord*, got. *mizdō*, asl. *mizda*, gr. *μισθός* 'Lohn, Miete', aind. *mīḍhá-* 'Beute'.

2. *t* + *t(h)*, sei es ursprünglich oder nach § 49, 1 und 50, 1 aus *d(h)* + *t(h)* entstanden, wird schon in ieur. Zeit auf irgend welche Weise spirantisch modifiziert (vgl. jedoch § 56). In historischer Zeit tritt die Verbindung als aind. *tt*, gr. *στ*, lat. *ss*, urgerm. *ss* (> *st* vor *r*, s. § 47, 1; > *s* nach Konsonanten und langen Sonanten, s. § 46, 4) auf; s. Kögel, Beitr. VII, 171 ff.; Brugmann, M. U. III, 131 ff., Grundr. I, 384 f.; Osthoff, M. U. IV, 77, 91 f., 104, Perf., S. 565 f.; Kluge, Beitr. IX, 149 ff., Nominale Stammbildungslehre, S. 61, 64. Beispiele sind u. a.:

Aind. *véda*, gr. *Ϝοῖδα*, got. *wait* 'ich weiss': part. prät. ieur. **u̯ĭdtos* > **u̯ĭttos*, gr. *ἄ-ϊστος* 'ungesehen', lat. *vīsus* 'gesehen', aisl. *viss* 'gewiss', *vís-s* 'weise' u. a. (s. § 46, 4).

Lat. *mitto* (aus **mīto*) 'lasse gehen, unterlasse', as. *mīthan*, ags. *míđan* 'unterlassen', ahd. *mīdan* 'meiden': *missen*, aisl. *missa* 'verfehlen', got. *missa-dēds* 'Missethat', lat. *missus* 'fortgelassen'.

Lat. *mūtuus* (**moi̯t-*) 'wechselseitig': got. *missō* 'einander', aisl. *ý-miss* 'wechselnd'.

Got. *hlaþan*, ahd. *(h)ladan*, aisl. *hlađa* 'laden': *hlass* 'Fuder'.

Aisl. *huatr* 'keck', *huetia* 'ansparnen': *huass* 'scharf'.

Got. *ga-widan* 'binden': *us-wiss* 'ungebunden', *dis-wiss* 'Auflösung'.

Got. *qiþan*, aisl. *kveđa* 'sagen': ags. *cwis(s)* 'Aussage', got. *ga-qiss* 'Verabredung'.

Lat. *sedēre*, got. *sitan*, aisl. *sitia* 'sitzen': *sess* 'Sessel', aind. *sattás*, lat. *(ob)sessus* 'gesessen'.

Gr. *μῦθος* 'Rede', ahd. *mutilōn* 'murmeln, rieseln': *musse* 'Quelle', lat. *mussō* 'summe, murmele'.

Ahd. *hniotan*, aisl. *hnióđa* 'hämmern': *hnoss* 'Geschmeide, Schmuck'.

Aisl. *knođa*, ahd. *knetan* 'kneten': ?got. *knussjan* 'auf die Knie fallen, eine flehende Stellung einnehmen'.

Gr. *δατέομαι* 'austeile', aisl. *tađ* 'Dünger', *teđia* 'Dünger streuen', ahd. *zetten* 'streuen, ordnen': langob. *Tasso* Mannsname ('Austeiler, Ordner'), got. *un-ga-tass* 'ungeordnet', ags. *tas(s)* 'Haufen'.

Lat. *vas* (gen. *vadis*) 'Bürge', lit. *vadū́'ti* 'Pfand einlösen', aisl. *veđ*, ahd. *weti*, got. *wadi* 'Pfand', *ga-wadjōn* 'verloben': lat.-germ. *vassus* 'Vasall' d. h. 'wer Unterpfand seiner Treue gegeben hat'?

Ags. *hód* 'Haube', *hédan* 'hüten', ahd. *huot* 'Helm', *huoten* 'hüten': lat. *cassis* 'Helm', *Cassius* Mannsname ('Behelmter'; dazu gr. *Κάστωρ*?), ahd. *Hasso*, *Hesso* 'Hesse', eig. 'wer Helm hat'.

Got. *stads*, aisl. *stađr* 'Stätte', *stađenn* 'gestanden': got. *af-stass* 'Abstand', *faúr-stasseis* 'Vorsteher'.

Got. *giutan*, aisl. *gióta* 'giessen', lat. *fūdī* 'ich goss': *fūsiō* 'Ausfluss', ahd. *gussia* 'Überschwemmung', nisl. *Geysir* eine Sprudelquelle.

Ags. *emnettan* 'ebnen': got. *ibnassus* 'Gleichheit', as. *ebnissi* 'Ebene'.

Lat. *edere*, aisl. *eta*, got. *itan* 'essen': lat. *ēsus* 'gegessen', ags. *ǽs*, ahd. *ās* 'Aas'.

Got. *auþs*, aisl. *auđr*, ahd. *ōdi* 'öde': *ōsi* 'Wüste'.

As. *mōtan*, ahd. *muozan* 'müssen': *muosa* 'musste'.

Got. *haitan*, aisl. *heita*, ahd. *heizan* 'gebieten': ags. *hǽs* 'Gebot'.

Got. *rēdan*, aisl. *ráđa*, ahd. *rātan* 'raten': ags. *rǽs* 'Rat'.

Gr. *κεύθειν*, ags. *hýdan* 'verbergen', ahd. *hutta* (**hudjō*) 'Hütte' u. a. (s. 1 oben): aisl. *hús*, ahd. *hūs* 'Haus'.

Aisl. *glitra* 'glimmern', as. *glītan*, ags. *ȝlitnian* : *ȝlísian* 'glänzen'.

Got. *lētan*, aisl. *láta*, ahd. *lāzan* 'lassen': ags. *blód-lǽs* 'Aderlassen'.

Gr. *ἠίθεος* 'unverheiratet', aind. *vidhávā*, lat. *vidua*, as. *widowa*, ahd. *wituwa*, ags. *widewe*, got. *widuwō* 'Wittwe', *widuwaírna*: ahd. *weiso*, afr. *wēsa* 'Waise'.

Aind. *édhas* 'Brennholz', gr. *αἶθος* 'Brand', ags. *ád* 'Scheiterhaufen': aisl. *eisa* 'glühende Asche'.

Gr. *χέραδος* 'Griess', lit. *grúdas* 'Korn', aisl. *grjót* 'Gestein', ags. *ȝréot*, as. *griot* 'Sand', ahd. *grioz*, mhd. *griez*, *grūz*: mndd. *grūs* 'Griessand'.

Got. *mats*, aisl. *matr*, ahd. *maz* u. a. (s. S. 78): *muos*, as., ags. *mós* 'Portion, Speise', mhd. *ge-müese* 'Mus'.

Got. *sneiþan*, ahd. *snīdan*, aisl. *sníða* 'schneiden', *sneið* 'das abgeschnittene, Stück': *sneis* 'Sprosse, Pinne', ags. *snás* 'Spiess'.

Got. *maitan*, aisl. *meita* 'abhauen, schneiden', nnorw. dial. *meit*: aisl. *meis-s*, ahd. *meissa* (**maįs-įōn-*) 'zugehauenes Holzgerät (zum Tragen auf dem Rücken)', *meas*, got. *mēs* 'Tisch' (vgl. oben S. 31 und Lidén, Beitr. XV, 512 f.).

Gr. *σ-πεύδω* 'betreibe mit Eifer', *σ-πουδή* 'Eifer, Eile', aisl. *s-pjót*, ahd. *s-pioz* 'Spiess', d. h. 'Stachel': nnorw. dial. *føysa*, nschwed. *fösa* 'treiben', dial. *fös* 'Eile' (s. Lidén, a. O., S. 520 f.).

Gr. *πατέομαι* 'speise', got. *fōdjan* 'ernähren', *fōdeins*, ahd. *fatunga*, ags. *fóda* : *fóstor*, aisl. *fóstr* (**fōsra-* § 47, 1, a) 'Nahrung'.

Weitere Beispiele s. § 46, 4.

Anm. Wenn hie und da *st* statt *s(s)* angetroffen wird, so beruht das *t* immer (ausser vor *r*, über welchen Fall s. § 47, 1) auf nochmaliger *t*-Ableitung (*st* also aus *ss* + *t*) oder auf Analogiebildung, z. B. (vgl. S. 119 f.) aind. *véttha*, gr *Ϝοῖσθα*: got. *waist*, aisl. *veist* (*veizt*), ahd. *weist* 'du weisst' statt **wais(s)* nach *gaft* u. dgl.; vgl. nhd. *musste* statt ahd. *muosa* (s. oben) 'musste'. Fälle wie as. *hrōst* 'Dach', *rost* 'Rost', ahd. *rust* 'Rüstung', *(h)last* 'Last' u. dgl. zu got. *hrōt* 'Dach' u. s. w. gehören nicht hierher, sondern sie sind nach § 48, C, 1 zu erklären.

§ 53. WECHSEL DER LIQUIDÆ UND NASALE.

Ein derartiger Wechsel kommt in Wurzelsilben nicht vor, sondern nur in Ableitungssilben. Die Erscheinung gehört demnach sicherlich überhaupt nicht der Lautlehre, sondern sie ist morphologischer Natur und in der Weise entstanden, dass eine Wurzel mit verschiedenen Suffixen ausgebildet worden ist, welche ursprünglich in verschiedenen Formen des Paradigmas zu Hause waren, aber später durch Ausgleichung beide in alle Formen eingedrungen sind. Von den sehr vielen Beispielen führe ich daher hier nur eine beschränkte Anzahl an, dies um wenigstens die Art der Erscheinung einigermassen klar zu legen. Die betreffenden Fälle sind:

1. *l* und *n* wechseln in verschiedenen Nominalstämmen, s. Noreen, Språkvetenskapliga Sällskapets förhandlingar 1882 - 85, S. 98, Arkiv VI, 364 ff.; Danielsson, Grammatische und etymologische Studien I, 40 Note; Johansson, Bezz. B. XVIII, 32; Pedersen, K. Z. XXXII, 256 ff.; vgl. auch § 40 Anm. Z. B.

Gr. *μεγάλο-*, got. *mikils*, aisl. *mikell*, ags. *mycel*: aind. *mahán* (vgl. § 51, 3), gr. *μέγας*, lat. *magnus*, aschwed. *mikin* 'gross', aisl. *miok* (**meku* < **megn̥*, gr. *μέγα*) 'viel, sehr'.

Aisl. *lítell*, got. *leitils*: aschwed. *litin* (nach *mikin* umgebildet?) 'klein'.

Gr. *κμέλ-εθρον* 'Dach', as., ahd., aschwed. *himil*, afr. *himul*: got. *himins*, aisl. *himinn* u. a. (s. § 40, 2) 'Himmel'.

Engl. *freckle* 'Sommersprosse', mhd. *s-preckel*, aisl. *s-prekla* 'Fleck': pl. *freknor* 'Sommersprossen', gr. *περκνός*, aind. *pŕçniš* 'gesprenkelt', nschwed. dial. *frekne* 'Farnkraut' u. a. (s. § 50, 2).

Gr. *ἀ-στραλός*, engl. *starling*: lat. *sturnus*, ags. *stearn*, aisl. *stare* (**staran-*) 'Star'.

Ags. *dýȝol*, ahd. *tougal* : *tougan* 'heimlich'.

Nschwed. *äril* (nach § 40 Anm. zu erklären?): aschwed. *ærin*, *arin* 'Herd', aisl. *arenn* 'Erhöhung, Herd', finn.-urnord. *arina* 'Herd', ahd. *arin*, *erin* 'Altar, Fussboden'.

Ahd. *wadal*, *wedil* 'Wedel', mhd. *wüetel-gōz*, ags. *wédel-ȝéat* 'Wüterich': *Wóden*, ahd. *Wuotan*, aisl. *Óđenn* 'der Windgott'.

Gr. ὁμαλός, lat. *similis* 'gleich', *simul* 'zugleich, zusammen', mhd., mndd. *samelen* 'sammeln', ags. *symbel* (s. § 47 Anm.), aisl. *sumbl* 'Gelage', d. h. 'Versammlung', *einsamall* : *ein-samann* 'einsam', *saman*, got. *samana*, aind. *samaná*, ahd. *zi-samene* 'zusammen, *samanōn*, ags. *samnian*, aisl. *safna* (s. § 40, 2) 'sammeln'. Vgl. das Folgende.

Lat. *semel* '(auf) Einmal', got. *simlē* 'einst', ags. *sim(b)le* 'immer': got. *suman* 'einst', ahd. *sumanes* 'bisweilen', *saman* 'zugleich', aschwed. *saman*, *suman* 'auf Einmal'. Vgl. das Vorhergehende.

Aisl. *þumall*: ahd. *dūmo* 'Daumen'.

Nschwed. dial. (Vörå) *jœfl*: nnorw. dial. *gauvn* u. a. (s. § 46, 1) 'Höhlung beider Hände'.

As. *nōtil*: ags. *nýten* 'Vieh'.

Lat. *āla* (**axlā*), ahd. *ahsala*, aisl. *ǫxl*, ags. *eaxl* 'Achsel', *ócusla* : *óxn*, ahd. *uohsana* 'Achselhöhle'.

Aisl. *hǫmol-grýte* 'Pflaster, Decke von Gestein': aschwed. *ham(p)n*, ags. *homa* (**haman-*) 'Hülle'.

Gr. ἥλ-ιος, lat., ags., aisl. *sól*, got. *sauil* : *sun-na*, *sun-nō* (vgl. § 44 Anm. 2 und 3), ahd. *sun-na*, ags. *sun-ne* 'Sonne'.

Vgl. noch mhd. *wirtel* 'Spindelring': asl. *vrĕteno* 'Spindel', aind. *vártanam* 'Drehung'; lat. *stella* (**sterlā*): got. *stairnō*, aisl. *stiarna* 'Stern'; aisl. *karl*, ags. *ceorl*: gr. γέρων 'alter Mann'; engl. *girl* (**ȝurẓilōn-*): lat. *virgō* (**gherghōn-*), gr. παρθένος (**ghr̥ghen-*) 'Jungfrau'; asl. *orĭlŭ*: aisl. *are*, *ǫrn* 'Adler', gr. ὄρν-ις 'Vogel', u. a. dgl.

2. *r* und *n* wechseln, vor allem in einigen ursprünglich neutralen Substantiven, s. Saussure, Mém., S. 28, 225; Brugmann, M. U. II, 231 ff.; Noreen, Arkiv IV, 110 Note, Språkvetenskapliga sällskapets förhandlingar 1882—85, S. 123 ff.; Danielsson, Grammatische und etymologische Studien I, 34 f. Note; Schmidt, Plur., S. 172 ff.; Johansson, Bezz. B. XVIII, 1 ff., Beiträge zur griechischen Sprachkunde, S. 1 ff., 118; Pedersen, K. Z. XXXII, 240 ff. Z. B.

Gr. *ὕδωρ* (vgl. *ὕδρα* 'Wasserschlange', aind. *udrás*, aisl. *otr* 'Otter'), as. *watar*, ags. *wæter*, ahd. *wazzar* 'Wasser', aschwed. *Vætur* Seename: aind. *udán*, got. *watō* (gen. *watins*), aisl. *vatn* 'Wasser', ? ahd. *Wezzin-brunno* Ortsname.

Mhd. *un-ge-zibere, un-ziver* 'unreines Tier, Ungeziefer', ahd. *zebar*: aisl. *tafn* 'Opfertier', gr. *δαπάνη* 'Aufopferung, Aufwand'.

Mhd. *traher*: ahd. *trahan*, as. pl. *trahni* 'Thräne' (vgl. § 58, 4, S. 221).

Gr. pl. *νεφροί* u. a. (s. § 30, S. 88), ahd. *nioro*, aisl. *nýra* 'Niere': gr. *ἀδήν*, lat. *inguen* 'Drüse', aisl. *økkuenn* 'geschwollen' (vgl. § 51, 3).

Ndl. *ijser* (**īsar*): ahd. *īsan*, ags. *īren* (s. § 38, 4, S. 135), aisl. *iarn* (**eran* < **eʀan* < **izan-*) 'Eisen'; vgl. mit Kontamination der beiden Stämme (wie in aisl. *skarn*, ags. *scearn* gegenüber gr. *σκῶρ*, gen. *σκατός* < **sk̥n̥-tos* 'Kot' oder ahd. *āhorn* 'gegenüber lat. *acer* 'Ahorn'; vgl. noch ahd. dat. sg. *ūtrin* zu nom. *ūtar*, gr. *οὖθαρ*, lat. *ūber* 'Euter') got. *eisarn*, ahd., aisl. *ísarn*, ags. *īsern*.

Aind. *pát(t)ram*, gr. *πτερόν*, *πτέρυξ*, aisl. *fiǫðr*, ags. *feðer*, as. *fethera*, *fetherak*, ahd. *federa*, *federah* 'Flügel, Feder', lat. *acci-piter* 'Habicht' eig. 'Schnellflügel': *penna* (**petna*), ahd. *fettah* (**petnág-*, s. § 44, 2) 'Flügel, Feder' durch Ausgleichung einer ieur. Flexion **pétr̥g*, gen. **petnós* (wie aind. *ásr̥g* : *asnás* 'Blut', s. § 58, 6).

Gr. *πῦρ*, aisl. *fúrr* : *fune*, got. *fōn* (gen. *funins*), mengl., mndd. *funke*, ahd. *funko* 'Feuer, Funke' aus ieur. **pṓu̯r̥g* (vgl. aind. *pāva-kás* 'Feuer'), gen. **pūnós*.

Lat. *Tri-quetra* Inselname, gr. *πέτρα*, aisl. *hueðra* 'Fels': *hueðna* 'Stein, Axt', *Hueðn* eine Insel, gr. *Πύτνα* ein Gebirge.

Vgl. noch gr. *φρέαρ* (gen. *φρέατος*; **φρῆϝαρ*): got. *brun-na* 'Brunnen' (vgl. aind. *bhurván-* 'Wallen') aus ieur. **bhréu̯r̥t*, gen. **bhrunós* (wie aind. *yákr̥t*, gen. *yaknás* 'Leber' u. a.); gr. *ἄχυρον* : *ἄχνη*, lat. *agna*, got. *ahana*, aisl. *ǫgn* 'Spreu'; aisl. *hamarr* 'Hammer, Fels': asl. *kamy* 'Stein'; ahd. *snuor*: aind. *snắvan-* 'Band, Sehne'; gr. *μάρη*: lat. *manus*, aisl. *mun-d* 'Hand'; ahd. *her(e)ro*: gr. *κοίρανος* 'Herr'; got.

air 'zeitig': gr. *αἰέν* 'alle Zeit': ahd. *zimbar* (**timra-*, s. § 47 Anm.) 'Wohnung': lat. *domin-us* 'Hausherr'; lat. *scor-tum* : aisl. *skinn* (**skin-þa* < **sken-tom*) 'Fell' u. a. dgl.

Anm. 1. Nicht hiemit zu verwechseln sind diejenigen Fälle, wo germ. *r* aus einem in ieur. Zeit mit *n* wechselnden *s*-Suffixe entstanden ist, wie z. B. (s. Danielsson, a. a. O.; Schmidt, Plur., S. 151, 207; Johansson, Bezz. B. XVIII, 1 ff., Gött. gel. Anz. 1890, S. 767; Hellquist, Arkiv VII, 157 Note; Pedersen, K. Z. XXXII, 250 ff.):

Got. *fidur-dōgs* 'viertägig', (lat.) *Dagis-theus* Mannsname, aschwed. *dagher* 'Tag, Dämmerung', ags. *dóʒor*, *dæʒr-éd*, ahd. *tagar-āt*, *-ōt* 'Tagesanbruch', aisl. *dagr-áð* 'Gelegenheit', *dǿgr* (vgl. aind. *áhas* 'Tag', s. § 57, 3): *dǿgn* 'Tag und Nacht' (vgl. aind. *áhan-* 'Tag').

Ahd. *nōz* (**nautiz*; pl. *nōzir*): ags. *nýten* 'Vieh'.

Aisl. *fox* 'Betrug', ahd. *fuhs*, ags. *fox*: got. *faúhō*, ahd. *foha*, aisl. *fóa* 'Fuchs'.

Ahd. *luhs*, as., ags. *lox*: aschwed. *lō* (**lohōn-*) 'Luchs'.

Gr. *ὕψι* 'in der Höhe', aisl. *ups*, ags. *efese* 'Traufdach' u. a. (s. S. 149): aind. *upan-*, ags. *ufan*, aisl. *ofan* 'von oben' u. a. (s. § 46, 1).

Aisl. *hams* 'Haut': aschwed. *ham(p)n*, ags. *homa* (**haman-*) 'Hülle'.

Gr. *ἕδος*, lat. *sedēs*, aisl. *setr* : *seta* 'Sitz'.

Aisl. *hiars-e* 'Scheitel', gr. *κέρας* 'Horn', aind. *çiras* 'Kopf': *çṛṅgam*, lat. *corn-u*, got. *haúrn* 'Horn'.

Lat. *lūcubrō* (**leukos-rā-*) 'arbeite bei Licht', aisl. *liós* 'Licht': *loge* (**loʒan-*) 'Flamme'.

Aisl. *bers-e* : *biǫrn*, ahd. *bero* 'Bär'.

Vgl. noch gr. *οὖς* (**ousos*): got. *ausō* 'Ohr'; aisl. *láss* (**lamsaz*): lat. *lam(i)na* 'Riegel' (s. Noreen, Arkiv III, 13); gr. *ὄχος*: aisl. *vagn* 'Wagen'; aind. *práthas* 'Breite': ahd. *flado* 'Platte'; lat. *opus* 'Werk': aisl. *efn-a* 'ausführen' u. a. m.

Da also *n* sowohl mit *r* wie mit *s* wechselt, ist ein Suffixwechsel *r* : *s* (aind. *áhar* neben *áhas* u. dgl.; s. Schmidt, K. Z. XXVI, 408, Plur., S. 149, 151) selbstverständlich, wie z. B. in

Aisl. *liór-e* 'Lichtöffnung', lat. *lucer-na*: aisl. *liós* 'Licht'.

Lat. *vēr*, aisl. *vár*: gr. *ἦαρ* (**uēsṛ*), russ. *vesná* 'Frühling', ? got.-lat. *Visi-gothæ* 'Westgoten'.

Vgl. noch ahd. *zimbar* 'Bau': gr. *δέμας* '(Körper)bau'; got. *air* 'zeitig': gr. *αἰές* 'alle Zeit'; agutn. *hagri*: lat. *avēna*? (s. S. 148 f.), u. dgl.

Anm. 2. Auch ein Suffixwechsel *l* : *r* kommt vor (s. Persson, Wz., S. 61 ff., 65 ff.), bisweilen durch Dissimilation (z. B. bei Reduplikation s. § 60 Anm. 1) hervorgerufen (s. Brugmann, Grundr. I, 227 f.); ja auch in Wurzelsilben scheint hie und da *l* mit *r* zu wechseln (s. Tamm, Etymologisk svensk Ordbok, S. 57, 67; Persson, Wz., S. 30 ff., 41 Note;

Uhlenbeck, Beitr. XVII, 438 ff.), aber die betreffenden Beispiele sind meistens sehr unsicher und werden daher hier nicht berücksichtigt.

B. WECHSEL DER ARTIKULATIONSSTELLE.

§ 54. WECHSEL DER LABIALE UND DENTALE.

1. Anlautendes *f* wechselt in den germ. Sprachen nicht selten mit *þ*, aber die Etyma der betreffenden Wörter sind zu unsicher, als dass man im Stande wäre zu entscheiden, ob jener Laut aus diesem oder umgekehrt, einzelsprachlich oder urgermanisch, entwickelt worden ist, oder ob schon ieur. *p* und *t* neben einander standen (sehr unsichere Beispiele eines derartigen ieur. Wechsels — z. B. got. *speiwan*: aind. *ṣ̌thīv-* 'speien, spucken'; as. *sprā*: ags. *stær* 'Star' — bieten Curtius, Grundzüge der griechischen Etymologie[4], S. 686 f. und Laistner, ZfdA. XXXII, 177 f.). Derartige Fälle aus dem Germanischen sind u. a.:

As. *finistar* 'Finsternis', ahd. *finstar : dinstar* 'finster', wo wenigstens ieur. *t-* sicher steht (s. § 43 Anm. 1, § 47, 1, a).

Ahd. *fīn*, *fīma* (vgl. 2 unten): nndd. *dīme* 'Kornhaufen'.

Nndd. *fehme*: nhd. dial. *dehme* 'Eichelmast'.

Ahd. *fīhala*, ags. *féol*, aschwed. *fǣl*, aisl. (einmal belegt) *fél : þél* 'Feile'. Sind die Wörter unverwandt? Vgl. § 7, 2.

Nschwed. *fil-mjölk*: aisl. *þél* 'geronnene Milch'.

Aschwed. *mis-fyrma*: aisl. *mis-þyrma* 'misshandeln'. Nicht verwandt?

Ags. *fenʒel : þenʒel*, aisl. *þengell* 'Fürst'.

Aisl. *fiós*: später *þiós* 'Walfischfleisch'.

Ahd. *fackala*, ags. *fæcele : þæcele* 'Fackel'. Aus lat. *facula* entlehnt??

Aisl. *fiǫl* 'Brett' (vgl. gr. πέλανος 'Kuchen', ἐπι-πολή 'Oberfläche'?), *flór-file* 'Dielung eines Viehstalls': *þilia* 'Ruderbank', *þile*, ahd. *dili* 'Diele', ags. *þel* 'Brett' (vgl. aind. *talam* 'Fläche', lat. *tel-lus* 'Erdboden'?).

Anm. Unklar ist auch der bekannte Fall, dass einem got. *þl-* konsequent urgerm. und anord. *fl-* entspricht, z. B. got. *þliuhan*: ahd. *fliohan*, aisl. *flýia* 'fliehen'; got. *ga-þlaihan*: ahd. *flēhan* 'liebkosen', ags. *flāh*, aisl. *flár* 'hinterlistig'. Indessen wird — zwar ohne triftigen

Grund — allgemein angenommen, dass jenes *þl-* einzelsprachlich zu diesem *fl-* geworden ist.

2. Suffixales *m* wechselt mit *n* in mehreren Substantiven, ohne dass diese Erscheinung, wie jedoch angenommen worden ist, auf irgendwelchem Lautgesetz beruht (s. § 43 Anm. 2). Daher mögen von den zahlreichen Beispielen hier nur folgende erwähnt werden:

Gr. *πυθμήν*, ahd. *bodam* (s. § 56), ags. *bodem*, *botm* (s. § 51, 2): aind. *budhnás* (in gr. *πύνδαξ*, lat. *fundus* tritt das *n* als Infix statt als Suffix auf, s. § 58, 1), aisl. *botn* 'Boden'.

Aind. *ūrmíš*, ahd. *walm*, ags. *wylm*: lit. *vilnìs*, asl. *vlŭna*, ahd. *wella* (**u̯elnō*, s. § 44, 4) 'Welle'.

Gr. *παλάμη*, lat. *palma*, ahd. *folma*, as., ags. *folm* 'flache Hand', aisl. *falm-a* 'befingern, tasten': gr. *πέλανος* 'Kuchen', lat. *plānus* 'flach' (vgl. § 30), aind. *pāṇíš* (**pōlnis*) 'Hand', ahd. *fol-leisten* '(hülfreiche) Hand leisten', *folla gān* 'folgen, an die Hand gehen'.

Got. *bagms*, ahd. *boum* (s. § 48, C, 5), aisl. *baðmr* (mit unerklärtem *ð*) 'Baum': aschwed. *bagn* 'Baumstamm'.

Ahd. *farm* : *farn*, ags. *fearn* 'Farnkraut', aind. *parṇám* 'Feder, Blatt'.

Aind. *pra-stīmás* 'zusammengedrängt', mhd. *steim*, *stīm*, nschwed. *stim* 'Drangsal, Gewimmel': asl. *stěna* 'Mauer', got. *stains*, ahd. *stein*, aisl. *steinn* 'Stein'.

Ags. *waðum* : *waðen* 'Welle, Woge'.

Aschwed. *bulma*, *bolma*, *bølma*, nhd. dial. *bilme*: adän. *bylne*, ags. *beolone*, *belene*, mndd. *billen-* 'Bilsenkraut'.

Mhd. *harm* : *harn*, ahd. *haran* 'Harn'.

Lit. *mōmà*, asl. *māmа* 'Mutter', ahd. *muoma*: nndd., mengl. *mōne* 'Tante', aisl. *móna* 'Mutter'.

Ahd. *brahsima*, mndd. *bresme*, nschwed. dial. *braksme*: ahd. *bruhsina*, aschwed. *braxn* 'Brasse'.

Ags. *brimme* 'Rand', mhd. *brem*, aisl. *barmr* (s. § 30, S. 90) 'Kante', nhd. *brame* : *brahne* 'Waldrand'?

Ahd. *fīma* (vgl. nndd. *dīme* oben 1) : *fīn* 'Kornhaufen'.

Vgl. noch lat. *s-pūma* (**spoi̯mā*), ahd. *feim*, ags. *fám*: aind. *phénas* 'Schaum'; ahd. *widamo*, ags. *weoðum*, *weotuma*, afr. *wetma* u. a. (s. § 51, 2 und § 56): gr. *ἕδνον*, asl. *věnă* 'Brautgeschenk'; gr. *βρεχμός* 'Vorderkopf': ags. *brægen*, mndd. *bregen* 'Gehirn' (s. § 40, 3); aisl. *skráma* 'Schramme': lat. *crēna* 'Einschnitt' (Persson, Wz., S. 213 Note; vgl. § 57, 1, c).

§ 55. **WECHSEL DER PALATALE UND (LABIALISIERTEN ODER NICHT LABIALISIERTEN) GUTTURALE.**

Ieur. Palatal wechselt oft ohne ersichtlichen Grund mit Guttural in offenbar verwandten Wörtern; s. u. a. Schmidt, K. Z. XXV, 114 ff.; Brugmann, Grundr. I, 344 f.; Bartholomæ, Studien zur indogerm. Sprachgeschichte II, 19; Persson, Wz., S. 12, 20, 27, 176 Note, K. Z. XXXIII, 285 Note; Bechtel, Hauptprobl., S. 373 ff.; Pedersen, Bezz. B. XIX, 302. Für die germ. Sprachen ist jedoch diese Erscheinung von keiner grossen Bedeutung, weil hier ja die Palatalen überall mit den nicht labialisierten, oft auch mit den labialisierten Gutturalen lautgesetzlich zusammengefallen sind (s. § 41). Deshalb führe ich hier nur ein Paar Beispiele an:

Aind. *çíras, çīršán-*, gr. *κάρηνον* 'Kopf', lat. *cerebrum* (**ceres-rom*), ahd. *hirni*, aisl. *hiarne* 'Gehirn', *hiarse* 'Scheitel': *huern* 'die zwei bootförmigen weissen Knochen im Fischgehirn', got. *ƕairnei* 'Hirnschädel'.

Aind. *jánas*, gr. *γένος*, lat. *genus*, got. *kuni*, aisl. *kyn*, ahd. *kunni* 'Geschlecht', ags. *cennan*, aisl. *kenna* 'gebären', asl. *zętĭ*, lit. *żéntas* 'Eidam': aind. *gnā́* 'Göttin', gr. *γυνή*, bœot. *βανά*, asl. *žena*, got. *qinō*, *qēns*, ahd. *quena*, aisl. *kona* (gen. pl. *kuinna*), *kuǽn* 'Weib'.

Anm. **Natürlich kommt auch ein Wechsel der labialisierten und nicht labialisierten Gutturale unter einander vor (s. besonders Bezzenberger, Bezz. B. XVI, 251 ff.), wie z. B. in aisl. *ýkua* 'weichen' gegenüber gr. *εἴκω* 'weiche', lat. pl. *vices* 'Wechsel' (vgl. § 49, 2, c). Jedoch ist der Umfang dieser Erscheinung noch nicht genauer untersucht worden.**

C. SONSTIGE ERSCHEINUNGEN.

§ 56. KÜRZUNG DER GEMINATEN.

Schon ehe die im § 52, 2 erwähnte Entwicklung eines ieur. *tt* (zu gr. στ-, lat., germ. *ss* u. s. w.) ihren Anfang nahm, konnte die Geminata unter gewissen, noch nicht ermittelten Umständen unmittelbar vor einem andern Konsonanten zu *t* verkürzt werden; s. Saussure, Mémoires de la Societé de linguistique VI, 246 ff.; Kluge, P. Grundr. I, 336; Lidén, Beitr. XV, 515. Beispiele sind:

Ahd. *sedal* (urgerm. **séþla-*), as. *sethal*, ags. *seđel* (*seld*) 'Sitz', ahd. *satal, -ul, -il* (urgerm. **sađlá-*), ags. *sadol*, aisl. *sǫđoll* 'Sattel' aus ieur. **sétlo-* < **settlo-* < **sed-tlo-* (vgl. § 49, 1), resp. **sotló-* < **sottlo-* < **sod-tlo-* zu lat. *sedēre* (vgl. *sodālis* 'Genosse'), got. *sitan* 'sitzen' u. a.; vgl. got. *sitls*, ags. *setl*, ahd. *sezzal* 'Sitz, Sessel' aus urgerm. **setla-* < ieur. **sed-lo-*, vgl. asl. *sedlo* (**sed-əlo-*) 'Sattel'.

Ahd. *bīhal* (aus **bīþla-*), aisl. *bílda*, *bíldr* (aus **bīđla-* < *bīþla-*) 'Beil, Pflugschar' aus ieur. **bheịt(t)lo-* < **bheịd-tlo-* zur Wurzel *bheịd* in aisl. *bíta* 'beissen' u. a.

Ahd. *fuotar*, ags. *fódor*, aisl. *fóđr* 'Nahrung, Futter' aus ieur. **pāt(t)ro-* zu gr. πατέομαι 'esse', got. *fōdjan*, aisl. *fǿđa* 'ernähren' u. a.; vgl. ags. *fóstor*, aisl. *fóstr* 'Nahrung' aus **pāttro-* nach § 52, 2, § 46, 4 und § 47, 1, a entwickelt.

Mhd. *luoder* (**lōþra-* < **lāt-tro-*) 'Lockspeise' zu ahd. *ladōn* 'einladen'.

Got. pl. *hairþra*, ags. *hređer* (s. § 30, S. 89) 'Eingeweide' entweder (und dann nicht hierhergehörig) aus **ker-tro-*, *kre-tro-* zu lat. *cur-vus* 'gebogen', *cor-ōna*, gr. κορ-ωνός 'Kranz', aind. *kṛ́-miš* 'Wurm' oder aus **kert-(t)ro-*, **kret-(t)ro-* zu lat. *crātes* 'Geflecht', gr. κάρτ-αλος 'geflochtener Korb' u. a. (s. S. 102); kaum (wegen der ags. Bedeutung 'Gemüt') aus **cerd-tro-*, **cred-tro-* zu got. *hairtō*, lat. *cord-*, gr. καρδία 'Herz', aind. *çrad-dádhāmi* 'beherzige', lat. *crēdo* (**crezdhō*, s. § 52, 1) 'glaube'.

Ags. *fífealde* 'Schmetterling' u. a. aus **fīfađla-* < **pī-pot-tlo-*, s. § 60, B, I, a.

Ahd. *bodam*, ags. *bodem* 'Boden' aus urgerm. **boþma-* < ieur. **bhutmo-* < **bhuttmo-* < **bhudh-tmo-* (vgl. gr. ἐρε-τμό-ς 'Ruder', got. *mai-þm-s* 'Geschenk' u. dgl.) zu gr. πυθ-μήν, aind. *budh-nás* 'Boden' (vgl. § 54, 2).

Ahd. *widamo*, ags. *weodum* 'Brautgeschenk' aus **uedh-tmo-* zu aind. *vadhúš* 'Braut', asl. *vedą*, lit. *vedù* 'heimführe'.

Anm. Unsicher ist, ob — wie Kluge, a. a O., annimmt — dieselbe Kürzung auch unmittelbar nach Konsonanten eintreten kann, wie z. B. der Fall gewesen wäre in aind. *vṛttiš*: as. *wurd*, aisl. *Urðr*, ags. *Wyrd* 'Schicksal, Schicksalsgöttin' zu lat. *vertō* 'wende', got. *wair-þan*, aisl. *verða* 'werden' oder in aind. *kṛttiš* : lat. *s-cortum*, ags. *heorða*, ahd. *herdo* 'Fell'. Denn diese germ. Wörter brauchen nicht den aind. ganz genau zu entsprechen, sondern können ebensogut durch *i*-, *o*-Ableitung (also as. *wurd* aus **uṛt-i-s*) als durch *ti*-, *to*-Ableitung (aind. *vṛttiš* aus **uṛt-ti-s*) gebildet sein.

§ 57. SCHWUND UND ZUSATZ IM ANLAUT.

Es zeigt sich oft innerhalb einer Gruppe verwandter Formen oder Wörter ein Wechsel zwischen Formen mit und ohne anlautendem *s*-, seltener *n*-, *d*-, *k*- (*q*-), vielleicht auch andern Konsonanten (*g*-, *t*-, *m*-, *u̯*-, *i̯*-?); s. über diese bisher ganz unzureichend untersuchte Frage besonders Meringer, Beiträge zur Geschichte der indogerm. Declination (in den Sitzungsberichten der k. Ak. der Wissensch. in Wien, Phil.-Hist. Classe, B. CXXV, II), S. 25 ff. und Ph. Colinet, Essai sur la formation de quelques groupes de racines indo-européennes I (Louvain, 1892); vgl. auch Johansson. K. Z. XXX, 419 Note. In vielen, ja vielleicht den meisten Fällen dürfte dieser unstäte Konsonant ein Rest eines Präfixes sein (etwa *n*- von lat. *in*, *d*- von lat. *ad* — vgl. über die Aphæresis der Vokale § 29, 1 und § 9, 1 —, *s*- teils von lat. *ex*, teils mit dem Nominativsuffixe *-s* identisch u. s. w.?); vgl. aus späteren Sprachperioden z. B. got. *b-nauan* 'zerreiben': aisl. *g-núa*: ahd. *nūan* 'kratzen'; mhd. *b-ange* : *ange* 'bange'; ags. *b-innan*: aisl. *innan* 'innerhalb'; ahd. *f-ana* 'von': *ana* 'an'; *f-lāzun* : *lāzan* 'verlassen'; *fr-ezzan* 'fressen': *ezzan* 'essen'; aisl. *g-líkr* : *líkr* 'gleich'; *g-nógr* : *nógr* 'genügend'; *g-æta*: ags. *eahtian* (aisl. *ǽt-la*) 'achten'; aisl. *g-ǿta*: ags. *éhtan* 'treiben'; aschwed. *ı-ā* (älter *upp-ā*) : *ā* 'an' u. a. m. (vgl. § 9, 2). In anderen

Fällen kann der anlautende Konsonant ursprünglich wurzelhaft gewesen, aber in Zusammensetzungen und durch Satzsandhi verloren gegangen sein, und die unversehrte Form kann sich dann nach der verstümmelten gerichtet haben oder auch umgekehrt, so dass oft Doppelformen entstanden sind; so z. B. könnte etwa lat. *-spiciō*: aind. *páçyāmi* 'spähe' ein ursprüngliches Verhältnis **speçiō*: **utpeçiō* (aus **ud-speçiō*) u. dgl. voraussetzen. Endlich kann in mehreren Fällen eine den Schwund des ursprünglich anlautenden Konsonanten herbeiführende Dissimilation mit im Spiele sein, z. B. bei Reduplikation (s. § 60, B, II und III mit Anm. 6) oder auch sonst (vgl. nschwed. dial. *kor-sten* aus *skor-sten* 'Schornstein' u. dgl.).

Im Folgenden ziehen wir in Betracht nur die verhältnismässig sicheren Fälle; solche sind:

1. Die am häufigsten belegte und unzweifelhaft hierhergehörige Erscheinung ist diejenige eines schwankenden *s-* vor anderen Konsonanten; s. u. a. Schmidt, Zur Geschichte des indogerm. Vocalismus I, 97; Osthoff, M. U. IV, 329; Kluge, K. Z. XXVI, 69, Wörterbuch, passim; v. Fierlinger, K. Z. XXVII, 196; Bartholomæ, ib. 368, Arische Forschungen III, 36; Weise, Bezz. Beitr. VI, 105 f.; Curtius, Grundzüge der griechischen Etymologie[5], S. 692 ff.; G. Meyer, Griechische Grammatik[2], S. 246 ff.; Brugmann, Grundr. I, 447; Falk, Beitr. XIV, 12; Johansson, ib. 289 ff., K. Z. XXX, 428 ff.; Laistner, ZfdA. XXXII, 174 ff.; Lidén, Beitr. XV, 516, 521; Hellquist, Arkiv VII, 4, 7, 30; Kretschmer, K. Z. XXXI, 419; Persson, Wz., passim (besonders S. 213 Note), K. Z. XXXIII, 285, 289 f.; Noreen, Aisl. Gr.[2], § 256 (vgl. oben § 48, B, 1). Von den überaus zahlreichen Beispielen seien hier folgende angeführt und zwar nach demjenigen Laut geordnet, welcher dem *s-* folgt:

a) *sp* : *p* (germ. *f*), z. B.

Mhd. *spreckel*, aisl. *sprekla* 'Fleck': engl. *freckle*, aisl. pl. *freknor* 'Sommersprossen', gr. *περκνός*, aind. *pṛ́çniš* 'gesprenkelt' (vgl. 53, 1).

Gr. *σπεύδω* 'betreibe mit Eifer', ahd. *spioz*, aisl. *spiót* 'Spiess': nnorw. dial. *føysa*, nschwed. *fösa* 'mit Eile forttreiben' (vgl. § 52, 2, S. 192).

Aisl. *spial-d* 'Brett', nschwed. *spjäla* 'Schindel': aschwed. *fiæl*, aisl. *fiǫl* 'Brett'.

Gr. *σπίγγος*, nschwed. dial. *spink*: ags. *finc*, ahd. *finko* 'Fink'.

Aisl. *spik*, ags. *spic*, ahd. *spec(k)*: aind. *pīvā* (vgl. § 47, 2, S. 168) 'Speck', gr. *πίων*, aisl. *fei-tr* mhd. *vei-z* 'feist'.

Vgl. noch lat. *spīrō* (*s-pīsō) 'blase, dufte': aisl. *físa*, mhd. *vīsen* 'fisten', nnorw. dial. *fīsa* 'blasen'; ahd. *speht*: lat. *pīcus* 'Specht'; aschwed. *spar*, ags. *spær*, ahd. *spar* 'gespart': lat. *par-cus* 'sparsam', *parum* 'zu wenig'; aind. *s-phal-* 'wackeln', gr. *σ-φάλλω* 'stürze': aind. *phála-* 'reife, abfallende Frucht', lat. *fallo* 'entgehe', ahd. *fallan*, aisl. *falla* 'fallen'.

Anm. 1. Neben Formen mit dem (nach dem oben vorgetragenen zu erklärenden) Wechsel *sp : f* treten im Germ. hie und da auch Formen mit anlautendem *p-* auf, in welchen man also entweder einen jüngeren, spezifisch germ. Schwund des anlautenden *s-* (nach der schon vollzogenen Lautverschiebung *p* > *f*) annehmen muss oder auch einen ieur. Wechsel zwischen zwei *s*-losen Formen, eine mit *p-* und eine mit *b-*, was jedoch kaum annehmbar ist (s. § 49 Anm. 3); ebensowenig befriedigt ein Erklärungsversuch Laistners (ZfdA. XXXII, 177 ff.). Von hierhergehörigen Beispielen mögen erwähnt werden: engl. dial. *pink* neben ags. *finc* und nschwed. dial. *spink* 'Fink' (vgl. oben); got. *anapraggan* 'bedrängen', ndl. *prang* 'Drangsal', mhd. *pfrengen* 'drängen', nhd. dial. *prangel* neben *frangel* 'Knüttel' und gr. *σπέρχω* 'treibe'?; mndd. *prūsten*, nschwed. *prusta* neben *frusta*, aisl. *frýsa*, *frúsa* 'schnauben', aind. *pruš-nōti* 'spritzt', asl. *pryš-nątī* und mhd. *sprū-tzen* 'spritzen', *sprǣwen* 'explodieren'.

b) *st : t* (germ. *þ*), z. B.

Av. *staora* 'Zugvieh', got. *stiur*, ahd. *stior*, ags. *stéor*: gr. *ταῦρος*, lat. *taurus*, aisl. *þiórr* 'Stier'.

Gr. *στίγμα* 'Stich', *στίζειν*, lat. *in-stīgāre*, (wozu nach S. 213 f.) as. *stekan*, ahd. *stehhan* 'stechen': aind. *tigmás* 'stechend', nschwed. dial. (Dalarna) *tyckla* (**þikuilōn-*) 'Backscheit'.

Aind. *stan-* 'brausen', gr. *στένω* 'brause, stöhne', asl. *stenją* 'stöhne', aisl. *stynia*, ags. *stunian* 'stöhnen': aind. *tan-* 'brausen', gr. *τόνος* 'Ton', lat. *tonāre*, ags. *þunian* 'donnern', *þunor*, ahd. *donar*, lat. *ton-itrus* 'Donner', aisl. *þórr* 'der Donnergott'.

Gr. *στέρφος* 'Fell', (Hesych.) *στέρφνιος* 'starr', aschwed. *starve*, aisl. *stiarfe* 'Starrkrampf', *stirfenn* 'starrsinnig', *starf*

'Mühe', ahd. *sterban* 'im Todeskampfe liegen, sterben' u. a. (s. § 29, 1, S. 85 f. und § 30, S. 89): gr. *τέρφος* 'Fell', mhd. *ver-derben* 'sterben, verderben' u. a. (s. § 38 Anm. 2), aisl. *þiarfr*, ags. *þeorf*, ahd. *derb* 'derb, ungesäuert'.

Got. *stautan*, as. *stōtan*, ahd. *stōzan*: lat. *tundere* 'stossen', *tudēs*, gr. *Τυδεύς* 'Hammer' (gr. Name), aind. *tudámi* 'schlage', got. *þut-haúrnjan* 'ins Horn stossen', aisl. *þióta* 'heulen, tuten'.

Nndd., nfr. *strote*, mhd. *strozze*: ahd. *drozza*, ags. *þrotu* 'Kehle'.

Mhd. *strotzen*, mengl. *strūtin* 'strotzen, schwellen': aisl. *þrútenn* 'geschwollen'.

Aisl. *stritask*, *streitask* 'sich sträuben': aschwed. *þriter* 'Widerspenstigkeit', *þrizker*, *þrēsker*, nnorw. dial. *treisk* 'widerspenstig' und mit Wurzelvariation (s. § 22, S. 68), aschwed. *þrȳter*, aisl. *þriótr* 'Widerspenstigkeit', aschwed. *þrȳzker*, aisl. *þriózkr* 'widerspenstig', got. *us-þriutan*, mndd. *drēten*, ags. *á-þréotan* 'ärgern, verdriessen', *þréatian* 'drohen, lat. *trūdo* 'dränge, stosse'.

Vgl. noch aisl. *stork-na* 'gerinnen', ahd. *stork-anēn* 'starr werden': lat. *tergus* 'harte Haut'?; lit. *strãzdas*: lat. *turdus*, aisl. *þrǫstr*, ags. *þrostle*, mhd. *drostel* 'Drossel'; gr. *στέγη*, lit. *stógas*: gr. *τέγος*, lat. *tegulum*, aisl. *þak*, ahd. *dah* 'Dach'; aisl. *storkr*, ags. *storc*, ahd. *storah* 'Storch': gr. *τόργος* 'Geier'.

c) *sc*, *sk*, *sq* : *c*, *k*, *q* (germ. *h*, *hv*), z. B.

Gr. *σκῦτος* 'Haut', lat. *scūtum* 'Schild', aisl. pl. *skauðer* 'Scheide', mhd. *schōte* 'Schote', got. *skauda-raip* 'Lederriemen': gr. *κύτος*, lat. *cutis*, aisl. *húð*, ahd. *hūt* 'Haut'. Vgl. gr. *σκῦ-λον* 'Haut', lat. *ob-scū-rus* 'versteckt', ahd. *scū-r* 'Schutz', aisl. *skau-nn* 'Schild', *skió-l* 'Obdach': gr. *κεύ-θειν*, ags. *hý-dan* 'verbergen', ahd. *hu-tta* 'Hütte' u. a. (s. § 52, 1).

Aisl. *skúme* : *húm* 'Dunkel', aschwed. *hūme* 'dunkle Vorstellung'.

Aisl. *skíðe*, pl. *skeiðer* 'Scheide': *híð* 'Versteck, Scheide'.

Aisl. *skógr* 'Wald', *skage* 'bewaldetes Vorgebirge': *hage* 'Koppel', ags. *haȝa* 'Garten', ahd. *hagan* 'Hecke', *Isarn-hō* (vgl. aisl. *Iarn-viðr* 'Eisenwald'), aschwed. *Hō* Ortsname?

Mengl. *schokke* 'Getreidehaufen', mhd. *schocke*, *schoche*: lit. *kúgis* 'Heuhaufen', nhd. *hocke*.

Gr. *μέλαθρον* (*σ[κ]μέλ-) 'Dach', got. *sik skaman* 'sich schämen', d. h. 'sich bedecken', ahd., as. *skama*, ags. *sceomu* 'Scham': gr. *κμέλαθρον* 'Dach', got. *ga-hamōn* 'sich bekleiden', ahd. *hemidi* 'Hemd', aisl. *hamr*, ags. *homa* 'Hülle', aschwed. *himil*, aisl. *himenn* 'Himmel'.

Gr. *σκάζω* (**skṇgiō*) 'hinke', *σκαμβός* 'schief', aisl. *skakkr* 'hinkend, schief': ahd. *hinkan* (vgl. aind. *khanj-?*) 'hinken'.

Nschwed. *skumpa*: nhd. *humpen*.

Lat. *scurra* 'Narr', ahd. *skern* 'scurrilitas': lat. *currere*, mhd. *hurren* 'sich schnell bewegen'.

Nschwed. dial. (Dalarna) *skwella* 'wiederhallen', ahd. *skellan* 'schallen', aisl. *skǫll* 'Gelächter' u. a. (s. S. 146), *skiallr* : *huellr* 'laut tönend', ahd. *hellan* 'ertönen', mhd. *hall* 'Schall, Hall'.

Ahd., ags. *sceran*, aisl. *skera* 'scheeren, schneiden', *skǫr* 'Haar', mhd. *schuor* 'Schur', lat. *scor-tum* 'Fell': gr. *κείρω* 'scheere', got. *hairus*, aisl. *hiǫrr* 'Schwert', *hár*, ahd. *hār* 'Haar', *her-do*, ags. *heor-đa* 'Fell'.

Gr. *σκῶρ*, aisl. *skarn* 'Kot': ahd. *haran*, mhd. *harm*, *harn* 'Urin'.

Ahd. *skerta* : *harti*, aisl. pl. *herđar* 'Schulterblatt'.

Aisl. *ský* 'Wölkchen': *hý* 'Flaum'.

Aisl. *skark* : *hark* 'Tumult'.

Aisl. *skial* : *hial* 'Geschwätz'.

Aisl. *skare* 'gefrorne Kruste des Schnees': *hiarn*, lit. *szarnà* 'Reif'.

Aisl. *slakke* (**s*[*k*]*l*-, s. 48, B, 1) 'Bergabhang': *hlykkr* 'Krümmung', ags. *hlinc* 'Hügel'.

Aschwed. *slind* (s. § 48, B, 1 und § 58, 1): aisl. *hliđ* 'Seite'.

Aisl. *snykr* : *hnykr* (s. § 48, B, 1) 'Stank, Schmutz'.

Aisl. *snøypa* 'kastrieren': ags. *á-hnéapan* 'abpflücken' u. a. (s. § 48, B, 1).

Mengl. *snēsen*: aisl. *hniósa* 'niesen'.

Nschwed. dial. *sniosk*: aisl. *hnióskr* 'Zunder'.

Gr. *σκορπίος* 'stachlig', lat. *scrūpus* 'spitzer Stein', aisl.

pl. *skurfor*, as. *scurf*, ahd. *scorf*: aisl. *hrufa*, *hrýfe* 'Schorf', *hriúfr*, ahd. *(h)riob* 'schorfig', ags. *hréof* 'rauh', lit. *kárpa* 'Warze', lett. *kraupa* 'Grind, Warze'.

Nschwed. dial. (Dalarna) *skrȳta*: aisl. *hrióta* 'schnarchen'.

Aisl. *skraume* : *hraume* 'Schlingel'.

Aisl. *skrǽkr* 'Geschrei': gr. *κρώζω* 'krächze', ahd. *hruoh*, ags. *hróc*, aisl. *hrókr*, nschwed. *råka* (**hrāka*) 'Art Krähe'.

Aisl. *skríkia* 'Schreier, Eichelkrähe': *hríka*, gr. *κρίζειν* 'knirschen'.

Ahd. *scrīan*: aisl. *hrí-na* 'schreien', *hrei-mr* 'Geschrei'.

Lat. *scrī-bo* 'ritze, schreibe', got. *dis-skrei-tan* 'zerreissen': gr. *κρί-νω* 'scheide', lat. *crī-men* 'Entscheidung', *crī-brum*, ahd. *rī-tara*, ags. *hrī-dder* 'Sieb', got. *hrai-ns* 'rein', d. h. 'gesiebt', aisl. *hrí-fa* 'kratzen, Harke'.

Lit. *skreběti* 'rascheln', asl. *skrobotŭ* 'Geräusch', aisl. *skrapa* 'schrapen': got. *hrōps*, ahd. *ruof* 'Geschrei', aisl. *hróp* 'scurrilitas'.

Aisl. *skrafa* 'schwatzen': *hrafn*, ahd. *(h)raban* 'Rabe', lat. *crepō* 'klappere'.

Vgl. noch gr. *θυο-σκόος* 'Opferschauer', ahd. *scouwōn*, aisl. *sko-đa* 'schauen': aind. *kavíš* 'Seher'; aisl. *skarđr*, ahd. *scart* 'verstümmelt': lat. *curtus* 'kurz'; as. *scuddian*, ahd. *scutten*: lat. *quatere* 'schütteln, schütten'; afr. *s(k)lūta*, ahd. *sliozan* (s. § 48, B, 1): lat. *claudere* 'schliessen'; lat. *scrōtum*: aisl. pl. *hređiar*, *hređr* 'Hodensack'.

Anm. 2. Den oben Anm. 1 erwähnten germ. Wechsel *sp-* : *f-* : *p-* entsprechend kommt auch eine, in derselben Weise zu erklärenden Auslautsvariation germ. *sk-* : *h-* : *k* vor, z. B. in mhd. *schrimpfen* 'runzeln, einschrumpfen', aisl. *skreppa* 'entschlüpfen': ags. *ʒe-hrumpen* 'runzelig', *hrympele* 'Runzel', ahd. *rimpfan* 'runzeln': *krimpfan*, ags. *crimpan* 'schrumpfen', aisl. *kroppenn* 'eingeschrumpft' oder ags. *scrincan* 'schrumpfen', aisl. *skrukka* 'Runzel', pl. *skrykker* 'Wellenbewegungen', aschwed. *skrunkin*: aisl. *hrokkenn*, ndän. *runken* 'eingeschrumpft, runzelig', mhd. *runke* 'Runzel': ags. *crincan* 'fallen, niedersinken', ahd. *krankolōn* 'straucheln'. Vgl. noch ahd. *scurz*, ags. *sceort* 'kurz', aisl. *skorta* 'ermangeln', *skyrta* 'Hemd': *kyrtell* (kaum zu lat. *curtus*), aschwed *kiurtil*, ags. *cyrtel* 'Jacke'; nschwed. dial. *skvittra*: nschwed. *kvittra* 'zwitschern'; nschwed. dial. *skrasslig*: nschwed. *krasslig* 'kränklich'; nschwed. *skranglig* 'unfest in seinen Gliedern': aisl. *krangr* 'schwächlich'; nschwed. *skutt*: dial. *kutt* 'Sprung' u. a. m.

d) *sl* : *l*, z. B.

Ags. *slincan* 'kriechen, scheiden', mhd. *slanc* 'schlank', *slinc* : *linc* 'link', ahd. *lenka* 'linke Hand'.

Nhd. *schlimm* : *lümmel*.

Ahd. *slingan* 'winden', mhd. auch 'schleichen', nhd. *schlinge*: nschwed. *lynga* 'Kurve, Schlinge, Ängelchen' (und *lingon* 'Preisselbeere', aisl. *lyng* 'Heidekraut', also 'schleichendes Kraut'?).

Mhd. *slecken* 'naschen', *slec(k)* 'Leckermaul', aisl. *sleikia*: ahd. *leckōn*, ags. *liccian*, gr. *λιχνεύειν*, lat. *lingere* 'lecken'.

Nschwed. *slump* 'Zufall': ags. *ȝe-limpan* 'sich zutragen', *ȝe-limp* 'falscher Griff', ahd. *gi-limpfan* 'angemessen sein', *gi-limpf* 'Glimpf'.

Vgl. noch nschwed. *slinnon* 'Heidelbeere': lat. *lentus* 'klebrig'; aisl. *slapa*: aind. *la-m-b-* 'los hangen'.

e) *sm* : *m*, z. B.

Ahd. *smelzan* 'schmelzen', *smalz*, nschwed. *smult* 'Schmalz', *smultron* 'Erdbeere', nschwed. dial. *smulter*: gr. *βλαδαρός* (**mḷdəros*) 'locker, schwammig', *μέλδειν*, ags. *meltan* 'schmelzen', aisl. *maltr* 'verfault', *malt*, ahd. *malz* 'Malz', *malz* 'weich', nschwed. dial. pl. *multer* 'reife Moltebeere', lat. *mollis*, aind. *mṛdúš* 'weich'.

Ahd. *smāhi*, aisl. *smár* 'klein, unbedeutend': gr. *μακεδνός* 'schlank', lat. *macer*, ahd. *magar*, aisl. *magr* 'mager'.

Got. *smairþr*, ahd. *smero* 'Fett', aisl. *smiǫr* 'Butter', got. *smarna*: lat. *merda* 'Kot', ahd. *marawi*, *muruwi* 'mürbe'.

Lett. *smelis* 'Wassersand', *smal-ks*, lit. *smul-kùs* 'fein', nschwed. *smol-k* 'Splitterchen', aschwed. *smola*: aisl. *mole* 'Bisschen', *melr* (**melhaz*) 'hohe Sandufer', got. *malma* 'Sand', *malan*, lat. *molere* 'mahlen'.

Gr. *σμί-λη* 'Bildhauerwerkzeug', got. *aiza-smi-þa* 'Schmied', ahd. *smei-dar*, *smi-d*, aisl. *smi-đr* 'Künstler': ahd. *mei-zil* 'Meissel', *mei-zan*, got. *mai-tan* 'hauen'.

Lit. *smùkti* 'gleiten', asl. *smykātī sę*, ags. *smúȝan*. aisl. *smiúga* 'kriechen', mhd. *smiegen* 'schmiegen': *miuchel-* 'heimlich', *ver-mūchen* 'verbergen', *mocken* 'versteckt liegen', ahd. *mūhhilāri* 'Meuchler', *mūhhōn* 'heimlich lauernd anfallen', mengl. *micher* 'Dieb'.

Vgl. noch gr. *σμαρίς* ein Fisch: aisl. *murta*, nschwed. *mört* 'Rotauge, Cyprinus rutilus' (Hellquist, Etymologische Bemerkungen, S. XI); got. *smals*, ahd., as. *smal* 'schlank, klein', aisl. *smale*, ahd. *smala-nōz* 'Kleinvieh': gr. *μῆλον* 'Schaf', asl. *mălŭ* 'klein'.

f) *sn* : *n*, z. B.

Aind. *snávan-* 'Sehne', gr. *ἔ-ννη* (*-*σνη*) 'spann', air. *snáthe* 'Faden', aisl. *snúa* 'drehen', *snara* 'Strick', aschwed. *snōþ*, ahd. *snuor* 'Schnur': lat. *nervus* 'Sehne', *nēre*, gr. *νέειν* 'spinnen', *νεῦρον* 'Sehne', ahd. *nāen* 'nähen', got. *nēþla*, aisl. *nǫ́l* 'Nadel'.

Lit. *snāpas*, ahd. *snabul* 'Schnabel', afr. *snavel* 'Maul', mhd. *snaben* 'schnauben, schnappen', *snappen* 'schwatzen, schnappen', ahd. *snepfo* 'Schnepfe' (von dem grossen Schnabel benannt), nhd. *schneppe* 'Schnauze', aisl. *snafðr* 'mit feiner Nase', ndl. *sneb*: ags. *neb(b)*, aisl. *nef* 'Schnabel', aisl. auch 'Nase'.

Nschwed. dial. *snōs*: nschwed. *nōs* 'Schnauze', lat. *nāsus*, pl. *nāres* 'Nase'; ebenso aisl. *snǫs*: ags. *næs(s)* 'Felsenvorsprung', aisl. *nes* 'Landzunge', *nǫs*, ahd. *nasa* 'Nase'. Hierher nschwed. *snōr* 'Nasenschleim'?

Aisl. *snarr*, ags. *snear* 'hurtig', mhd. *snarren* 'schnarren', *snurren* 'schnurren', ahd. *snurring* : *narro* 'Narr', aind. *narmá-* 'Scherz', *nr̥túš* 'Tänzer'.

g) *su̯* : *u̯* ist verhältnismässig selten, z. B.

Ahd. *sweibōn*, *swebēn*, aisl. *sueifa* 'schweben': aind. *vēpatē* 'zittert', ahd. *weibōn* 'schwanken'.

Ahd. *sweifan* 'schweifen', aisl. *sueipa* 'fegen, wickeln', *súipa* 'Peitsche', ags. *swápan* 'schwingen', *swift* 'schnell': lat. *vibrāre*, mhd. *wīfen* 'schwingen', ahd. *wipf* 'Schwung', *wiffil* 'Wipfel' u. a. (s. § 37, 1).

2. Schwankendes *n-* zeigt sich in einigen Fällen, s. Noreen, Arkiv III, 15 Note; Falk (Johansson), ib. V, 118 f. Z. B.

Gr. *νέμω* 'besitze, erwähle u. a.', got. *nima*, aisl. *nem*, ahd. *nimu*: asl. *ĭmą*, air. *em*, lat. *emō* 'nehme'.

Ahd. *narwa*: aisl. *ørr* (**aru̯iz*, als finnisches Lehnwort aus dem Urnord. *arpi*), *ǫrr* (**aruz*), aind. *áruš* 'Narbe'.

Gr. *ἐναντίος* 'entgegengesetzt, Gegner', aschwed. *Nænnir* Mannsname, mhd. *ge-nende* 'dreist, entschlossen', *ge-nenden*, got. *ana-nanþjan* 'sich wofür entschliessen', *ga-nanþjan* 'abschliessen', aisl. *nenna* 'sich entschliessen, sich anschliessen, Ende machen': gr. *ἀντί*, got., aisl. *and-* 'gegen', lat. *ante* 'vorn', pl. *antiæ* 'auf die Stirn herabhängende Haare', aisl. *enne* 'Stirn', *ender*, got. *andeis*, aind. *ántas* 'Ende'.

Gr. pl. *ἔνεροι*, (*ἐ*)*νέρτεροι* 'die Unterirdischen', umbrisch *nertro-* 'link', aisl. *Niọrđr* (bei Tacitus *Nerthus* 'terra mater'), *norđr* 'nordwärts', eig. 'nach der Erde hin' (vgl. *suđr* 'südwärts' aus **sun-þr-* zu got. *sun-nō* 'Sonne' u. a., also 'nach der Sonne hin'): gr. *ἔραζε* 'auf die Erde', *ἄρουρα*, ahd. *ero*, *erda*, got. *aírþa*, aisl. *iọrđ* 'Erde', *Iọro-veller* 'Gefilde der Erde' (?), *iọrue* 'Sand'.

3. Unstätes *d-* ist selten, z. B.

Ieur. **decm̥-t-*, aind. *daçát*, *dáça*, lat. *decem*, got. *taíhun* u. a. (s. § 35, 3) 'zehn': ieur. **cm̥-t-*, aind. *çatám*, lat. *centum*, got. *hund* u. a. (s. ib.) 'Hundert'.

Vgl. gr. *δάκρυ*, alat. *dacru-ma*, got. *tagr*, ahd. *zahar*, ags. *téar* (**tahur*), aisl. *tár*: aind. *açram* 'Zähre'? (vgl. S. 221); aisl. *dǿgr*, *dǿgn* 'Tag und Nacht', got. *fidur-dōgs* 'viertägig', *dags*, ahd. *tag*, aisl. *dagr* u. a. (s. § 53 Anm. 1): aind. *áhas-*, *áhar-*, *áhan-* 'Tag' (zur Erklärung s. Bugge, Bezz. B. XIV, 72; vgl. K. Z. XXXII, 250); gr. *δνόφος* : *νέφος* 'Dunkel, Nebel'; alat. *dingua*, got. *tuggō* (**dn̥ȝhū-*): apreuss. *insuwis*, asl. *językŭ* (**n̥ȝhū*) 'Zunge.

4. Auch ein schwankendes *k-* (und *kh-*?) scheint einige mal belegt zu sein, z. B.

Gr. *ἀκούειν* (**ἀκ-ουσj-*), *κοῷν*, got. *hausjan*, aisl. *høyra*, ahd. *hōren*: lat. *audīre* (**aus-dīre*), *aus-cultāre* 'hören', *auris* (**ausis*), gr. *οὖς* (**οὖσος*), got. *ausō*, aisl. *øyra*, ahd. *ōra* 'Ohr'.

Nhd. *heikel*, nfr. *hekel* 'wählerisch im Essen': ags. *ácol* 'lästig', nhd. *ekel*?

Lat. *haurīre* (**khaus-?*), nschwed. dial. *hōsa*: aisl. *ausa*, mndd. *ōsen* 'schöpfen'?

Vgl. gr. *ξυρός*: aisl. *súrr*, ags., ahd. *sūr* 'sauer' (anders Osthoff, M. U. V, 77); gr. *κνέφας* : *νέφος* 'Dunkel'; aind.

cákšuš : *ákši-* 'Auge'; asl. *kostĭ* (und lat. *costa* 'Rippe'?): aind. *ásthi-* 'Knochen'.

§ 58. SCHWUND UND ZUSATZ IM INLAUT.

1. Der am häufigsten vertretene Fall besteht darin, dass ein Nasal unmittelbar vor dem Endkonsonanten einer Wurzel bald da ist (so besonders in sog. Präsensstämmen), bald fehlt. Betreffs seiner Artikulationsstelle richtet sich dieser Nasal nach dem folgenden Konsonanten, so dass *m* vor Labialen, *n* vor Dentalen u. s. w. steht. Die wahre Natur der Erscheinung und ihr näherer Verlauf sind noch nicht genügend erläutert worden, und die betreffenden Ansichten der Gelehrten gehen noch weit auseinander; s. u. a. Schmidt, Zur Geschichte des indogerm. Vocalismus I, 29 ff.; Windisch, K. Z. XXI, 406 ff.; Brugmann, M. U. III, 148 ff., Grundr. I, 190 f., II, 970 ff., 993 ff. und besonders 1000 ff.; Osthoff, M. U. IV, 325 ff., Beitr. VIII, 268 ff., IFAnz. I, 83; Johansson, Akademiske afhandlinger til prof. S. Bugge, S. 21 ff.; Froedhe, Bezz. B. XVI, 198 ff.; Persson, Wz., S. 99 Note, 152 f. und sonst passim; Pedersen, IF. II, 285 ff. und die daselbst zitierte Literatur. So viel dürfte indessen schon klar gelegt worden sein, dass die Erscheinung nur zum geringsten Teil rein lautgesetzlicher Natur ist und daher wesentlich der Wortbildungslehre gehört. Aus der grossen Menge von Beispielen werden daher hier nur wenige mitgeteilt, wie:

Aind. *chinddmi* 'schneide ab', gr. *σχινδαλμός* 'Splitter', lat. *scindere* 'schlitzen', ahd. *skintan* 'schinden', aisl. *skinn*, urnord. *ski[n]þa-* 'Haut, Fell': gr. *σχίζω* 'spalte', aisl. *skíta*, ahd. *skīzan* 'absondern'.

Lat. *stinguere* 'stacheln', got. *stiggan*, aisl. *støkkua* 'stossen': (mit Wurzelvariation, s. unten 2, S. 113 f., aind. *tigmás* § 57, 1, b 'stechend', gr. *στίζειν*, lat. *in-stīgāre*) as. *stekan*, ahd. *stehhan* 'stechen'.

Got. *standan*, aisl. *standa*, ags. *stondan* 'stehen': prät. got. *stōþ*, aisl. *stóð*.

Gr. *στέμβω* 'trete mit Füssen', aisl. *stappa*, ahd. *stampfōn* 'stampfen': *stapfo* 'Fussstapfe', *stuofa* 'Stufe', ags. *stapan* 'schreiten'.

Ahd., got. *fāhan* (**fanhan*) 'fangen', ags. *fonȝ*, ahd. *fang* 'Fang', lat. *pangō* (s. § 49, 2, c): gr. *πήγνυμι* 'mache fest' *πάγη*, ahd. *fah* 'Reuse', *fuogen* 'fügen'.

Ndl. *dompelen* 'untertauchen', ahd. *tumpfilo* 'Strudel': aisl. *diúpr*, got. *diups* 'tief', *daupjan* 'taufen'.

Ahd. *tumb*, got. *dumbs*, aisl. *dumbr* 'taub, stumm, dumm': got. *daubs*, ags. *déaf*, aisl. *daufr*, ahd. *toub* 'taub, stumpf, toll, rasend', *tobōn* 'rasen', gr. *τυφλός* (**θυφ-*) 'blind'.

Ags. *climban*, ahd. *klimban*: aisl. *klífa* 'klettern, klimmen, sich anklammern', ahd. *klīban* 'ankleben'.

Ahd. *scrintan* 'bersten', *scrunta* 'Riss': lat. *scortum* 'Fell', aisl. *skarđr*, ahd. *scart* 'verstümmelt'.

Ags. *wrinȝan* 'drehen', ahd. *ringan* 'sich hin- und her bewegen', got. *wruggō* 'Schlinge': aisl. *virgell* 'Strick', ahd. *wurgen* 'würgen.

Got. *fra-slindan*, ahd. *slintan* 'verschlingen', *slunt*, 'Schlund': mit Wurzelvariation (s. S. 213) ags. *slídan* 'gleiten', lit. *slidùs* 'glatt'.

Aisl. *banga* 'schlagen': *báge* 'Gegner', ahd. *bāgu*, air. *bágim* 'streite'.

Got. *bi-windan*, aisl. *vinda*, ahd. *wintan* 'winden': *wetan*, aisl. *of-viđa*, got. *ga-widan* 'binden, fesseln'.

Anm. 1. Ob, wie Schmidt, K. Z. XXVI, 337 ff., und Meringer, ZfdöG. XXXIX, 137, wollen (vgl. Brugmann, Grundr. I, 190), ein Nasal in der wortschliessenden Lautfolge langer Vokal + Nasal + *s* schwindet (ausser wenn das folgende Wort mit Vokal anlautet), bleibt unsicher; noch unsicherer, ob auslautendes *n* auch in einigen anderen Stellungen schwand (s. Meringer, a. a. O.; dagegen Brugmann, Grundr. II, 528).

2. In derselben Weise zeigt sich in sehr vielen Wurzeln entweder vor dem Endkonsonanten der Wurzel oder auch im Wurzelauslaute ein schwankendes *i̯*. Wegen der Erklärung dieser 'Wurzelvariation' gehen zur Zeit die Ansichten der Gelehrten wenn möglich noch mehr als im vorigen Fall aus einander, indem einige ebenso bestimmt

behaupten, dass das *i* ursprünglich der Wurzel gehört und in gewissen Formen durch Kontraktion mit dem unmittelbar vorhergehenden (langen) Wurzelvokal geschwunden ist, wie andere davon fest überzeugt sind, dass das *i* ein sekundär zugetretenes wortbildendes Element ist. Aus der fast unübersehbaren Literatur mögen hier hervorgehoben werden die Sammlungen und Ausführungen von Schmidt, Zur Geschichte des indogerm. Vocalismus I, 49 ff. und passim; Danielsson, Grammatiska anmärkningar I, 46 ff., Zur altitalischen Wortforschung und Formenlehre, S. 22 Note, 49 f.; Schulze, K. Z. XXVII, 420 ff.; Noreen, Språkvetenskapliga sällskapets förhandlingar 1882-85, S. 86, 120, Uppsalastudier, S. 197, Aisl. Gr.[2], § 149, 2; Brate, Bezz. B. XI, 186 f.; Fick, Wörterbuch[3], IV, 1 ff., 27 f., 76 f.; Bezzenberger, Gött. gel. Anzeigen 1878, S. 264, 1879, S. 227; Saussure, Mém., S. 54; Brugmann, M. U. I, 42; Johansson, De derivatis verbis contractis, S. 109 ff. Note (und die daselbst zitierte Literatur), Beitr. XIV, 307 Note, 315 f. und Note (sowie die daselbst zitierte Literatur), 351; Meringer, ZfdöG. XXXIX, 132 ff., Bezz. B. XVI, 221 ff.; Wiedemann, Das litauische Präteritum, S. 25, 42; Persson, Wz., S. 117 ff., 120 ff., 160 ff., 184 ff., 289 und passim; Kretschmer, K. Z. XXXI, 385 f.; Bechtel, Hauptprobl., S. 273 ff.; Streitberg, Zur germ. Sprachgeschichte, S. 38 ff.; vgl. auch § 10, 3 oben. Beispiele sind u. a.:

Aisl. *gína* 'gaffen': nschwed. dial. *gan* 'Kieme', gr. *χαίνω* (**χανјω*) 'gähne, gaffe'.

Aisl. *geipa* 'schwatzen', *geispa* (**geipsa*) 'gähnen', nschwed. *mun-gīpa* 'Mundwinkel': mhd. *gaffen*, aisl. *gapa* 'gaffen', *gap* 'Chaos, Schlund'.

Aisl. *gíma* 'grosse Öffnung', *gimer* 'Himmelsraum', *geime*, *geimr* 'Schlund, Chaos, Meer', ags. *ȝeofon*, as. *geban* (**ȝem*[*a*]*n*- < **ȝimon*-, s. § 40, 2 und § 6, 4): aisl. *gómr*, ahd. *guomo* 'Gaumen', gr. *χήμη* 'Gähnen'.

Aisl. *gnípa* 'steiler Abhang': *gnapa* 'vorüberliegen'.

Ahd. *sweifan* 'schweifen, ags. *swápan* 'schwingen', aisl. *sueipa* : *sópa* (**su̯ōp*-), engl. *swoop* 'fegen'.

Lat. *stīpes* 'Stamm, Pfahl', mhd. *stîf*, aisl. *stífr* 'steif':

stafr, got. *stabs* 'Stab', ahd. *stabēn* 'starr sein', aind. *sthāpáyāmi* 'mache stehen'.

Ags. *ȝránian*, ahd. *grīnan*, aisl. *grína* : *grenia*, ags. *ȝrennian*, ahd. *grennen*, *granōn* 'greinen, grinsen, stöhnen, murren'.

Ags. *tó-slípan* 'zergehen', ahd. *slīfan* 'gleiten', aisl. *sleipr* 'schlüpfrig', *Sleipner* mythisches Pferd ('Gleiter'): *slápr* 'schlaffer Mensch', ahd. *slaf* 'schlaff', *slāfan*, got. *slēpan* 'schlafen', lat. *lābi* 'hingleiten', *labāre* 'wanken'.

Aisl. *síkr* 'Sichel', *sík* 'Graben': ahd. *seh(h)* 'Pflugschar', *suohha* 'Furche'; vgl. lat. *sīca* 'Dolch': *secō* 'schneide'.

Ags. *slídan*, mhd. *slīten* gleiten' (asl. *slědŭ* 'Spur'): aisl. *slóđ* 'Spurweg', *slóđe* 'Schleppe', nschwed. *slödder* 'Anhang, Lumpengesindel'.

Ags. *rá-rian* 'heulen', ahd. *rē-rēn* 'blöken': aisl. *rá-mr* 'heiser', *ró-mr* 'Geschrei'.

Aisl. *blís-tra* 'zischen, Mundstück des Blasebalgs': *blása*, ahd. *blāsan*, got. *blēsan* 'blasen'.

Ahd. *heisi* 'heiser', ags. *hwís-crian*, aisl. *huís-la* 'flüstern' u. a. (s. § 41, 1): *háss* 'heiser', *huǽsa* 'zischen' u. a. (s. § 12, S. 45).

Aisl. *greife*, mndd. *grēve*: ahd. *grāf(i)o* 'Graf'.

Ahd. *reihhan*, ags. *rǽcan* 'reichen': got. *uf-rakjan*, ahd. *recken* 'recken', lat. *regō* 'richte'.

Asl. *dělŭ*, got. *daila*, *dails*, ags. *dál*, aisl. *deil-đ*: russ. *dola*, lett. *dala* 'Teil', lit. *dalýti* 'teilen', urnord. *đaliđun* 'sie teilten'.

Lit. *dailùs* 'zierlich', ahd. *zīla* 'Ordnung, Reihe': got. *un-tals* 'unfügsam', ahd. *zala*, aisl. *tal* 'Zahl'.

Aisl. *suíđa* 'sengen': ahd. *swedan* 'verbrennen', mhd. *swadem*, ags. *swađul* 'Dampf'.

Gr. πείθω 'überrede', aisl. *beiđa* : *biđia*, got. *bid(j)an*, ahd. *bitten* 'bitten' (wohl durch 'Entgleisung' einer ursprünglichen Wurzel *bheịdh*).

Mhd. *ge-weide* 'Fang', aisl. *veiđa* 'fangen', *of-viđa* 'fesseln': got. *ga-widan*, ahd. *gi-wetan* 'binden', aisl. *vađr* 'Angelschnur', *vǫđ* 'Stück Zeug, Kleidung'.

Aisl. *steikia* 'braten', d. h. 'mit dem Bratspiess durchstechen', *stika* 'Stecken', gr. *στίζειν*, lat. *in-stīgāre*: ahd. *stehhan*, as. *stekan*, aisl. *staka* 'stechen'.

As. *glīdan*, ahd. *glītan* 'gleiten', aisl. *gleða* (§ 6, 4, S. 21): aschwed. *glaþa* (Hellquist, Etymologische Bemerkungen, S. III) 'Weih', ahd. *glat*, asl. *gladŭ-kŭ*, lat. *glaber* (**ghladhro-*) 'glatt'.

Lit. *greibti* 'raffen', got. *greipan*, ahd. *grīfan*, aisl. *grípa* 'greifen', *greip* 'Klaue': *grápa* 'zu sich raffen', *grópa-samlega* 'brutaler Weise', nhd. *grapsen*, asl. *grābītī*, lit. *grōbti* 'raffen', *grēbti* 'greifen'.

Got. *mail*, ags. *mál*, ahd. *meil* : *ana-māli*, lit. *mēl-ynė*, gr. *μώλ-ωψ* 'Mal, Fleck, Runzel, Narbe', *μέλας* 'dunkel'.

Got. *maitan*, ahd. *meizan* 'hauen', *stein-meizzo* : *-mezzo* 'Steinmetz', got. *mats*, aisl. *matr* 'Portion, Speise' (vgl. aisl. *ma-þkr* 'Wurm', got. *ma-þa* 'Made', d. h. 'Nager').

Ahd. *gleimo*, *glīmo* 'Glühwürmchen', as. *glīmo*, ags. *ʒlǽm* 'Glanz': *ʒlóm* 'Zwielicht', aisl. *glámr* 'Mond'.

Ahd. *blīo*, aisl. *blý* (**ƀlīṷa-*) 'Blei', d. h. 'blaues Metall': *blár*, ahd. *blāo* (**ƀlǣṷa-*) 'blau'.

Ags. *wrītan*, ahd. *rīzan*, aisl. *ríta* 'zerreissen, einritzen': *róta*, ahd. *ruozzen*, ags. *wrótan* 'aufreissen, wühlen'.

Ahd. *seifar* 'Schaum', *seifa*, finn.-urnord. *saippio*: aisl. *sápa* 'Seife', lat. *sēbum* 'Talg'.

Aisl. *bleikr*, ags. *blác*, ahd. *bleih* 'bleich': *blecken* (**ƀlakįan*) 'blitzen', gr. *φλέγω* 'leuchten', *φλόξ* 'Flamme', aisl. *blakkr* (**ƀla-n-kaz*, vgl. 1 oben) 'fahl', ahd. *blank* 'glänzend'.

Lett. *slai-ka* 'Schlitten', ahd. *slīhhan* 'schleichen': aisl. *slakr* 'schlaff', *slókr* 'Herumschlenderer', nschwed. *slōka* 'schlaff sein'.

Asl. *mēnītī*, ahd. *meinen* 'meinen', ags. *mǽnan* 'verkündigen, klagen': lat. *me-min-ī* 'erinnere mich', *monēre*, ahd. *manōn* 'mahnen', got. *munan* 'meinen', aisl. *man* 'erinnere mich'.

Ahd. *feili* (dazu ags. *fǽle* 'lieb'?): *fāli*, aisl. *falr* 'käuflich', gr. *πωλέομαι* 'verkaufe'.

Lit. *gailùs* 'jähzornig', asl. *zēlŭ* 'heftig', got. *gailjan* 'erfreuen', ahd. *geil* 'mutwillig', mhd. *geil(e)* 'Hode': aschwed.

gæl-, giol-skaper 'Unzucht', aisl. *gilia* '(ein Mädchen) verführen'.

Lit. *knēbti* 'kneifen', aisl. *hnipenn* 'beklommen', nschwed. *näpen* 'nett' u. a. (s. S. 142): aisl. *hneppr*, aschwed. *næpper, napper* 'knapp'.

Lit. *léidmi* 'lasse', alat. *loidus*, lat. *lūdus* 'freies Spiel', ahd. (Isidor) *fir-leiz* 'verlies', aisl. *leit, lét* (vgl. *heit, hét* § 10, 1, S. 31), aschwed. *lēt, lǣt* 'liess' (pl. selten aisl. *litom*): *lāta*, ahd. *lāzan*, got. *lētan* 'lassen', *lats* 'lässig', lat. *lassus* 'müde'.

Aind. *vay-ám*, got. *weis*, aisl. *vér*, aschwed. *vīr*: asl. *vě* 'wir', aisl. *várr* 'unser'.

Aind. *tráy-as*, gr. *τρεῖς* (**τρεῐ-ες*), got. *þreis*, ahd. *drī*, aisl. *þrír*: dat. *þremr* 'drei', *þre-ttán* 'dreizehn', lat. *tre-centī* 'dreihundert', gr. bœot. *τρέ-πεδδα* 'Dreifuss', lit. *tre-jì* 'je drei', asl. *tre-tĭjĭ* 'dritter'.

Vgl. noch Fälle wie aisl. *hein*: aind. *çānas* 'Wetzstein', gr. *κῶνος* 'Spitzstein'; got. *haims*, lit. *kēmas*: gr. *κώμη* 'Dorf'; got. *hails*, asl. *cělŭ*: aind. *kalyas* 'heil', gr. *καλός* 'schön'; u. dgl.

3. Bei *u̯* sind zwei ganz verschiedene Fälle von Schwankungen zu unterscheiden:

a) Ganz wie bei dem eben behandelten *i̯* liegen die Verhältnisse bei ieur. *u̯* im In- oder Auslaute vieler Wurzeln. Die Literatur über diese Frage ist dieselbe wie bei *i̯*, s. oben 2; dazu noch Schmidt, Plur., S. 221, 407; Persson, Wz., S. 138 ff., 291; Uppsalastudier, S. 186 ff.; Lindgren, Sv. Landsm. XII, 1, S. 165; Noreen, Aisl. Gr.² § 149, 3; vgl. auch die oben § 10, 2 angeführte Literatur. Beispiele sind:

Aind. *ṓš-ṭhas* 'Lippe', apreuss. *aus-tin*, asl. *ūs-tā* 'Mund', lat. pl. *aureæ* 'Gebiss', *aur-īga* 'Kutscher', aisl. *eyr-r* 'sandiges Ufer': lat. *ōra* 'Ufer', *ōs* 'Mund', aisl. *ós-s* 'Flussmündung', ags. *ór(a)* 'Rand'.

Aind. *yū́š*, lat. *jūs* 'Brühe', finn.-urnord. *juusto*, nschwed. dial. *ūst : ōst*, aisl. *ostr* (**i̯ōsta-*) 'Käse'.

Ags. *réod, réad*, aisl. *rióðr, rauðr*, got. *rauds* 'rot' u. a. (s. § 13, 2, S. 46), ahd., as. *rost*, ags. *rúst*: ndl. *roest*, nschwed. dial. *rōst*, finn.-urnord. *ruoste*, lat. *rōbī-gō* 'Rost', *rōbus* 'rot'.

Ahd. *goumo*, *giumo* 'Gaumen', aisl. *gymer* 'Schlund, Meer (vgl. S. 212): ahd. *guomo*, aisl. *gómr* 'Gaumen', gr. *χήμη* 'Gähnen'.

Ags. *ȝéopan* 'in sich aufnehmen' (vgl. gr. *χάϝος* 'Kluft', *χαῦ-νος* 'gähnend', nnorw. dial. *gau-kn*, aisl. *gau-pn*, ahd. *gou-fan* 'Höhlung beider Hände'): aisl. *gap* 'Schlund', *gapa*, mhd. *gaffen* 'gaffen'.

Aisl. *gnúpr* 'steiler Abhang', *gnøypr* 'vorüberliegend': *gnapa* 'vorüberliegen'.

Aisl. *stúpa* 'hervorragen', ags. *stéap* steil', *stéapol* 'Thurm': *stapol* 'Pfeiler', aisl. *stǫpoll* 'Thurm', ahd. *staffal* 'Gestell'.

Aisl. *rióme*, ags. *réam*, ahd. *roum* : mhd. *rāme* 'Rahm'.

Aisl. *straumr*, ahd. *stroum*, mhd. *strūm* : *strām* 'Strom'.

Mhd. *knouf*, ndl. *knoop*: aisl. *knappr*, ags. *cnæp(p)* 'Knopf'.

Gr. *κραυγή* 'Geschrei', got. *hrūkjan* 'krähen', aisl. *hraukr* : *hrókr* 'Seerabe', ahd. *hruoh*, ags. *hróc* 'Krähe', gr. *κράζω*, *κρώζω* 'krächze'.

Aisl. *glaumr*, ags. *ȝléam* (vgl. gr. *χλεύη* 'Spass', aisl. *glý*, ags. *ȝléo* 'Freude'): aisl., nschwed. *glam(m)* 'fröhlicher Lärm'.

Got. *dis-hniupan* 'zerreissen', ags. *á-hnéapan* 'abpflücken', aschwed. *niūpa* 'kneifen': *napper*, *næpper*, aisl. *hneppr* 'knapp'.

Asl. *trāvā* 'Kraut', aisl. *þrúðr* 'Kraft', *þrúðogr* 'kräftig': *þróask* 'gedeihen', mhd. *druo* 'Frucht', ahd. *druos* 'Schwulst'. Vgl. jedoch § 59, 1.

Asl. *plāvītī* 'schwimmen lassen', gr. *πλώϝω* 'schwimmen', ags. *flówan* 'fliessen', aisl. *flúð* 'Klippe unter dem Wasser': *flóð*, *flœðr*, ags., as. *flōd*, ahd. *fluot*, got. *flōdus* 'Flut, Fluss'.

Aind. *sthāvirám* 'Alter', *sthāvarás* 'fest', *stháviras*, *sthūrás* 'dick', ahd. *stūri*, *stiuri* 'bedeutend durch Kraft, Menge oder Ansehen', lat.-germ. *Stūrii* Völkername, aschwed. *Stūr*, *Stūre* Mannsname, *stȳra* 'vergrössern', nschwed. dial. (Dalarna) *stūr*: aisl. *stórr* 'gross', lit. *stóras* 'dick', asl. *stārŭ* 'alt'.

Got. *bi-sauljan*, nnorw. dial. *søyla* 'beflecken', *saula* 'Schmutz': ahd. *salo* 'schmutzig'.

Ahd. *drōs-kea*, ags. *þrýs-ce* (**þraus-kiō*): aisl. *þrǫs-tr* (**þras-tuz*) 'Drossel'.

Aisl. *maurr*, aschwed. *mør*, *mȳr*(*a*) 'Ameise', d. h. 'Zerreiber', *mør*, aisl. *møyrr* 'mürbe', gr. μαῦρος 'schwach': ahd. *marawi*, ags. *mearu* 'mürbe', aisl. *las-mǿrr* 'gebrechlich', gr. μαραίνω 'lasse verwelken', asl. *mravij* (**moru-*) 'Ameise'.

Aisl. *fnýsa*, ags. *fnéosan*, ndl. *fniezen*: aisl. *fnasa*, *fnǿsa* 'schnauben'.

Got. *sniumjan* 'eilen', *sniumundō* 'eilends': aisl. *snem(m)a*, *snim(m)a* 'früh'.

Ahd. *klōz* 'Ball, Kugel': aisl. *klót* 'Schwertknauf'.

As. *griotan*, ags. *ʒréotan*: got. *grētan*, aisl. *gráta* 'weinen', *grǿta* 'zum Weinen bringen'.

Aisl. *frauð*, aschwed. *frødha* : *frādha* 'Schaum, Geifer'.

Aisl. *baula* 'Kuh': *belia* 'blöken'.

Ahd. *friudil*: aisl. *friðell* 'Liebhaber, Geliebter'.

Aisl. *gnauð* 'Lärm': *gnadd* 'Brummen'.

Nnorw. dial. *maula* : nschwed. *mōla* 'ohne Zukost essen', aisl. *mala*, lat. *molere* 'mahlen'.

Aisl. *kliúfa* 'spalten', *klauf* 'gespaltene Klaue', *klofe* : *klafe* 'etwas zweispaltiges, Saumsattel'.

Aisl. *raukn* : *rekenn* 'Zugvieh'.

Got. *haubiþ*, aisl. *haufoð*, ags. *héafod*, ahd. *houbit*: lat. *caput*, agutn. *hafuþ*, aisl. *hǫfoð* 'Haupt' (vgl. ags. *hafela*, gr. κεφαλή).

Aisl. *grøypa* 'in einander hineingreifen lassen', aschwed. *grøpa* 'aushöhlen': aisl. *gróp* 'Aushöhlung', *grápa* 'zu sich raffen', nhd. *grapsen*.

Aisl. *knútr* 'Knoten': *knǫttr* 'Ball'.

Aisl. *fliúga* 'fliegen', *flokkr* : *flóke* 'Flocke' (vgl. jedoch § 46, 3, S. 165).

Aisl. *øyrende* : *erende*, ahd. *arunti* 'Geschäft'.

b) Eine besondere Stellung nimmt die anlautende Verbindung *su-* ein, indem sie nicht selten mit *s-* wechselt (die entsprechenden, aber sehr seltenen Wechsel *tu* : *t*, *du* : *d* werden hier nicht berücksichtigt), ohne dass es irgendwie ausgemacht worden ist, dass dieser Wechsel auf rein lautlichem Wege zu erklären wäre; s. Wackernagel, K. Z.

XXIV, 608 f.; Schmidt, ib. XXVI, 333; Osthoff, Perf., S. 456; Stolz, Lateinische Grammatik², § 63, 2; Brugmann, Grundr. I, 152, 162 f., II, 476, 802 f., 806 f.; Torp, Beiträge zur Lehre von den geschlechtlosen Pronomen (Christiania Videnskabs-Selskabs Forhandlinger 1888, no. 11), S. 14 ff.; Johansson, Bezz. B. XV, 313 f., XVI, 163; Feist, Beitr. XV, 548 ff.; Erdmann, Über die Heimat und den Namen der Angeln, S. 97 ff.; Persson, IF. II, 201 Note. Die wichtigsten Beispiele sind:

Aisl. pl. *Suiar*, aschwed. pl. *Swēar*, ags. pl. *Swéon*, lat.-germ. *Suiones* 'die Schweden', eigentlich 'die Eigenen' (s. S. 36 f.), aisl. *Sui-þióđ* ('das eigene Volk'), aschwed. *Swē-rīke* ('das eigene Reich') 'Schweden', apreuss. *swais*, asl. *svojĭ* (aind. *svas*, got. *swē-s*) 'eigen' (vgl. aisl. *suá-ss* 'vertraut, beliebt'): alat. dat. pl. *sīs* 'den Seinigen', afr. *sīa* 'Verwandter', urnord. pl. *sijosteʀ* 'die am nächsten verwandten' (s. S. 46 oben und Läffler, Uppsalastudier, S. 1 ff., 226).

Ags. *swán*, ahd. *swein*, aisl. *sueinn* 'der seinige, Knecht, Sohn', aschwed. *Swān-alder* (< **Su̯ai̯na-u̯álđ-*) Mannsname, *swænsker*, aisl. *suǽnskr*, *sǿnskr* (aus **suániskr*, ack. *suǽnskan*, dat. *sǿnskom* ausgeglichen) 'schwedisch': *sinn* (**sīnaʀ*), ahd., as. *sīn*, got. *seins* 'sein'. Vgl. gr. *ϝοῖ* (**su̯oi̯*), umbrisch *sve-so : se-so*, lat. *sē*, *si-bī*, asl. *se-bě*, *sĭ*, got. *si-k* 'sich'.

Lat.-germ. pl. *Suēbi*, ahd. pl. *Swābā*, *Swābi*, ags. pl. *Swǽfe* 'die Schwaben', d. h. 'die dem eigenen Verbande angehörigen', *Swǽf-red* Mannsname: aind. *sabhá* 'Gesellschaft', got. *sibja* (**seƀi̯ō*), ahd. *sippa*, as. *sibbea*, ags. *sib(b)*, afr. *sibbe*, aisl. pl. *sifiar* 'Blutsverwandtschaft, Sippe', *Sif* Name einer Göttin, *sif-une* 'Freund', ahd. *Sibi-hho*, ags. *Sife-ca* Mannsname.

Aisl. *suile* 'Schwager' (vgl. got. *swi-*, *swē-kunþs* 'selbstverständlich', aind. *svá* 'sie selbst'): *sial-fr*, got. *sil-ba*, ahd. *sel-b* 'selbst', air. *sel-b* 'Besitz, Eigentum'.

Got. *swa* 'so', *swa-leiks* 'solcher', *swē* 'wie', ags. *swá*, aisl. *suá* 'so', aschwed. *swā* 'so, so wahr, wenn', oskisch *svai*: alat. *sei*, lat. *sī* 'so wahr, wenn', *sī-c* 'so', afr. *se-lik*, aschwed. *se-liker*, *si-liker* 'solcher', aschwed. *sa*, *sō*, aisl. *sá*, ahd., as. *sō* 'so'.

Asl. *svě-ně* 'ohne', lat. *so-lvo* (*su̯e-lu̯ō*) 'ablösen', aisl. *svi-virđa*, agutn. *suē-virþa*: aschwed. *sǣ-*, *sē-*, *sī-virþa* 'missachten', alat. *sē*, lat. *si-ne* 'ohne', *se-d* 'sondern'.

Ahd. *sworga* : *sor(a)ga*, ags. *sorȝ*, got. *saúrga* 'Sorge'.

Ahd. *swelli* (*su̯olni̯o-*), aisl. *suill* (*su̯elni-*) 'Schwelle', gr. *ἐύ-σσελμος* (**-su̯elmo-*, vgl. § 54, 2) 'mit vielen Bänken': ags. *sealma* (**solm-*), as. *selmo* (**selm-*) 'Ruhebank, Bett', lit. *szelmů* 'Dachfirst', lat. *solium* 'Thron, Sessel'. Vgl. § 30, S. 88.

Vgl. noch aind. *svadhá*, gr. *ἔθος* (**su̯edhos*), *ἦθος* (**su̯ēdhos*): got. *sidus*, aisl. *siđr*, ags. *sidu* 'Gewohnheit, Sitte'; gr. *Ϝέξ* (**su̯ecs*): lat. *sex*, got. *saihs*, ahd. *sehs*, aisl. *sex* 'sechs'; got. *swistar*, apreuss. *swestro*: asl. *sestra*, lit. *sesů* 'Schwester'; got. *swaihra*, asl. *svekrŭ*, lit. *szeszùras* (**securos*) 'Schwiegervater'; aisl. *suefn*: lit. *sāpnas* 'Schlaf'.

Anm. 2. Vereinzelt stehen ahd. *bim*, ags. *béo*, air. *biu* 'bin', lit. *biti* '(er) war', gr. *φῖ-τυ* 'Erzeugnis', *φῖ-τυς* 'Vater', lat. *fī-lius* 'Sohn', *fīt* 'wird' aus **bhu̯ī-*, s. Brugmann, Grundr. II, 907 f., 1061.

4. In der Verbindung anlautende Konsonanz + *r* + Wurzelvokal scheint *r* bisweilen zu fehlen (resp. in der Verbindung anlautende Konsonanz + Wurzelvokal eingeschoben zu sein), aber von den vielen Beispielen sind die meisten etwas unsicher (viele brauchen nur 'Reimwörter' zu sein); s. Brate, Bezz. B. XIII, 48 f.; Kluge, P. Grundr. I, 332 f.; Johansson, Akademiske afhandlinger til prof. S. Bugge, S. 26 f. Hier mögen erwähnt werden:

Ahd. *sprehhan*, ags. *sprecan* : *specan*, ahd. *spehhan* 'sprechen', mhd. *spehten* 'schwatzen'.

Mhd. *spreckel*, aisl. *sprekla*: ags. *specca* 'Fleck'.

Mndd. *sprote*, nhd. *sommer-sprosse* 'Sommersprosse': engl. *spot* (vgl. unten 5), ndän. *spætte* 'Fleck', nschwed. *röd-spotta*, *-spätta* 'Art Flunder'?

Nschwed. *sprund*: mhd. *spunt* 'Spund'.

Mhd. *strumpf* (nhd. *strumpf* aus *hosen-strumpf* 'Kurzhose' verkürzt): *stumpf*, nschwed. *stump* 'Stumpf'.

Mhd., mndd. *strunk* 'Strunk, Strumpf', aisl. *strokkr*

'Butterfass': mhd. *stoc(k)*, ags. *stoc(c)*, aisl. *stokkr* 'Stock, Strunk' (vgl. 1 oben)?

Nschwed. *tall-strunt* 'abgehauene Spitze einer Fichte', mhd. *strunze*: nhd. dial. *stuntz*, aschwed. *stunter*, aisl. *stuttr* 'kurz, abgehauen'.

Lat. *stringere*, ahd. *stricken* (vgl. 1 oben) 'zusammenschnüren, stricken': *ir-sticken* 'ersticken', gr. *ταγγός* 'ranzig' (vgl. § 57, 1, b), nschwed. *sticka* 'stricken' (aus **stricka* in der Verbindung **stricka strumpor* 'Strümpfe stricken' dissimiliert?)?

Mhd., mndd. *schrank*: ahd. *scank*, mhd. *schanc* 'Schrank, Schank', *schenke* 'Schenke, Schenk', ahd. *skenko* 'einschenkender Diener', *skenken*, ags. *scencan*, aisl. *skenkia* 'einschenken, schenken', d. h. 'den Sch(r)ank benutzen (öffnen)'.

Aisl. *skreppa* 'Ranzen': *skeppa* 'Scheffel'?

Ags. *scrincan* 'schrumpfen', aschwed. *skrunkin* 'runzelig', aisl. *skrukka* 'Runzel, Falte, runzeliges Weib', *skrokkr* 'Ranzen, Bettelsack', pl. *skrykker* 'Wellenbewegungen': *skukka* 'Runzel, Falte', *skokkr* 'Ranzen', pl. *skykker* 'Wellenbewegungen'.

Ags. *scrád* 'Schiff', d. h. 'gleitendes', aisl. *skríđa* 'gleiten' (von Schiffen und Schneeschuhen), *skreiđ* 'Gleiten, Lawine': *skeiđ* 'Schiff' (f.), 'Lauf' (ntr.).

Mhd. *schrege*, ndän. *skraa* 'schräg': aisl. *ská* (vgl. § 10, S. 31) 'Schräge'?

Mengl. *schrillen* 'gellen', ags. *scralletan* 'schmettern, gellen', nschwed. *skrål* 'Lärm, Geheul': ahd. *skellan* 'schellen', *scal(l)* 'Schall' u. a.??

Ags. *prician* 'prickeln, stechen', mndd. *pricke*, ndl. *prikkel* 'Stachel': ags *pician* 'stechen', *píc* 'Spitze', mndd. *pecken* 'picken'.

Lat. pl. *frūgēs* 'Nutzen', *fruor* (**frugvor*) 'geniesse', got. *brūkjan*, ahd. *brūhhan* 'geniessen, pflegen', ags. *brúcan* 'geniessen, verdauen': *búc*, aisl. *búkr*, ahd. *būh* 'Bauch', d. h. 'Verdauungsapparat' (von *búc* u. s. w., s. § 49, 2, c, 'Bauch', d. h. 'bauchiges, gebogenes' verschieden), aind. *bhunájmi* 'geniesse Speise', lat. *fungor* 'geniesse, gebrauche, verbrauche'. Vgl. § 60 Anm. 6.

Lat. *frangere* (perf. *frēgī*), got. *brikan* (prät. pl. *brēkum*), ags. *brecan*, ahd. *brehhan* 'brechen', *bruoh* 'Sumpf', d. h. 'Ort, wo Wasser hervorbricht', ags. *bróc* 'Giessbach', *bréc* 'Steiss', d. h. 'gebrochene Stelle des Körpers', *bróc*, aisl. *brók*. ahd. *bruoh* 'Bruch, Hose', d. h. 'gebrochenes Kleid': *bah*, ags. *bec(c)*, aisl. *bekkr* (**bakja-*) 'Bach' (vgl. jedoch § 38 Anm. 1), aind. *bhanájmi* 'breche'. Vgl. § 60 Anm. 6.

Ahd. *trahan*, as. pl. *trahni*, mhd. *traher* (vgl. § 53, 2) 'Thräne': ahd. *zahar*, ags. *téar* (**tahur*), aisl. *tár*, got. *tagr*, gr. *δάκρυ*, alat. *dacru-ma* 'Zähre'. Ist das erste *r* in ieur. **dracru-* durch Dissimilation geschwunden — vgl. die folgenden Beispiele und einzelsprachliche Fälle wie gr. *φ(ρ)ā-τρία*, *δρύφακτος* (**-φρακτος*), lat. *frāg(r)āre*, *creb(r)escere*, mhd. *ke(r)der*, nschwed. *fo(r)dra* u. a. (Noreen, Arkiv V, 386 ff.) —, in dem daneben stehenden Stamm **dracnu-* dagegen erhalten worden? Vgl. auch § 57, 3.

Ags. pl. *þréostru* : *þéostru*, *þýstru* 'Finsternis', *þéostre*, *þýstre*, as. *thiustri* 'finster, düster'. Wahrscheinlich ist *r* durch Dissimilation geschwunden. Vgl. § 60, B, III.

Ags. *ȝryre* 'Schreck' (vgl. ahd. *in-grūēn* 'schaudern', mhd. *griu-l* 'Greuel', *grūwe-sam* 'Schrecken erregend'), *ȝrorn*, *ȝryrn* : *ȝyrn*, got. *gaúrei* 'Betrübnis', *gaúrs* 'betrübt'. Dissimilation?

Mhd. *grellen* 'laut, vor Zorn schreien', ags. *ȝriellan* 'knirschen, grell tönen', mndd. *gralen* 'lärmen', *grāl* 'Lärm', *gral*, *grille* 'Groll', *grellen* 'zanken', ahd. *grillo* 'Grille', d. h. 'Knirscher': *gellan* 'schreien', aisl. *giallr*, *gallr* 'grell tönend', *gala* 'singen, krähen'? Vgl. Persson, Wz., S. 41.

Ags. *hráȝra*, as. *hreiera*, mhd. *reiger* (**hraiȝra-n-*): ahd. *heigir* (**haiȝra-*), aisl. *hegre* (**heȝran-*, vgl. § 6, 4), *hére* 'Reiher', ahd. *hehara* (**hehran-*), ags. *hiȝora* (**higren-*, s. S. 131) 'Häher'. Vgl. § 60 Anm. 4.

Anm. 3. Hierher darf man wohl nicht (mit Kluge a. a. O.) alle Fälle mit anlautendem germ. *wr* : *w* führen. In diesen dürfte im Allgemeinen das *r* lautgesetzlich — wenn auch das Gesetz noch nicht genau formuliert werden kann — geschwunden sein und zwar einzelsprachlich oder wenigstens auf germ. Boden. Solche Fälle sind z. B. mndd. *wrase*, mhd. *rase* : *wase*, ahd. *waso* 'Rasen', *wasal* 'feuchte Erdmasse' (anders Persson, Wz., S. 47); aschwed. *vrā* : aisl. *vá* 'Winkel'; aisl.

reine 'Hengst', aschwed. *vrēnskas*: aisl. *veina* 'wiehern'; aschwed. *vrēter*, aisl. *reitr* : *veit* 'Streifen'; ags. *wronȝ*, aschwed. *vranger*, aisl. *rangr* : *vangr* 'falsch' (oder dies zu got. *un-wāhs* 'tadellos', as. *wāh* 'tadelhaft', ags. *wóh* 'verkehrt', aind. *vañc-* 'betrügen'?); s. Noreen, Arkiv VI, 303 ff., Aisl. Gr.[2], § 228 Anm. 3. Am ehesten wären den obigen Beispielen gleichzustellen folgende ganz unklare Fälle: ags. *wreccean* : *weccean*, aisl. *vekia* 'wecken', lat. *vigil* 'wach' u. a.; ags. *wrixl*: aisl. *víxl*, ahd. *wehsal*, lat. pl. *vices* 'Wechsel'; ndän. *vrimle*: nhd. *wimmeln*, ahd. *wimidōn* 'wimmeln'.

5. Sehr selten zeigt sich bei *l* ein Schwanken unter denselben Verhältnissen wie bei *r* (s. 4 oben), z. B. mengl. *splot* : *spot* 'Fleck' (vgl. oben 4); *placche* : *pacche* 'Lappen' u. a. (s. Kluge, P. Grundr. I, 333); nschwed. *natt-blacka*: aschwed. *natt-backa*, mengl. *backe* 'Fledermaus'? (Hellquist, Arkiv VII, 56 Note; oder jenes zu aisl. *flǫkra* 'flattern', ags. *flacor* 'flatternd' nach § 38 Anm. 1, dieses zu engl. *bat* 'Fledermaus'?). Auch nach dem Wurzelvokal tritt einige Mal dieselbe Erscheinung auf, z. B. ahd. *kelk* (vgl. *kela* 'Kehle') 'Halsschwulst', aisl. *kialke*: aschwed. *kiœki*, nnorw. dial. *kjake* (vgl. mit Wurzelvariation? ags. *céace*, *céoce*) 'Kinnbacken'?; aisl. *suelg(i)a*, ahd. *swelgan*, *swel(a)han*: nschwed. dial. (Dalarna) *swegå* (**su̯eȝan*) 'schlucken, verschlingen'.

Anm. 4. Vereinzelt steht der Schwund des *p* vor einer Konsonantengruppe in aind. *nápāt* 'Enkel', lat. *nepōs*, ahd. *nefo*, aisl. *nefe* 'Neffe': aind. instrum. pl. *nádbhiš* (**nept-bhis*) 'Enkel', asl. *net-i̯ĭ* 'Neffe', got. *niþ-jis* (**neptio̯-*), aisl. *niðr* 'Verwandter', ags. pl. *niððas* 'Männer'; s. Osthoff, Perf., S. 463 ff.; Brugmann, Grundr. II, 366.

6. Im Stammauslaute zeigt sich, auch wenn man von den vielen derartigen schon im vorigen behandelten Fällen absieht, sehr oft ein Wechsel zwischen Formen mit und ohne einen gewissen Ableitungskonsonanten. Indessen darf dieser im Allgemeinen nicht als in gewissen Stellungen geschwunden betrachtet werden, sondern vielmehr als ein ursprünglich nur gewissen Formen innerhalb eines Paradigmas zugehöriges Charakteristikum. Aus diesen Formen kann er später in andere oder alle übrigen eingedrungen, resp. analogisch aus einigen oder allen denjenigen Formen, wo er ursprünglich stand, entfernt worden sein (vgl. § 53). Diese Erscheinung gehört also eigentlich der Wortbildungs-

lehre, weshalb es hier genügt nur einen einzigen Fall herauszugreifen, um wenigstens die Natur der betreffenden Fragen einigermassen zu beleuchten. Dieser Fall mag der Wechsel sein zwischen Formen mit und ohne Flexions- oder Ableitungs-*g* (germ. *q*, *k*), welcher z. B. in dem Verhältnis der beiden Kasus aind. nom. *ásṛg* (gr. *ἔαρ*): gen. *asnás* (vgl. durch Kontamination lat. *sanguis*) 'Blut' oder der beiden Stämme aind. *sanáj-* 'alt': lat. *sen-ior* 'älter' zum Vorschein kommt; s. Saussure, Mém., S. 225; Kluge, Festgruss an Böhtlingk, S. 60; Brugmann, Grundr. II, 260 f.; Schmidt, Plur., S. 173 ff.; Johansson, Beiträge zur griechischen Sprachkunde, S. 1 ff. Hierher gehörige Beispiele aus dem Germanischen sind u. a.:

Gr. *πτέρυξ* (gen. *πτέρυγος*), as. *fetherak*, ahd. *federah*, *fettah* (**petnág-*, s. § 44, 2 und § 53, 2): lat. *penna* (**petna*), *(acci-)piter* (s. § 53, 2), aind. *pát(t)ram*, gr. *πτερόν*, aisl. *fiǫðr*, ags. *feðer*, as. *fethera*, ahd. *federa* 'Flügel, Feder'.

Ahd. *funko*, mhd. *vanke* 'Funke', mndd., mengl. *funke* 'Feuerchen': got. *fōn* (gen. *funins*), aisl. *fune*, *fúrr*, gr. *πῦρ* (vgl. § 53, 2) 'Feuer'.

Gr. *φάλαγξ* (statt **φάλαξ* wie *φάρυγξ* statt des älteren *φάρυξ*) 'Stamm, Stammtrupp, Schlachtreihe, Glied', aisl. *bǫlkr* 'Balken, Scheidewand, Abteilung', *bialke*, ahd. *balko*, ags. *bealca* 'Balken', *bolca* 'Schiffsgang': *bolr* 'Baumstamm, Rumpf', mhd. *bole* 'dicke Planke'.

Ags. *sceonca*, ahd. *skinko*, *-a*, afr. *skunka*, nschwed. *skånk* 'Beinröhre, Schenkel': ahd. *skina*, ags. *scinu* 'Schiene, Schienbein'.

Air. *mong* 'Mähne', aisl. *makke*, nschwed. *manke* 'der obere Teil des Halses eines Pferdes': ahd. *mana*, ags. *manu*, aisl. *mǫn* 'Mähne', urspr. 'Hals' (vgl. aind. *manyā* 'Nacken', as. *meni*, aisl. *men* Halsschmuck').

Ahd. *zinko*: mhd. *zint*, aisl. *tindr* 'Zinne'.

Ahd. *kranuh*, ags. *cornuc* : *cran*, gr. *γέρανος* 'Kranich'.

Aisl. *maþkr*, mengl. *maþek*, nschwed. *mask*: got. *maþa*, ahd. *mado* 'Wurm, Made', mhd. *matte*, *motte*, aisl. *motte* 'Motte' (vgl. Noreen, Aisl. Gr.², § 186).

Aisl. *frauðr* : *froskr*, ahd. *frosc*, ags. *forsc* 'Frosch' (vgl. § 35 Anm., S. 117).

Vgl. noch aind. *çr̥ngam*: lat. *cornu*, got. *haúrn*, aisl. *horn* 'Horn' u. dgl.

§ 59. METATHESIS.

Ieur. *u̯r̥*, *u̯l̥* werden unmittelbar vor der haupttonigen Silbe oft (lautgesetzlich immer?) zu *ru*, resp. *lu* umgestellt (vgl. § 3 Anm. 2); s. Bugge, K. Z. XX, 2 ff., Beitr. XIII, 336; Schmidt, Zur Geschichte des indogerm. Vocalismus II, 260 ff., 295 ff.; Froedhe, Bezz. B. III, 308, XIV, 106 f.; v. Bradke, Zeitschrift der deutschen morgenländischen Gesellschaft XL, 351 ff.; Osthoff, M. U. V, 77 ff.; Johansson, Nordisk tidsskrift for Filologi, N. R. VIII, 200, K. Z. XXX, 348 Note, Beitr. XV, 236 f.; Persson, Wz., S. 132 Note.

1. *u̯r̥-´* < *rú-*, z. B.

Aind. *dhvárati* 'bringt zu Fall', lat. *for-mīca* 'Ameise', gr. *σέρφος* ein Insekt (**τϝέρφος* < **dhu̯erghos*), ahd. *twerg*, aisl. *duergr* 'Zwerg' (dial. auch 'Spinne') aus der Wurzel *dhu̯er*: Wz. *dhru* (< **dhu̯r̥-*) in lat. *frustra* 'vergebens', aind. *dhrútiš* 'Verführung', *drúhyati* 'sucht zu schaden' und mit unursprünglichem Ablaut lat. *fraus* 'Schaden, Betrug', ahd. *triogan*, as. *bi-driogan* 'betrügen', ahd. *troum*, aisl. *draumr* (s. § 48, C, 5, S. 178) 'Traum', *draugr*, as. *gi-drōg* 'Gespenst'.

Aind. *vr̥nákti* 'wirft', *vrajá-* 'Hürde', got. *wrikan* 'verfolgen', ags. *wrecan*, aisl. *reka* 'vertreiben' u. a. (s. S. 44 und 72): got. *ur-rugks* (*-u̯r̥ng-*) 'verworfen'.

Russisch *verša*: ahd. *rūs(s)a* (**rūsi̯ō*), nschwed. *ryssja* 'Reuse' (hierzu got. *raus* 'Rohr'?; vgl. jedoch § 38 Anm. 4).

Lit. *tvìrtas* 'fest' (vgl. asl. *tvrŭdŭ* 'hart'): aisl. *þrúðr* 'Stärke', *þrúðogr* 'kräftig'. Vgl. jedoch S. 216.

Aind. *catvāras*, gr. *τέσσαρες*, lat. *quatuor*, got. *fidwōr* (s. S. 149): gr. *τρυ-φάλεια* (**qtu̯r̥-* > **qtru-*) 'Helm mit vier Kämmen', lat. *quadru-plex* 'vierfältig', mhd. *rūte* (**qtrūtā* > **hrūðō*, s. § 48 Anm. 6) 'Viereck'.

Vgl. noch aisl. *þuara*, ags. *dwiril*: lat. *trua* 'Rührlöffel'; got. *þwairhs* 'zornig': lat. *truc-ulentus* 'unfreundlich'?

2. *u̯ḷ-'* > *lú-*, z. B. (alle etwas unsicher):

Aind. *várcas* 'Glanz', lat. *Volcānus* 'Gott des Feuers': aind. *ruc-*, lat. *lūcēre* 'leuchten', *lūx* 'Licht', got. *lauhmuni* 'Blitz', mhd. *lohe*, aisl. *loge* 'Lohe' u. a. (s. S. 131).

Lat. *volō*, got. *wiljau* 'ich will', *walja* 'wähle': aind. *lú-bhyati* 'wünscht', lat. *lu-bet* 'gelüstet', ahd. *gi-lob*, got. *ga-lubs* 'teuer', *-lubō* 'Liebe' u. a. (s. S. 93).

Aind. *vṛ́kas* u. a. (s. S. 149): gr. *λύκος*, lat. (ostitalisches Lehnwort?) *lupus* 'Wolf', gr. *λύγξ*, ahd. *luhs*, as., ags. *lox*, aschwed. *lō* (**lohōn-*) 'Luchs'. Vgl. lat. *vulpes*: aind. *lōpāçá-* 'Fuchs'.

Anm. Die von Kluge, P. Grundr. I, 336 f. angenommenen spezifisch germ. Metathesen sind sämtlich mindestens problematisch und die meisten wohl nach § 30 oben zu erklären. Auch der von Pedersen (K. Z. XXXII, 251) angenommene Fall ieur. **dnuk* in lat. *nux* (gen. *nucis*) > **knud* in air. *cnú*, aisl. *hnot*, ags. *hnutu*, ahd. *nuz* 'Nuss' bleibt unsicher.

---

§ 60. ANHANG: REDUPLIKATION.

Zusatz einer ganzen Silbe kommt bei sog. (Wurzel)-reduplikation vor, indem eine Wurzelsilbe wiederholt wird, entweder vollständig (z. B. gr. *βάρ-βαρ-ος* 'unverständlich sprechend', lat. *mur-mur* 'Gemurmel') oder nur teilweise. Im letzteren Falle kann das Wurzelfragment entweder vor (z. B. gr. *τέ-ταν-ος* 'Gliederspannung', lat. *me-mor-ia* 'Gedächtnis') oder nach (z. B. gr. *μορ-μ-ώ* 'Schreckgespenst', vgl. *μόρ-μορ-ος* 'Furcht'; lat. *bal-b-us* 'stammelnd', vgl. aind. *bal-bal-ā-karōmi* 'stammele') der Wurzel stehen, in welchem letztgenannten Falle man von 'gebrochener Reduplikation' zu reden pflegt. Die Reduplikation ist ursprünglich nichts anderes als die Zusammensetzung eines Wortes mit sich selbst (vgl. gr. *πάμ-παν* 'ganz', lat. *se-se* 'sich', *quid-quid* 'was immer', *jam-jam* 'schon', fr. *bon-bon*, nschwed. *nam-nam* 'Naschwerk', nhd. *ja-ja*, *ha-ha* u. dgl.), wobei nicht ausgeschlossen ist, dass ein unbetontes Bindewort dazwischen tritt (z. B. ahd. *da und da*, *mehr und mehr*, *Hand in Hand*, *Tag für Tag*[1]. Demnach gehört natürlich diese Erschei-

[1] Ob nicht derartige ieur. Zusammensetzungen zum Teil Bildungen wie aind. *mṛ-n-mar-a-* 'Fels' (etwa 'Stein auf Stein'?), lat. *gi-n-gira*

nung eigentlich der Wortbildungslehre. Da aber mit der Reduplikation verschiedene die ieur. Konsonanten (gewissermassen auch die Sonanten) betreffenden Probleme verknüpft sind — was wahrscheinlich besonders von mehreren schon im Vorigen behandelten gilt — so dürfte es angemessen sein hier in aller Kürze die verschiedenen Phasen der Reduplikation zu erörtern, wenigstens insofern sie von Bedeutung für die urgerm. Konsonantenlehre sind. Vgl. hiezu Brugmann, Curtius' Studien VII, 185 ff., 273 ff., Grundr. I, 227 f., II, 11 ff. (und die dort angeführte Literatur), 89 ff., 845 ff. (und die daselbst zitierte Literatur), 855 ff.; Kluge, Nominale Stammbildungslehre, S. 4 f., Beitr. VIII, 342, 513 f., P. Grundr. I, 372; Osthoff, Beitr. VIII, 540 ff., Perf., S. 264 ff.; Laistner, ZfdA. XXXII, 174 ff.; Persson, Wz., S. 216 ff. Note.

Anm. 1. Wenn die Wurzel eine Liquida enthält, wird diese oft — sei es in der ersten oder zweiten Silbe — zu einer anderen Liquida oder zu einem Nasale dissimiliert, z. B. aind. *gár-gar-as* 'Strudel', gr. *γέρ-γερ-ος* 'Schlund, Kehle': dissimiliert lat. *gur-gul-iō*, ahd. *quer-kal-a* 'Gurgel': mit gebrochener Reduplikation lat. *gur-g-es* 'Strudel', ahd. *quer-k-a* 'Gurgel', aisl. *kuer-k* 'Kropf am Halse, Unterkiefer': mit Dissimilation des ersten *r* und gebrochener Reduplikation aisl. *kial-k-e* 'Kinnlade, Kiefer', ahd. *kel-k* 'Halsschwulst': unredupliziert lat. *vorō* (**gvorō*) 'verschlinge' und mit aus den dissimilierten Formen entlehntem *l* aind. *gala-*, lat. *gula*, ahd. *kela*, ags. *ceole* 'Kehle'. Ebenso aind. *mṛ-n-maru-* 'Fels', gr. *μάρ-μαρ-ος* 'Stein', lat. *mar-mor*: ahd. (aus dem Vulgärlateinischen entlehnt) *mar-mul* 'Marmor' (: ags. *meal-m* 'Sandstein', got. *mal-m-a* 'Sand', aisl. *mal-m-r* 'Metall, Gries'?). Ferner mit *r* > *n* gr. *δρῦς* : *δέν-δρεον* 'Baum'; aind. *kar-kaṭas* (*-*kartas*) und *kar-k-as* : lat. *can-cer*, gr. *καρ-κίν-ος* 'Krebs' u. a. dgl.

Anm. 2. Reduplizierte (und dissimilierte) Bildungen wie die eben besprochenen gr. *πα-ι-πάλη*, *δέν-δρεον* u. dgl. sind wahrscheinlich eine Quelle der vielen sog. Wurzelvariationen. Z. B. lat. *can-cer* neben aind. *kar-kas* kann eine sekundäre Wurzel *kank* neben *kark* (und der primären *kar*) ins Leben gerufen haben. Dieser Gesichtspunkt ist besonders für das § 58, 1 oben erwähnte Problem der sog. Nasalinfigierung von Wichtigkeit. Sekundäre Wurzeln wie *ka-n-k* (z. B. aind. *kaṅk-aras*, gr. *κακός* 'schlecht') können ein Muster abgegeben

---

'Zahnfleisch', gr. *πα-ι-πάλη* (neben *πάλη* und lat. *pul-vis*) 'Staub' u. dgl. zu Grunde liegen. Besonders dürfte dies betreffs der Iterativa zu vermuten sein, z. B. gr. *δα-ι-δάλλω* 'bearbeite kunstreich' (etwa 'arbeite und arbeite' oder dgl.?).

haben, nach welchem mehrere unnasalierte Wurzeln nasalierte Nebenformen bekommen haben.

Diejenigen Fälle, welche für das Germanische von Belang sind, wären also die folgenden:

A. Selten sind germ. Bildungen, wo die Reduplikationssilbe die ganze Wurzel reproduziert, z. B.

Lat. *mur-mur-āre*, gr. *μορ-μύρ-ειν*, ahd. *mur-mur-ōn*, *mur-mul-ōn* (vgl. Anm. 1 oben) 'murmeln': ags. *mur-cnian*, ndl. *morren* 'murren'. Nhd. *mummeln*, ndl. *mommelen* ist eine Bildung nach B, I, a unten (vgl. nhd. *pappeln*, nschwed. *babbla* gegen aind. *bal-bal-ā-*, gr. *βάρ-βαρ-ος* und lat. *bal-b-us* 'stammelnd', s. oben und Anm. 1).

Aind. *gár-gar-as* u. a. (s. Anm. 1 oben), ahd. *quer-kal-a* 'Gurgel': lat. *vorō* 'verschlinge', *gula*, ahd. *kela* u. a. (s. Anm. 1) 'Kehle'.

Got. *rei-rai-þ* (vgl. aind. *lē-láy-ati*) 'zittert'.

Got. *ga-gei-gai-þ* 'gewinnt': ahd. *gī-t* 'Geiz'.

Aind. *bi-bhē-ti* 'fürchtet', ahd. *bi-bē-t*. ags. *beo-fa-đ*, aisl. *bi-fe-r* 'bebt': aind. *bhī-* 'Furcht', *bhī-rúš* 'furchtsam', ahd. *bī-l* 'Augenblick der Furcht', aisl. *bi-l* 'Beben, Blinzeln, Augenblick' (vgl. *Bil-rọst* = *Bif-rọst* 'Regenbogen'), *bila* 'zagen, zögern'.

Ahd. *wi-wi-nt* 'Wirbelwind': *wi-nt*, got. *wi-nds*, lat. *ve-ntus*, aind. *vā-nt-* 'Wind'.

Asl. *mā mā*, lit. *mō-mà* 'Mutter', ahd. *muo-ma* 'Tante (vgl. 54, 2): *muo-ter*. lat. *mā-ter* 'Mutter'.

Aisl. *kuey-kue-r* 'belebt', pl. *kui-kue-r* (vgl. § 47, 2, S. 167 f.): got. *qius*, aind. *jīvás* 'lebendig'.

Präterita wie ags. *dy-de*, ahd. *te-ta*, gr. *ἔ-τί-θη-ν*: ags. *dón*, ahd. *tuon* 'thun'; aisl. *se-ra* (**se-zō-*), got. *sai-sō* : *saian*, aisl. *sá* 'säen'; aisl. *re ra* : *róa* 'rudern'.

B. Das gewöhnliche Verhältnis ist dagegen das, dass die Reduplikationssilbe oder die Wurzelsilbe (oder beides) mehr oder weniger reduziert werden, besonders was die darin enthaltenen Konsonanten betrifft. Hierbei können verschiedene Fälle vorliegen:

I. Vor dem Wurzelsonanten steht nur e i n Konsonant. Dann wird dieser, aber — wie in allen folgenden Fällen — nicht die etwaigen nach dem Wurzelsonanten stehenden

Konsonanten, in der reduzierten Silbe wiederholt. Hier sind wiederum zwei Fälle zu unterscheiden:

a) Die reduzierte Silbe steht v o r der nicht reduzierten. Z. B.

Gr. *πί-πτ-ω* 'falle', ieur. **pĭ-pot-tlo-* > **pĭpotlo-* (nach § 56) > urgerm. **fĭfađla-* > **fĭfalđa* (über *đl* > *lđ* s. Sievers, Beitr. V, 528 ff.), ags. *fifealde*, nschwed. dial. *feffel*. mit *r*-Ableitung as. *fĭfoldara*, ahd. *fĭfaltra*, aisl. *fifrilde* (< **fī-fildr-ia-* mit Metathesis des *r*) und ieur. **pă-potlion-* > lat. *pāpiliō* (wie gr. *δέσποινα* 'Herrscherin' aus **dems-potnįa-*; vgl. got. *niþjis* aus **neptįos*, s. § 58 Anm. 4) 'Schmetterling': gr. *πότ-μος* 'Loos, Zufall, Fall', *πέτομαι* 'fliege', aind. *pátāmi* 'falle', lat. *petō* 'mache Anfall', ieur. **peto-tlo-*, aind. *pátatram* 'Flügel, Vogel', urgerm. **feþađla-* > **feþalđa-*, aschwed. *fiædhal* (wäre aisl. **fiađuld*), mit *r*-Ableitung nschwed. dial. (Dalarna) *fiædålder*, nisl. *fiđrildi* (< *fiđildr-ia-* mit Metathesis des *r*, wie auch in) nschwed. *fjäril* (wäre aisl. **fiađrild*) 'Schmetterling'.

Ieur. **qe-q(ə)l-o-*, aind. *cakrám*, gr. *κύκλον* 'Kreis', ags. *hweohl*, *hweoȝol* (nach § 38, 3), *hweowol* (s. § 48, C, 5), aisl. *hiól* 'Rad': ieur. **qelo-*, **qolo-*, gr. *τέλος* 'Wendepunkt', *πόλος* 'Drehachse', lat. *colus* 'Spinnrocken', asl. *kolo*, aisl. *huel* 'Rad'.

Ahd. *wiummen* (**ui-u̯m̥-i̯an*) : *wemōn*, *wimidōn* 'wallen, fluten'.

Aind. *ti-ttiriš*, *ti-ttirás* 'Rebhuhn', asl. *te-trěvĭ* 'Fasan', gr. *τε-τράων* 'Birkhahn', aisl. *þi-đorr* 'Auerhuhn'.

Aind. *da-druš* (neben *dar-d-ū-* nach b unten gebildet; vgl. lat. *derbiōsus* aus **der-d-viōsus* 'krätzig'), ags. *te-ter*, ahd. *zi-ttaroh* 'Hautausschlag': gr. *δέρος*, *δορά* 'Haut'.

Ndl. *ga-gelen* 'schnattern', aisl. *ga-gl* 'Schneegans': *gala* 'krähen, singen'.

Aisl. *ti-tra*. ahd. *zi-ttarōn* 'zittern': aind. *dar-* 'erschrecken'.

Aind. *çi-çiras*, aisl. *héla* (**hi-hlōn-*) 'Reif'.

Lat. *fi-bra* 'Faser', aisl. *biórr* (**be-þoraz*) 'Lederschnitzel'; vgl. aind. *bi-bharmi* 'halte, bin haltbar'.

Aind. *ba-bhrúš* 'braun, Ichneumon', lat. *fi-ber*, asl. *bebrŭ*, lit. *bĕ-brus*, ahd. *bi-bar*, ags. *beo-for*, aisl. *biórr* (**be-

boraz) 'Biber': gr. *φρῦνος* 'Kröte', ahd. *brūn*, aisl. *brúnn*, lit. *bė̃ras* 'braun', ahd. *bero*, aisl. *biǫrn* 'Bär', aschwed. *Biari* Mannsname.

Aisl. *ha-gl*, ahd. *ha-gal* 'Hagel', gr. *κά-χληξ* 'kleiner Stein'.

Prät. wie got. *hai-hait* (ags. *he-ht*), *lai-laik* (ags. *leo-lc*), *-rai-rōþ* (ags. *reo-rd*) zu *haitan* 'heissen', resp. *laikan* 'springen', *-rēdan* 'raten'.

b) Die reduzierte Silbe steht n a c h der nicht reduzierten ('gebrochene Reduplikation'). Z. B.

Lat. *gur-g-es* 'Strudel', aisl. *kuer-k* 'Kropf am Halse', ahd. *quer-k-a* 'Gurgel': lat. *vorō* 'verschlinge' (vgl. Anm. 1 oben).

Ahd. *kel-k* 'Halsschwulst', aisl. *kial-k-e* 'Kinnlade, Kiefer': lat. *gula*, ahd. *kela*, ags. *ceole*, aind. *gala-* 'Kehle' (vgl. Anm. 1 oben).

Ags. *hear-ȝ* 'Hain', aschwed. *har-gh-er* 'Opferstätte': lat. *car-cer* 'Einfriedigung'.

Got. *mal-m-a* 'Sand', ags. *meal-m* 'Sandstein', aisl. *mal-m-r* 'Metall, Gries', as., ahd. *mel-m* 'Staub'?: lat. *mola* 'Mühlstein', pl. 'Mühle' (wegen der Bedeutung vgl. aind. *grā́van-* 'Stein zum Pressen', mhd. *kurn* 'Mühlstein': got. *qaírnus* 'Mühle'), *molere*, got., as., ahd. *malan*, aisl. *mala* 'mahlen', *melia*, *mølua*, got. *malwjan*, ahd. *mullen* 'zermalmen', *melo*, aisl. *miǫl* 'Mehl', *mold* 'Stauberde', *melr* (**melhaz*) 'Sandbank, Arenaria'.

Lat. *vol-v-ere*, got. *wal-w-jan* 'rollen' (vgl. gr. *Ϝελ-Ϝελί-ζειν* 'winden'): aisl. *valr* 'rund', *velta* 'wälzen'.

Gr. *γύ-γ-ης* ein Wasservogel (vgl. *γο-γ-γύζω* 'murre'), ags. *cý-c-en*, mndd. *kū-k-en* 'Küchlein', aisl. *kiú-k-lingr* 'Gänseküchlein' u. a. (s. S. 156 oben): aind. *gavatē* 'schreit', gr. *βοϜή* 'Ruf', *γόϜος* 'Klage', ags. *cieȝan* (**kau̯ian*) 'rufen', ngutn. *kaum* 'Geheul' (s. Lidén, Uppsalastudier, S. 93).

Ags., ahd., as. *gna-g-an*, aisl. *gna-g-a* 'nagen': *gnata* 'zusammenstossen', ahd. *gnītan*, ags. *ȝnídan* 'reiben', aind. *ghanás* (und *ghanā-ghanás*) 'Zermalmer' (s. Persson, Wz., S. 136 Note, 290)? Vgl. § 9, 2, § 40, 4, § 51, 3.

Lat. *cal-x* (gen. *cal-c-is*), ags. *hóh* (**han-h-a-*, das sich zu lat. *cal-c-i-* verhält wie lat. *can-c-er* zu aind. *kar-k-as*,

s. Anm. 1 und 2 oben), aisl. *hǽll* (**han-h-ila-*) 'Ferse', *há-* (**han-h-a-*) 'Kniekehle'.

Anm. 3. Derartige Bildungen sind ohne Zweifel eine Quelle der sog. Wurzeldeterminative, und auch in späterer Zeit können sie verschiedene Ableitungen hervorgerufen haben, d. h. Doubletten wie *gur : gurg*, *mal : malm*, *u̯ol : u̯olu̯* haben ein Muster abgegeben, wonach andere Wurzeln eine entsprechende Ausbildung durch *g-*, *m-*, *u̯*-Determinativ, resp. -Suffix angenommen haben können.

II. Vor dem Wurzelsonanten stehen zwei Konsonanten. Von diesen wird gewöhnlich nur einer (gleichgültig welcher) in der ersten, dagegen beide in der zweiten Silbe erhalten; etwas seltener stehen beide in der ersten, nur einer in der zweiten Silbe; selten kommt der Fall vor, dass in beiden Silben entweder beide oder nur einer (dann aber immer derselbe) steht. Hiemit soll keineswegs behauptet werden, dass alle diese Formationen gleich ursprünglich wären, sondern einige von ihnen können allzuwohl auf relativ jungen Ausgleichungen (resp. Dissimilationen) zwischen den beiden Silben beruhen. Sei es hiemit wie es wolle, jedenfalls war schon in alter Zeit von derartigen Wurzeln eine Menge verschiedenartiger Reduplikationstypen da, z. B. von dem Anlaut *st-* folgende Kombinationsmöglichkeiten: 1) *s-st*, 2) *t-st*, 3) *st-t*, 4) *st-s*, 5) *st-st*, 6) *t-t* [7) *s-s*?] Sehen wir einige Beispiele etwas näher an:

a) Die Wurzel *st(h)ā* in lat. *stāre*, gr. *στῆναι*, ahd. *stēn*, aschwed. *stā* 'stehen' u. s. w. zeigt folgende Typen: 1) Gr. *ἱ-στάναι* (**si-sta-*), lat. *si-stere* 'stellen', ahd. *se-stōn* 'in Ordnung stellen'; 2) aind. *ti-ṣṭhāmi* (perf. *ta-sthāu*) 'stehe'; 3) lat. *ste-tī* 'stand', *sta-tuere* 'feststellen', aisl. *stǫ-đua* 'zum Stehen bringen'.

b) Wurzel *sk(h)ai̯d*, *sk(h)ai̯t* (s. § 49, 2) in gr. *σχίζω* 'spalte', lat. *scindō* (s. § 58, 1) 'schinde, splittere', *cædō* (vgl. § 57, 1) 'haue', aisl. *skita* 'absondern', got. *skaidan* 'scheiden' u. a. (s. § 49, 2 und § 58, 1): 1) Lat. *se-scidī*, 3) *sci-cidī*, 5) *sci-scidī* 'splitterte', got. *skai-skaiþ* 'schied'; 6) lat. *ce-cīdī* 'hieb' (wonach wahrscheinlich präs. *cædō* statt **scædō* neugebildet worden ist).

c) Wurzel *steu̯d* in got. *stautan*, ahd. *stōzan*, lat. *tundere* (s. § 57, 1, a; vgl. § 58, 1) 'stossen', aind. *tudāmi* 'schlage', aisl. *þióta* 'Laute ausstossen': 4) Ahd. *ste-rōz* (**ste-zaut* < **ste-saut* nach § 38, 4) 'stiess'; 6) aind. *tu-tṓda* 'habe geschlagen', lat. *tu-tudī* 'stiess' (wonach analogisch präs. *tudā́mi*, resp. *tundō* statt **studā́mi*, resp. **stundō*).

d) Wurzel *smer* in aind. *smárāmi* 'erinnere mich': 1) Aind. *sa-smā́ra* 'habe mich erinnert'; 6) lat. *me-mor* 'eingedenk'.

e) Wurzel *spel* in gr. *πάλη*: 2) *πα-σπάλη*, 6) *πα-ι-πάλη* (wonach analogisch *πάλη*) 'Staub').

f) Sonstige zerstreute Beispiele:

1) Got. prät. *gai-grōt* zu *grētan* 'weinen', *sai-zlēp* (und durch Ausgleichung *sai-slēp*) zu *slēpan* 'schlafen', *fai-frais* zu *fraisan* 'versuchen'.

2) Gr. pl. *κο-σκυλμάτια* 'Lederschnitzel', lat. pl. *quisquiliæ* 'Abfall, Kehricht'; vgl. wegen der Bedeutung aisl. *skurðr*, aschwed. *skyrþ* 'Schneiden, Ernte', nschwed. dial. (Dalarna) *åv-stjyrd* 'Lederschnitzel', nschwed. (ursprünglich dial.) pl. *skulor* (< **skurdor*) 'Abschabsel, Spülicht' zu aisl. *skera* 'schneiden'.

3) Lat. prät. *spe-pondī*, jünger *spo-pondī* zu *spondeō* 'verheisse'; ags. prät. *on-dreo-rd* zu *on-drǽdan* 'fürchten'; aisl. prät. *gre-ra* zu *gróa* 'keimen'.

4) Aisl. prät. *sne-ra* (**sne-zō-*), *sle-ra* (**sle-zō-*) zu *snúa* 'flechten', resp. *slá* 'schlagen'; mhd. prät. pl. *spi-rn* (**spi-zun*) zu *spīen* 'speien'.

5) Got. prät. *stai-stald* zu *staldan* 'besitzen'.

Anm. 4. Wenn man einen Typus 7 (*s-s*) annehmen darf, so könnte z. B. ahd. *sarpf* 'scharf' sich zu dem synonymen *scarpf* verhalten etwa wie das oben erwähnte gr. *πάλη* zu dem aus *πα-σπάλη* zu erschliessenden **σπάλη*. Ob möglicherweise auch das Verhältnis zwischen aisl. *saurr* 'Schmutz' und aschwed. *skør* 'schmutzig' (vgl. aisl. *saur-life*: aschwed. *skør-lifnadher* 'unzüchtiges Leben') derselben Art ist? (anders Persson, Uppsalastudier, S. 193). Ein verhältnismässig sicheres Beispiel dürfte die Wurzel *krē(i̯)* — in gr. *κρώ-ζω* 'krächze, schreie', *κρί-ζω* 'knirsche', got. *hrō-ps* 'Geschrei', ahd. *hruo-m* 'Ruf', *hruo-h* 'Häher', ags. *hró-c*, aisl. *hró-kr* Art Krähe, *hrei-mr* 'Geschrei', *hrí-ku* 'knirschen' u. a. m. — bieten, bei welcher folgende Typen zu unterscheiden sind: 1) Ahd. *hei-gir*, aisl. *he-gre*, *hé-re* (**he-hran*) 'Reiher', ags. *hi-ʒora*, ahd. *he-hara* 'Häher' (vgl. § 58, 4, S. 221); 4) aind. *kra-kaṇas*, *kra-karas* 'Rebhuhn', gr. *κρί-κε* 'krachte', lat. *crō-ciō* 'krächze, schreie'; 5) ags. *hrá-ʒra*, as. *hrei-era*, mhd. *rei-ger* 'Reiher'; 7) aind. *ka-ṅ-kás* 'Reiher', *ki-kiš*, gr. *κίσσα* (**ki-ki̯a*) 'Häher', lat. *ci-cōnia* 'Storch' (: aind. *kikiš* 'Häher' = gr. *τετράων* 'Birkhahn': asl. *tetrěvĭ* 'Fasan'), prænestinisch *cōnia* (: lat. *cicōnia* = lat. *gula* : *gurguliō*, gr. *πάλη* : *παι-πάλη*, s. oben), dem aisl. *hǿna* 'Henne' genau entspricht, gleichwie got., ags. *hana*, aisl. *hane* 'Hahn' zu *kan-* in aind. *kaṅ-kás* 'Reiher', *kra-kaṇas* 'Rebhuhn' gehört.

III. Vor dem Wurzelsonanten stehen d r e i Konsonanten. In diesem Falle werden natürlich die Kombinationsmöglichkeiten weit mannigfacher, was hier nur durch ein Paar Beispiele beleuchtet werden mag:

a) Zur Wurzel *strē(i̯)* oder (nach § 22) *strē(u̯)* in aisl. *strei-task*, *stri-task* 'sich sträuben', aschwed. *þrē-sker*, *þrȳ-zker* 'widerspenstig', got. *us-þriu-tan*, ags. *á-þréo-tan* 'verdriessen, ärgern, beschweren', *þréa-tian* 'drohen', lat. *trū-dō* 'dränge', mhd. *stro-tzen* 'gepfropft sein', aisl. *þrú-tenn* 'gepfropft, bedrängt, geschwollen', gr. *τρέ-μω*, lat. *tre-mō* 'zittere' u. a. (s. § 57, 1, b) k ö n n e n vielleicht folgende weit verschiedene Fälle sämtlich gehören:

1) *tr-st* in lat. *trī-stis* 'bedrängt, beklommen, düster', ags. *þrǽ-stan* 'klemmen', aisl. *þrý-sta* 'hart drücken, pressen', as. *thrī-sti*, ags. *þrí-ste* 'dreist', d. h. 'verzweifelt, desperat' (vgl. wegen der Bedeutungsentwicklung aisl. *dapr* 'bedrängt, schwer, düster', ahd. *tapfer* 'schwerwiegend', mhd. *tapfer* 'gedrungen, kompakt', nhd. *tapfer*, ndl. *dapper* 'tapfer, energisch').

2) *tr-str* in ags. pl. *þréo-stru* 'Finsternis' (wegen der Bedeutung vgl. aisl. *dapr-eygr* 'blödsichtig', d. h. mit 'finsterem' Sehvermögen, vgl. 1 oben).

3) *t-str* in as. *thiu-stri*, ags. *þéo-stre*, *þý-stre* 'düster', pl. *þéo-stru*, *þý-stru* 'Finsternis'.

4) *str-t* in aisl. *stri-ðr* 'strotzend' (*stríðr straumr*), vollwichtig (nschwed. *stridt korn*), beklommen (*stríðr hugr*), finster, grimmig (*tala strítt*)', *strí-ð* 'Kummer, Streit', *strí-ða* 'plagen, reizen, streiten', as. *strī-d* 'Eifer', ahd. *ein-strī-ti* 'widerspenstig'.

5) *str-s* in asl. *strā-chŭ* 'Furcht'.

6) *tr-s* in aind. *trā-sas* 'Schrecken', *trá-sāmi*, gr. *τρέω* (**tre-sō*, aor. *τρέ-σσα*) 'zittere'. Vgl. den Typus *t-s* von der primären Wz. *ster* in lat. *ter-ror* < **ter-s-* 'Schrecken'.

7) *t-tr* in lat. *tæ-ter* (**tai̯-tro-*) 'schrecklich'.

b) Von sonstigen Beispielen seien hier nur erwähnt prät. wie ahd. *scre-rōt* (**skre-rau̯đ* oder **skre-zau̯đ*) zu *scrō-tan* 'schneiden'; prät. pl. *scri-run* (**skri-run* oder **skri-zun*) zu *scrīan* 'schreien'; pl. *ple-ruzzun* (**ƀle-rutun*, wohl aus **ƀle-lutun* dissimiliert) zu *bluozan* 'opfern'.

Anm. 5. Dass Wurzeln mit 2 bis 3 anlautenden Konsonanten gewöhnlich, und wohl ursprünglich, bei der Reduplikation nur 1 bis 2 von diesen wiederholen, dürfte in sehr vielen Fällen von der sekundären Natur dieser Wurzeln abhängig sein. Wenn z. B. die Wz. *skrē*, *skrēi̯*, *skrēu̯* 'schneiden' — in aisl. *skrá-ma* 'Wunde' (d. h. 'Schnitt'), ahd. *scrī-an* 'einen schneidenden Laut hervorbringen', *scrō-tan* 'schneiden' — nur *sk*- wiederholt (also z. B. got. prät. **skai-skraud* zu **skraudan* 'schneiden', vgl. *skai-skaiþ* neben *gai-grōt*), so kann dies daraus erklärt werden, dass diese Wz. aus der primären Wz. *sker* — in aisl. *skera* 'schneiden' — entstanden ist. Und wenn wiederum diese Wz. nur *s*- wiederholt (vgl. lat. perf. *se-scidī* 'splitterte', got. prät. *sai-slēp* 'schlief' u. dgl.), so dürfte dies mit deren Entstehung aus der noch ursprünglicheren Wz. *sek* — in lat. *secō*, asl. *sekǫ* 'schneide' — zusammenhängen.

Anm. 6. Aus der obigen Darstellung der verschiedenen Reduplikationstypen dürfte hervorgehen, dass viele Fälle der sog. Wurzelvariation durch Herbeiziehung der Reduplikation erklärt werden können. Es kommen ja in derselben Sprache und bei derselben Wurzel zu gleicher Zeit mehrere — wenn auch nicht gleich alte — Reduplikationstypen vor, z. B. lat. *se-scidī*, *sci-cidī*, *sci-scidī* (neben *scidī*); *si-stō*, *ste-tī* (neben *stō*); *spe-pondī*, *spo-pondī* (neben *spondeō*); *ce-currī*, *cu-currī* (neben *currō*); aind. *tu-tṓda* gegen *ba-bhū́va*; *su-ṣā́va* neben vedischem *sa-sū́va*, u. a. m. Eine natürliche Folge hievon ist die, dass verschiedene Ausgleichungen eintreten können, von denen einige den Schwund eines wurzelhaften Konsonanten herbeiführen, andere sonstige Modifikationen der Wurzel veranlassen können. Dass der Schwund des (§ 57, 1 erwähnten) im Wurzelanlaute schwankenden *s*- bisweilen so zu erklären sein kann, ist schon oben hergehoben worden; vgl. z. B. gr. *πα-σπάλη* : *παι-πάλη* : *πάλη*; got. *skai-skaiþ*: lat. *sci-cidī* : *ce-cīdī* : *cædō*; lat. **ste-tudī* (wie *ce-currī*) > **stu-tudī* (wie *cu-currī*) > *tu-tudī* : *tundō* und aind. **tu-stṓda* (wie *ta-sthā́u*) > *tu-tṓda* : *tudā́mi* u. a. dgl. Fälle, wo die nicht reduplizierte Form ihren Anlaut nach der reduplizierten umgewandelt hat (vgl. umgekehrt lat. *sci-scidī* statt *se-scidī* nach *scindō* u. dgl.). Aber auch der Schwund des (§ 58, 4 behandelten) im Wurzelinlaute schwankenden -*r*- kann vielleicht hie und da in derselben Weise zu Stande gekommen sein. Wie z. B. neben lat. *pēgī* ein *pe-pigī* steht, könnte ja *frēgī* eine — wie *se-scidī*, aind. *sa-smā́ra*, got. *fai-frais* reduplizierte — Nebenform **fe-f(r)igī* haben, und hierzu könnte ein präs. **fangō*, das dem aind. *bhandjmi* genau entspräche, neugebildet werden.

Eine derartige Doppelentwicklung könnte im lat. *fruor* (< **frugvor*) neben *fungor* (aind. *bhunájmi*) vorliegen. — Ebenso kann vielleicht der *l*-Schwund (§ 58, 5) zu beurteilen sein.

Im Vorbeigehen sei darauf hingewiesen, dass der eben erörterte Gesichtspunkt auch für die Auffassung des Wechsels zwischen Palatalen und Gutturalen (§ 55) von Belang sein kann, so dass z. B. aind. *çar-kṓṭa-* neben *kar-kōṭa-* 'Art Schlange' auf Dissimilation, resp. Assimilation (so Bechtel, Hauptprobl., S. 377) der Anlaute beruhen kann; ebenso vielleicht lit. *żal-g-a* (statt **gal-g-a*) 'Stange', ahd. *gal-g-o* 'Stange am Ziehbrunnen'; lit. *że-n-g-iù* 'schreite', aisl. *ga-n-g-a* 'gehen' u. a. Ferner könnte der Wechsel zwischen aspirierten und unaspirierten Explosivlauten im Anlaut (§ 51 Anm. 1) zum Teil auf einer uralten (der gr. und aind. Behandlung der Aspiraten in der Reduplikation analogen) Dissimilierungsgesetz beruhen, also z. B. got. *graban*: gr. *γράφω* (vgl. ags. *ceorfan*) durch ein ieur. *ghrebh* : *ge-ghrebh* > *ge-grebh* : *grebh* vermittelt werden. Endlich können auch gewisse Fälle des urgerm. Wechsels *f* : *ƀ*, *þ* : *đ*, *h* : *ʒ*, *s* : *z* im Anlaut (§ 38 Anm. 1—4) hierher gehören; z. B. aisl. *gaukr* u. a. (s. § 38 Anm. 3) könnte sich zu einem urgerm. **hu-ʒau-k*, gr. *κό-κκῡξ* (gen. *κό-κκῡ-γος*; vgl. lat. *cu-cū-lus* 'Kuckuck', gr. *κω-κύ-ω* 'schreie', aind. *kō-kū-yatē* 'ruft') verhalten etwa wie *scidī* : *sci-scidī*, *cōnia* : *ci-cōnia*, *πάλη* : *παι-πάλη* u. dgl. (vgl. noch aisl. *gørua*: aind. *ca-kāra*?).

REGISTER.

Die nordischen, gotischen und hochdeutschen Wörter sind ziemlich vollständig verzeichnet. Wörter aus den übrigen germanischen Sprachen haben meistens nur dann Aufnahme gefunden, wenn eine völlig entsprechende Form entweder den erstgenannten Sprachen abgeht, oder nur in einer derselben sich findet. — Wörter nicht germanischer Sprachen sind nur ausnahmsweise registriert.

Westnordisch.

Altisländisch unbezeichnet. Wörter wie *drøyma*, *dreyma* sind nur in der ersteren Form aufgeführt; ebenso Wörter wie *nǫ́l*, *nál* nur unter der Form *nǫ́l* und Wörter wie *hane*, *hani* oder *morgonn*, *morgunn* nur als *hani*, resp. *morgunn*. (Nnorw. = die norwegischen Mundarten.)

Ostnordisch.

Altschwedisch unbezeichnet.

Urnordisch

incl. ältere Formen in einzelsprachlichen nordischen Runeninschriften.
Urnordisch unbezeichnet.

Gotisch (incl. krimgotisch).

Zusammengesetzte Verben sind unter dem letzteren Wortgliede zu suchen.

Englisch.

Angelsächsisch unbezeichnet. Zusammengesetzte Verben sind unter dem letzteren Wortglied zu suchen.

Friesisch.

Niederländisch.

Neuniederländisch unbezeichnet.

Niederdeutsch.

Altsächsisch unbezeichnet.

Hochdeutsch.

Althochdeutsch unbezeichnet.
Zusammengesetzte Verben sind unter dem letzteren Wortgliede zu suchen.

Übrige altgerm. Sprachen.

Germanische Wörter bei klassischen Schriftstellern.

Altindisch.

Griechisch.

Italisch.

Lateinisch unbezeichnet.

Baltisch.

Litauisch unbezeichnet.

Altslavisch.

Finnisch-lappisch.

Finnisch unbezeichnet.

BERICHTIGUNGEN UND NACHTRÄGE.

S. 2, Anm. 7, Z. 3 lies· Derselbe. — S. 4, Mom. 5, Z. 3: **sṷā-dṷis*. — S. 5, Z. 3 füge hinzu: Vgl. jedoch jetzt Streitberg, IF. III, 364 f. — S. 8, Z. 8 lies: Beispiele s. § 31, 5, b. — S. 14, Mom. c, Z. 12: **leįqō*. — Z. 26: *irrian*. — S. 18, Mom. 3, Z. 14: **pr̥cschō-*. — S. 21, Z. 26 f.: *jecur* aus **lįeqr̥*. — S. 22, Z. 19: *vixla*. – Z. 25 streiche: As. *lepur*. — S. 28, Z. 17 füge hinzu: Vgl. jedoch jetzt § 48 Anm. 10. – Anm. füge hinzu: Hirt, Beitr. XVIII, 274 ff. — S. 29 ist Z. 13 zu streichen. – S. 30, Mom. 1, Z. 8 füge hinzu: Sievers, Beitr. XVIII, 409 f. — S. 31, Z. 14 lies: *vixla*. — Z. 30: *maitan*. — S. 43, Z. 24: *kārā*. — S. 46, Z. 21: *Ϝοῖ* (*sṷoį*). — S. 48, Z. 24: ahd. *skeltan*. — Z. 36: ags. *hwelp*. — S. 49, Z. 22: *pāx*. — S. 53, Z. 6· ABLAUT IEUR. — Z. 19: *pāx*. — S. 55, Z. 32: *ge-ruohhen*. — S. 61, Z. 19: *ă*, *ĕ*, *ŏ* : ə (URGERM. *a*. — S. 63, Z. 5: *ǽften-*. — S. 64, Mom. 1, Z. 14: as. *rakud*. — S. 68, Z. 14: Mhd. *krīsten* 'vor Anstrengung stöhnen', aisl. — Z. 19: lit. *knëbti*. — Z. 21: *niūpa*. – S. 71, Z. 15: got. *ōgan sis*. — S. 76, Z. 28: mhd. *zwine-linc*. — S. 80, Z. 33: Aind. *sthūrás*. — S. 87, Z. 5: *aςūtiš* 'achtzig'. S. 90, Z. 2: **skarppa-* < **skorpno-*. — Z. 27: *insula*? (vgl. § 57, 1 f.). — S. 93, Z. 18: *fruṷđa*. -- Z. 21: **leṷhm-*. — S. 101, Z. 14: ags. *ǽrende*. — S. 104, Anm. 3 füge hinzu: Uhlenbeck, Beitr. XVIII, 236 ff. — S. 108, Z. 5 füge hinzu: dagegen Bartholomæ, IF. III, 157 ff. — S. 117, Mom. 3, Z. 18 lies: *ski-mo*. — S. 121, Z. 11: einstehen'? — S. 125, Z. 31: ahd. *habaro*. – S. 126, Z. 27: § 58, 4. — S. 132, Anm. 3, Z. 4: *po-čįnq*. — S. 149, Z. 18: **feṷl-*. — S. 166, Z. 5: *bulke* 'Schiffsladung'. — S. 236, Z. 50: *bulke*.

FSC
www.fsc.org
MIX
Papier | Fördert
gute Waldnutzung
FSC® C083411

Kolibri 360 GmbH
Ferdinand-Jühlke-Straße 7
99095 Erfurt, Deutschland
produktsicherheit@kolibri360.de